普通高等学校"十四五"规划力学类专业精品教材

湖北省精品课程教材

材 料 力 学

（第三版）

倪　樵　李国清　钱　勤　编

王　琳　鄢　之　胡莉莉　修订

U0172190

华中科技大学出版社

中国·武汉

内 容 简 介

本书着力突出材料力学的基本内容与相应的工程背景,并保持基本理论的通用性和完整性。全书以杆件的基本变形到杆件的组合变形为主线,介绍材料的力学性能、内力、应力应变与变形,分析杆件的强度、刚度及稳定性。全书共分十章,内容包括引论,轴向拉压、扭转和弯曲,应力状态和强度理论,组合变形,能量法,压杆稳定和疲劳强度概述。

本书适用于高等院校机械、土木、船舶与海洋工程、航空航天等各专业的教学,可供中、长学时的"材料力学"课程选用。

图书在版编目(CIP)数据

材料力学/倪樵,李国清,钱勤编. —3 版. —武汉:华中科技大学出版社,2022.8
ISBN 978-7-5680-8559-5

Ⅰ.①材… Ⅱ.①倪… ②李… ③钱… Ⅲ.①材料力学-高等学校-教材 Ⅳ.①TB301

中国版本图书馆 CIP 数据核字(2022)第 131272 号

材料力学(第三版)   倪　樵　李国清　钱　勤　编
Cailiao Lixue (Di-san Ban)

策划编辑:万亚军
责任编辑:程　青
封面设计:刘　婷　廖亚萍
责任监印:周治超
出版发行:华中科技大学出版社(中国·武汉)　　　电话:(027)81321913
　　　　　武汉市东湖新技术开发区华工科技园　　　邮编:430223
录　　排:武汉市洪山区佳年华文印部
印　　刷:武汉市洪林印务有限公司
开　　本:710mm×1000mm　1/16
印　　张:18
字　　数:370 千字
版　　次:2022 年 8 月第 3 版第 1 次印刷
定　　价:49.80 元

第三版前言

本书第二版已出版十多年了。经过多年的使用,编者认为需要在材料力学中适当地加强数理基础,同时也需要将材料力学与现代结构分析技术的基础理论进行联系,故在第二版的基础上进行了如下修改:

(1)以矩阵代数方法进行应力状态分析,经对应力矩阵进行坐标变换(正交变换)自然地引入主应力。实际上这已经落实在教学环节中,学生对应力状态、主应力及主单元体等知识点的理解会更加深刻。

(2)在第 5 章(弯曲变形)中添加了梁的自由振动例题,也包含相关的解法(分离变量法)。这是为了拓展读者的视野。

(3)在第 8 章(能量法)例题中添加了有关最小势能原理、里兹方法等的例题,旨在与现代结构分析技术的基础理论相联系,也是为了拓展读者的视野。

这些改动(添加)之处的作用是使初学者认识到材料力学作为固体力学、现代结构分析的入门课程的重要性;且增加的内容多数以例题的形式出现,并不影响材料力学原有的体系,取舍依实际情况而定。同时,编者根据教学中各使用老师反馈的意见,更正了书中的错讹之处。

本书可作为高等院校机械、土木、船舶与海洋工程、航空航天等各专业中、长学时的"材料力学"课程教材。

同时,为了方便学习参考,每章习题参考答案以二维码形式链接在章后,读者可以通过智能手机扫描浏览。

本次修订工作主要由王琳、鄢之、胡莉莉完成,教学团队成员也都积极参与,提出了宝贵的建议,并得到了华中科技大学航空航天学院的热情鼓励和大力支持,在此谨向所有参考文献的单位和作者以及提供帮助的人们表示诚挚的谢意。

由于编者水平有限,书中不当之处在所难免,恳请各方面专家及广大读者批评指正。

编　　者
2022 年 1 月

第二版前言

本教材的第一版自 2006 年 1 月问世以来,经过了 4 年的使用,获得教师和学生的好评。为更好地适应当前教学的需求,在充分征求教师意见的基础上,编者于 2009 年 3 月着手对其进行修订,主要是对各章节例题和习题进行适当增减,对文字的表述进行进一步的斟酌;同时,根据国家标准对名词术语、物理量和单位的名称、符号等进行了全面的校正。修订工作旨在突出本课程基本的教学要求,提高教材的适用面,使教师在使用本书时更加灵活,方便不同层次的教学,也方便学生自学。当然,新版仍保留了原版内容完整、概念深入浅出和篇幅紧凑的特色。

修订工作得到了华中科技大学材料力学教学团队全体同仁的倾力支持和华中科技大学出版社的大力协助,特此致谢!

虽然编者尽了全力,但本书的缺点仍难以避免,恳请使用者不吝指出。

编　　者

2010 年元月 15 日

第一版前言

目前,相当多院校的机械及土木等专业的材料力学教学课时定为 60～70 学时,相应的教学内容与十多年前相比也有了一些变化,鉴于此,并以教育部颁发的"材料力学教学基本要求"为依据,我们编写了本书。

材料力学的内容是经典而实用的。多年的教学实践告诉我们,材料力学的学习不可能一蹴而就,必须经过必要的时间积累和基本技能的训练,才能掌握材料力学的基本内容,为后续专业知识的学习夯实基础。同时,学习材料力学对启迪学生们的思维也大有益处(对教师何尝不是如此)。在崇尚素质教育的今天,编者一直认为,学好材料力学乃至其他力学知识是最有效的素质教育之一。君不见,一个小小的杆件模型,对应于多少实际的工程结构:小到一根轴,大到一条船、一座高楼等,其间的故事,无不凝聚着力学先驱者的巧妙构思,构成了工业文明进程的一个缩影。

因此,本书着力突出材料力学的基本内容及相应的工程背景,并保持基本理论的完整性,避免知识点的跳跃,这样更便于教与学。知识体系以杆件的基本变形到杆件的组合变形为主线,讲述材料的力学性能、内力、应力应变与变形,分析杆件的强度、刚度及稳定性。

在保持基本理论完整的同时,基本问题的讲述和基本技能的训练将更多地以例题的形式出现,有些拓展内容将出现在思考题或习题里,供教师选讲。

通用性是本书的另一特点。如统一规定将弯矩图画在梁的受拉侧,这对机械专业的后续课程毫无影响,也与结构力学等课程(土木专业)有良好的衔接,并辅以不同类型的例题和习题,使之适合机械(含能源动力、材料)、土木(含建筑、环境、交通工程)及航空航天等专业的教学需要。

如何在有限的篇幅内,介绍材料力学的经典内容,并贴近时代的需求,是一个令编者费思的问题。故本书对一些重复的内容,择其要点加以讲述,如对于平面应力分析,重点介绍莫尔应力圆方法;对于一些学生在短时间内难以掌握,或对后续课程影响不大的内容进行适当的取舍,如将能量法中有关余能的内容舍去,有关连接部分强度分析内容也进行了适当压缩。由于有限元结构分析软件的普及,本书只介绍一次(含简化到一次)超静定问题,且将其和冲击应力问题等都归于能量法这一章,并重点介绍虚功原理(此乃有限元结构分析的基础),对用力法解超静定问题的内容做了适当压缩。而对于有些生产实际中迫切需要的或在结构规范中已更新的内容,在本教材里将加以讲述,如材料疲劳的线性累积损伤理论、压杆稳定的折减系数法等。

本书由倪樵、李国清、钱勤编写,倪樵负责统稿。参加编写的还有姜振球副教授,华中科技大学材料力学课程组的全体同仁也都参与了本书的构思、内容安排等讨论，其中梁枢平教授仔细审阅了本书的初稿，并提出了许多建设性的意见。对此，编者表示衷心的感谢。

编者还要特别感谢力学系的尹莉、刘攀、王琳、张强、金刚、艾国庆、鄢之等诸位研究生，他们为本书的插图绘制、例题和习题的校对、初稿录入等付出了艰苦的劳动，为本书的完成做出很大贡献。

本书的编写还参考了很多流行的材料力学教材(列在书后)；华中科技大学教务处、力学系的领导也十分关注本书的编写，并为此提供了良好的环境；华中科技大学出版社为本书的出版提供了大力支持。对此，编者一一表示感谢。

限于编者的水平，本书的缺点、疏漏在所难免，恳请使用者不吝赐教，以便今后改进。

编　　　者

2006 年 1 月于华中科大喻园

目　录

第 1 章 引　　论

1.1　材料力学的任务和研究内容

材料力学的任务是研究杆件承受荷载时产生的内力、应力和变形以及导致失效的原因和控制失效的准则，并在此基础上建立工程构件安全设计的基本方法。

材料力学是应用力学的一个分支，属经典力学的范畴。它的研究内容涉及两个学科：一是**固体力学学科**，它研究可变形固体在荷载作用下的应力、变形等力学行为；二是**材料学科**，它研究固体材料在荷载作用下所表现出的**力学性能**和**失效**行为。本书所讨论的固体仅限于杆、轴和梁等构件，其几何特征是它们的纵（轴）向尺寸远大于其横向尺寸，这类构件统称为**杆件**或**一维结构**。相当多的工程构件都可以简化为杆件或杆件的组合。当然，材料力学只研究材料宏观的力学行为。

鉴于研究对象的复杂性，有很多工程问题仅靠理论分析是不能得到有效处理的，而必须辅以试验测定手段，两者互动融合，使材料力学成为理论性、实践性较强的专业基础知识。因此，材料力学的分析方法是在试验基础上，对所研究的问题做出一些科学的假设，将复杂的问题加以简化，从而得到便于实际应用的分析手段。

1.2　强度、刚度和稳定性

为了保证机械系统或整个结构的正常工作，其中的每个零部件或构件都必须能够正常地工作，这就要求每个构件具有足够的**强度**、**刚度**和**稳定性**。

强度（strength）是指构件在外力作用下抵御破坏（断裂）或显著塑性变形的能力。

刚度（stiffness）是指构件在外力作用下抵御变形的能力，即其变形不应超过工程上允许的范围。

稳定性（stability）是指构件在某些受载形式（例如轴向压力）下保持或恢复原有平衡形式的能力，即其平衡形式不会发生突然转变。

如果强度不足，则起重机钢丝绳会断裂，压力容器会破裂，大型水坝会被洪水冲垮，这些都会导致重大的安全事故。如果刚度不足，则桥梁结构的变形过大会影响车辆的通行安全；机床主轴的变形过大会影响其加工精度；机械零件的变形过大会影响整个系统的平稳运行，产生过大的噪声并导致零部件过量磨损。如果稳定性不足，则承压细长杆会突然变弯，承压薄壁构件有时会发生折皱等，这些都称为**失稳**。失稳会使结构迅速丧失承载能力而被破坏，建筑物的立柱失稳导致建筑物的坍塌就是一例。

工程构件安全设计的基本要求可归结为两条:**安全性**和**经济性**。首先要求构件满足强度、刚度和稳定性的要求,其次要求构件具有最佳的几何形状,材料消耗少,使整个设计精巧、自重轻、造价省,取得最好的经济效益。但安全性与经济性这两方面的要求往往是互相矛盾的。材料力学的任务,就是为科学地解决这一对矛盾提供受载构件的强度、刚度和稳定性分析的理论及具体的计算方法。

1.3　可变形固体的性质及基本假设

制造构件的材料,其性质可谓多种多样,但共有一特点,即它们都是固体,而且在外力作用下都会产生变形,即几何形状或尺寸都将发生变化,这些材料称为可变形固体。固体的变形可分为两类:一类是撤除外力后可以完全自行消除的变形,称为**弹性变形**;另一类是撤除外力后不能消除而被永久保留下来的变形,称为**塑性变形**或**残余变形**。固体材料受力较小时,在变形的初期阶段一般只发生弹性变形,受力较大时会同时发生弹性变形和塑性变形。只发生弹性变形的固体称为**弹性体**或**弹性材料**,大多数工程构件在正常工作条件下只容许产生弹性变形,因此材料力学所研究的材料主要是弹性材料。在对材料进行强度、刚度和稳定性分析时,通常先略去一些次要因素,将它们抽象为理想化材料,建立力学模型,然后再进行计算。材料力学对可变形固体有以下两个基本假设。

1.　均匀连续性假设(homogeneity and continuity assumption)

均匀连续性假设认为构件在整个几何空间内毫无空隙地充满了相同的物质,其组织结构处处相同,而且是密实、连续的。

实际上,从物质结构上看,各种材料都是由无数颗粒组成的,而且各颗粒的性质也不尽一致,如金属中的晶粒,混凝土中的石子、沙和水泥等。物质内部还存在着不同程度的空隙(如气孔)和杂质等。当所考察的物体几何尺度足够大,而且所考察的物体中的点都是宏观尺度上的点(所谓宏观尺度上的点,应理解为物体中的一微小体积单元(微体),例如,对于金属材料,通常取 0.1 mm×0.1 mm×0.1 mm 作为微体的最小尺寸;对于混凝土,需取 10 mm×10 mm×10 mm 作为微体的最小尺寸;这样才能保证所取的微体中包含足够多数量的基本组成部分)时,就可以忽略材料内部微观尺度的空隙和非均匀性的影响,认为材料是均匀连续的。

根据这一假设,可以从构件内任意截取一部分来研究,然后将研究结果推广于整个构件,而且构件中内力和变形都将是连续的,因而可以表示为各点坐标的连续函数,这有利于建立相应的数学模型,所得到的理论结果便于实际应用。

2.　各向同性假设(isotropy assumption)

在所有方向上均有相同的物理和力学性能的材料,称为**各向同性**(isotropy)材料。如果材料在不同方向上具有不同的物理和力学性能,则称这种材料为**各向异性**(anisotropy)材料。

大多数工程材料虽然微观上不是各向同性的,例如金属材料,其单个晶粒呈**结晶各向异性**(anisotropy of crystallographic),每一个晶粒的力学性质具有方向性,但当它们形成多晶聚集体的金属时呈随机取向,而且金属构件所含晶粒极多,按统计学观点,其宏观力学性质可认为是各向同性的——虽然金属材料经过辗压加工,将呈现轻微的各向异性。均匀的非晶体材料,如塑料、玻璃、混凝土等,一般都认为是各向同性的。木材、由增强纤维(如碳纤维、玻璃纤维等)与基体材料(如环氧树脂、陶瓷等)制成的复合材料,其整体的力学性能呈现出明显的方向性,属于各向异性材料。材料力学中所涉及的材料一般都是各向同性的。

材料力学所研究的构件在承受外力时,其变形量一般远小于构件的原始尺寸,称为小变形,因此,在进行分析计算时,均以原始尺寸为依据,而忽略变形的影响。所以材料力学对构件的变形还有一限定性条件——**小变形条件**。

总之,在材料力学中把实际材料看成均匀连续、各向同性的可变形固体,而且在大多数情况下其变形在弹性范围内且满足小变形条件。

1.4 弹性体受力与变形特征

外界对构件的作用力称为**外力**(荷载)。按其作用方式,外力可分为**体积力**和(**表**)**面力**。物体的重力、惯性力等是体积力;作用于容器内壁上的气压、水对坝体的压力以及两物体间的接触压力属于面力,当面力的作用面积很小时,又可将面力简化为**集中力**。

弹性构件受荷载作用时,内部将产生内力。这种内力不同于物体固有的内力,而是一种由于变形而产生的附加内力(简称**内力**)。求出内力,是对构件进行强度、刚度和稳定性分析的第一步。由于弹性体在外力作用下处于平衡状态,因此弹性体中任何一部分都应满足整体的**平衡条件**,这表明,弹性体由变形引起的内力不能是任意的。这是弹性体受力、变形的第一个特征。

在外力(设其在强度范围内)作用下,弹性体的变形应使弹性体的各相邻部分既不断开,也不发生重叠的现象。图 1.1 所示的是从一弹性体中取出的两相邻部分的三种变形状况,其中,图 1.1(a)(b)所示的两种情形是不正确的,只有图 1.1(c)所示的情形是正确的。这表明,弹性体受力发生的变形也不是任意的,而必须满足**协调**(compatibility)一致(几何相容)的要求。这是弹性体受力、变形的第二个特征。

(a)变形后两部分相互重叠　　(b)变形后两部分相互分离　　(c)变形后两部分协调一致

图 1.1

　　试验表明,弹性体受载时的变形还与材料的物性有关。这种关系,称为**物性关系**(constitutive relation)(**物理关系/本构关系**)。

　　所以,材料力学中分析问题要从**平衡方程、几何协调**和**物理关系**这三个方面着手,这也是固体力学分析问题的基本方法。

1.5　杆件受力与变形的基本形式

　　实际杆件的受力是多种多样的,但都可以归纳为四种基本受力和变形形式:轴向拉伸(或压缩)、剪切、扭转和弯曲,以及由其中两种或两种以上基本受力和变形形式叠加而成的组合受力与变形形式。

　　轴向拉伸或压缩(axial tension or compression)——当杆件两端承受沿轴线方向的拉力或压力荷载时,杆件将产生轴向伸长或压缩变形,分别如图 1.2(a)(b)所示。图中实线为变形前的构形,虚线为变形后的构形(下同)。

　　剪切(shear)——杆件距离很近的、相互平行的相邻截面(不一定是横截面)产生的错动变形,称为杆件的剪切变形。图 1.2(c)所示为杆件剪切变形的典型形式。

　　扭转(torsion)——当杆件受扭力矩(其矢量方向沿杆轴线的外力偶)作用时,杆件将产生扭转变形。图 1.2(d)所示为圆轴的扭转。

　　弯曲(bending)——当杆件受横向荷载作用时,若其轴线变弯成曲线,则称该变形为弯曲变形。图 1.2(e)所示为梁的纯弯曲。

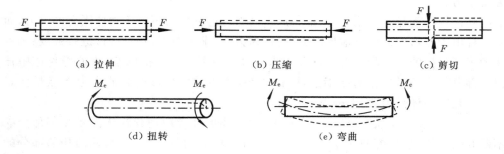

(a) 拉伸　　　　　　　　(b) 压缩　　　　　　　　(c) 剪切

(d) 扭转　　　　　　　　　　(e) 弯曲

图 1.2

　　组合受力与变形(complex load and deformation)——由上述基本受力形式中的两种或两种以上共同形成的受力与变形即为组合受力与变形。

　　实际杆件的受力状况不管多么复杂,在一定的条件下,都可以简化为基本受力形式的组合。工程上将受拉杆件统称为拉杆,简称**杆**(rod);受压杆件称为**压杆**或**柱**(column);受扭杆件称为**轴**(shaft);受弯杆件称为**梁**(beam)。

第 2 章　轴向拉伸和压缩

轴向拉伸和压缩是杆件的基本变形之一。图 2.1 所示的钢拉杆及图 2.2 所示的连杆,分别为杆件轴向拉伸与轴向压缩的实例。

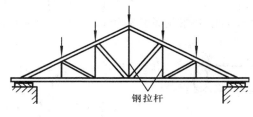

图 2.1

轴向拉伸压缩受力特点是:杆件所受外力或其合力的作用线沿杆的轴线,而杆件的主要变形则为轴向伸长或缩短,如图 2.3(a)(b)所示。这种只反映杆件几何特征和受力特征的简化图形,称为**受力简图**。作用线沿杆件轴线的荷载称为轴向荷载。以轴向拉压为主要变形的杆件,称为拉压杆或杆。

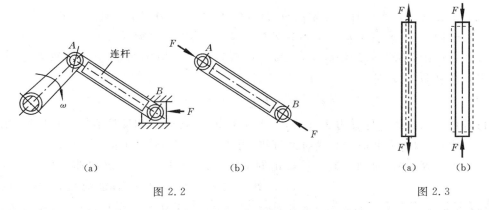

(a)　　　　　　　　(b)　　　　　　　　(a)　　(b)

图 2.2　　　　　　　　　　　　　　　图 2.3

本章主要研究拉压杆的内力、应力,材料的力学性能,拉压杆的强度、变形计算(包括连接部分的强度计算),以及拉压超静定问题。

2.1　截面法　轴力及轴力图

如第 1 章所述,求出内力是材料力学中分析问题的第一步。由于内力是杆件内部因变形而产生的相互作用力,为了显示和计算内力,用一假想的平面将杆件截开,分成两部分(图 2.4),取其中任一部分为研究对象,利用平衡条件将截面上的内力求出,即所谓的**截面法**。

图 2.4(a)所示为杆件受力的一般情况,杆件在外力 F_1,F_2,$\cdots$,F_n 作用下处于平衡状态。为求杆件内某一指定横截面 m—m 上的内力,用截面法将杆件沿截面 m—m 分为两部分,显示出内力。由材料的连续性假设可知,截面上的内力一般是一个空间连续分布力系。将该力系向截面形心 C(截面与轴线的交点)简化(图 2.5(a)),得到主矢 F_R 和主矩 M,将它们沿坐标轴分解,得到图 2.5(b)所示的六个内力分量,即轴力 $F_N(F_x)$,剪力 $F_{Sy}(F_y)$、$F_{Sz}(F_z)$,扭矩 $T(M_x)$,弯矩 M_y、M_z。取任一部分为研究对象(图 2.4(b)),依其平衡条件就可求得这六个内力分量。

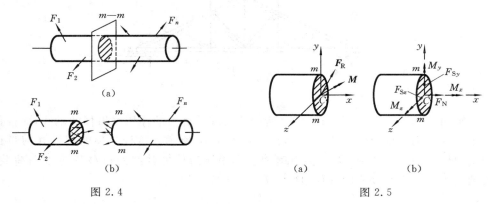

图 2.4　　　　　　　　　　　　　　　　图 2.5

对于在两端只作用有一对轴向拉力(或压力)F 的杆件(图 2.6(a)),截开后取部分Ⅰ(左段)分析,横截面 m—m(其位置用 x 表示)的内力分量仅为 $F_N(x)$,由平衡条件可知其作用线必与杆的轴线重合(与 F 共线),如图 2.6(b)所示,故称为**轴力**,其值可由平衡方程求得,即

$$\sum F_x = F_N(x) - F = 0 \quad \Rightarrow \quad F_N(x) = F$$

即杆件任一横截面上的轴力 $F_N(x)$,大小等于 F,方向与 F 相反且沿同一作用线(即杆的轴线)。取部分Ⅱ(右段)为研究对象(图 2.6(c)),同样可以求出轴力 $F_N(x)$。

为了研究方便,对轴力的符号做出如下规定:凡使杆件产生纵向伸长变形的为正,使其产生缩短变形的为负;也就是说,轴力的方向与截面的外法线方向一致时为正,反之为负。图 2.6(b)(c)所示的轴力 F_N 均为正值。

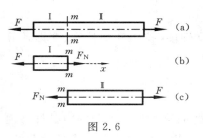

图 2.6

一般而言,轴力是横截面位置 x 的函数。为了清楚地显示轴力随横截面位置变化的情况,以便确定最大轴力及其所在位置,可用横轴表示横截面位置,用纵轴表示轴力之值(正值向上),绘出

$F_N(x)$ 的函数图形。这种图形称为**轴力图**,即拉压杆的**内力图**。

请读者考虑,如果将图 2.6(a)中杆左端的作用力 F 移至杆的中点,则杆的轴力又如何? 由此可以推论:刚体静力学中的力(或力偶)的可移性原理一般不适用于可变形固体。

例 2.1　图示一等直杆受轴向外力作用,试画该杆的轴力图。

解　此杆在 A、B、C、D 四处受四个轴向外力作用(A 处的为反力),故轴力应分 AB、BC、CD 三段来计算。应用截面法,分别在三段中部截开,设截面上待求的轴力为正,即拉力,如图(b)所示,然后对截开的三部分应用平衡方程

$$\sum F_x = 0$$

即可求得三段的轴力

$$F_{N1} = (50 + 20 - 30)\ \text{kN} = 40\ \text{kN}$$
$$F_{N2} = -(30 - 20)\ \text{kN} = -10\ \text{kN}$$
$$F_{N3} = 20\ \text{kN}$$

根据以上结果画出轴力图(图(c))。图中的间断点,如 B、C,恰好是抽象化的集中力的作用位置。若要求该处的内力,则只能取

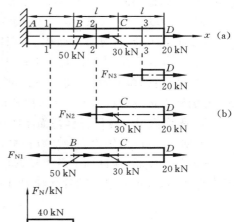

例 2.1 图

该点的左截面或右截面的轴力值。(注意到杆的最大轴力是 40 kN,出现在 AB 段。)

2.2　应力　拉压杆的应力

在确定杆的轴力之后,还不能分析杆的强度。例如,有两根材料相同的杆件,一根较粗,一根较细,在相同轴向拉力作用下,两杆的轴力是相等的,但细杆可能被拉断而粗杆不断。这就说明,杆的强度不但与杆的内力有关,还与杆横截面的几何尺寸有关,当然还与材料的性质有关。因此,在研究杆的强度时,必须考虑杆横截面上某一点(微面元)上所受的力,这就需要引入一个新的概念——**应力**(stress)。

1. 应力

如上所述,用截面法求得的内力或内力分量反映的是截面上连续分布力系的合力(图 2.5)。为了描述截面上内力的分布情况,需要计算应力,**应力是分布内力在一点的集度**。

分析受力构件某一截面上任一点 K 处的应力,可围绕点 K 取一微面积 $\mathrm{d}A$(图 2.7(a)),微面上作用微内力 $\mathrm{d}\boldsymbol{F}$,定义该点的应力为

$$p = \frac{\mathrm{d}\boldsymbol{F}}{\mathrm{d}A} \tag{2-1}$$

由上述定义可知：

(1) 应力定义在截面内的一点处。一般来说,同一截面上不同点处的应力是不同的,同一点在不同方位截面上的应力也是不同的。

(2) 应力是一个矢量*。

(3) 应力的量纲为[力/面积]。在国际单位制中,应力的单位是 $\mathrm{N/m^2}$,称为帕(Pa),在实际中多采用 MPa,$1\ \mathrm{MPa} = 10^6\ \mathrm{Pa} = 1\ \mathrm{N/mm^2}$。

对于给定的微元面,可将应力矢量分解为沿截面法向的分量和沿截面切向的分量,分别称为**正应力**(normal stress)和**切应力**(shear stress),记为 σ 和 τ(图 2.7(b))。

2. 平面假设　拉压杆横截面上的应力

根据以上分析,轴力为拉压杆横截面上各点处内力之合力,且通过横截面的形心(杆的轴线),显然,横截面上各点处的切应力不可能对轴力有任何贡献,因为它们与轴线垂直,只有正应力才能合成轴力,即

$$F_{\mathrm{N}} = \int_A \sigma \mathrm{d}A \tag{2-2}$$

式中:轴力 F_{N}、横截面面积 A 均已知,需要确定正应力 σ。仅从式(2-2)来看,要求出 σ 存在数学上的困难。只能通过拉伸试验,实际观测杆的变形情况,分析其特点,再考虑材料变形的物理性质,最终确定 σ。

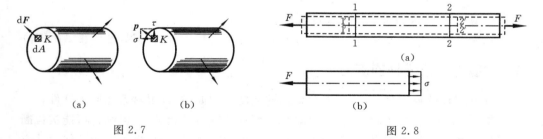

图 2.7　　　　　　　　　　　　　　图 2.8

取一等截面直杆(图 2.8(a)),试验前在杆表面画两条垂直于杆轴的横线 1—1 与 2—2,代表杆的横截面;然后在杆两端施加一对等值反向的轴向外力 F。从试验中可观察到,杆件受拉变形后横线 1—1 与 2—2 仍为直线,且仍垂直于杆的轴线,只是间距增大,分别平移至图示 $1'—1'$ 与 $2'—2'$ 的位置。受压的情况(力 F 反向)与受拉类似,只是两横线的间距缩短。

根据上述现象,可以假设原为平面的横截面在杆变形后仍然是平面,只是相对地

移动了一段距离,即所谓**平面假设**。根据平面假设,拉压杆在其任意两个横截面之间的轴(纵)向线段的伸长变形是均匀的。由于假设材料是均匀连续的,内力又与变形有关,故可以推论拉压杆在横截面上的每点仅受均匀轴向内力作用,即 σ 为常量,τ 为零。将常量 σ 代入式(2-2),有

$$F_N = \int_A \sigma dA = \sigma \int_A dA = \sigma A$$

因此得到拉压杆横截面上正应力的计算公式为

$$\sigma = \frac{F_N}{A} \tag{2-3}$$

可见,正应力与轴力具有相同的符号,即**拉应力为正,压应力为负**。

正应力公式的导出,综合考虑了三个方面的因素:一是观测杆件的实际变形并提出平面假设,称为**几何关系**;二是由内力集度求合力,称为**静力关系**;三是材料的均匀连续、内力与变形有关等性质,称为**物理关系**。这样的分析方法具有普遍性,在后续的章节里将多次用到。

应当指出,直接用式(2-3)计算杆件外力作用区域附近截面上各点的应力是不准确的,因为在该处外力的具体作用方式不同,引起的应力分布比较复杂,其研究已超出材料力学范围。图 2.9(b)(c)(d)所示靠近杆端三个横截面上的正应力是弹性力学计算的结果,其中 $\bar{\sigma}$ 是依据式(2-3)计算的平均正应力。理论与试验结果均表明,在离杆件外力作用点一定距离(约等于横截面的最大尺寸)的横截面上,应力已不受外力作用方式(如集中荷载、分布荷载等)的影响,且趋于平均分布(图 2.9(d)),此时式(2-3)就可应用。这一结论称为**圣维南(St. Venant)原理**。

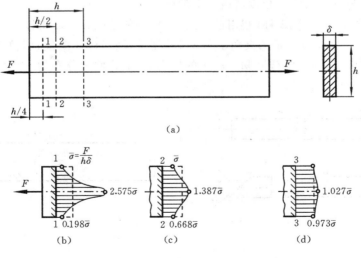

图 2.9

例 2.2　图示为变截面受拉杆,求指定截面上的轴力,并画轴力图。若横截面面积 $A_1 = 200\ \text{mm}^2$, $A_2 = 300\ \text{mm}^2$, $A_3 = 400\ \text{mm}^2$, 忽略应力集中情况,试求杆的最大正应力,并指出所在截面。

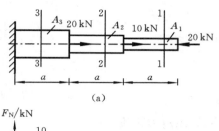

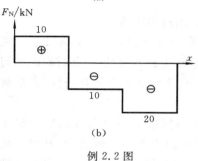

例 2.2 图

解　由截面法,依平衡条件 $\sum F_x = 0$ 求得截面 1—1、2—2、3—3 上的轴力分别为

$$F_{N1} = -20\ \text{kN}\quad(\text{压})$$
$$F_{N2} = -10\ \text{kN}\quad(\text{压})$$
$$F_{N3} = 10\ \text{kN}\quad(\text{拉})$$

于是可画轴力图,如图(b)所示。由式(2-3)求得各截面的正应力分别为

$$\sigma_1 = \frac{F_{N1}}{A_1} = \frac{-20\times10^3}{200\times10^{-6}}\ \text{Pa} = -100\ \text{MPa}\quad(\text{压})$$

$$\sigma_2 = \frac{F_{N2}}{A_2} = \frac{-10\times10^3}{300\times10^{-6}}\ \text{Pa} = -33.3\ \text{MPa}\quad(\text{压})$$

$$\sigma_3 = \frac{F_{N3}}{A_3} = \frac{10\times10^3}{400\times10^{-6}}\ \text{Pa} = 25\ \text{MPa}\quad(\text{拉})$$

经比较, $|\sigma|_{max} = |-\sigma_1| = 100\ \text{MPa}$,截面 1—1 为最大正应力所在截面,截面上每个点都是危险点。

3. 斜截面上的应力

以上研究了杆件横截面上的应力,但有些情况下杆件的破坏是在斜截面上,例如铸铁试件受压破坏(2.4 节),为了探究其原因,也为了更全面地了解杆内的应力情况,需要研究与轴线成任一角度斜截面上的应力。

考虑图 2.10 所示拉压杆,利用截面法,沿任一斜截面 $m—m$ 将杆切开,该截面的方位以其外法线 On 与 x 轴的夹角 α(逆时针)度量,因为杆件横截面上的应力是均匀分布的,由此可以推断,斜截面 $m—m$ 上的应力 p_α 也为均匀分布的(图 2.10(b)),且方向与轴线平行。

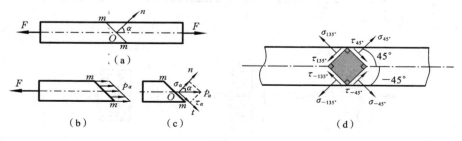

图 2.10

设杆横截面面积为 A,斜截面面积为 A_α,则 $A_\alpha = A/\cos\alpha$,由平衡条件及式

(2-3)得

$$\sum F_x = p_\alpha A_\alpha - F = 0 \quad \Rightarrow \quad p_\alpha = \frac{F}{A}\cos\alpha = \sigma\cos\alpha$$

将斜截面一点处的应力 p_α 沿截面法向与切向分解（图 2.10(c)），分别得到斜截面上的正应力与切应力：

$$\sigma_\alpha = p_\alpha\cos\alpha = \sigma\cos^2\alpha \tag{2-4}$$

$$\tau_\alpha = p_\alpha\sin\alpha = \frac{\sigma}{2}\sin2\alpha \tag{2-5}$$

可见，在拉压杆的任一斜截面上各点处，不仅存在正应力，而且存在切应力，其数值均随截面的方位角呈周期性变化。当 $\alpha = 0°$（杆的横截面）时，正应力取最大值

$$\sigma_{\max} = \sigma_{0°} = \sigma$$

当 $\alpha = \pm45°$、$\pm135°$ 时，这相当于在杆上截取了一个转了 45°的正方形（图 2.10(d)），各面上的切应力之值都相等且是最大值。这实际上是**切应力互等定理：若两相邻微面正交，则面上的切应力大小相等，方向（箭头）相聚或背离**（图 2.10(d)）。本例中各面上的正应力也相等，即

$$\tau_{\max} = |\tau_{\pm45°}| = |\tau_{\pm135°}| = \frac{\sigma}{2}, \quad \sigma_{\pm45°} = \sigma_{\pm135°} = \frac{\sigma}{2}$$

为便于应用上述公式，现对方位角与切应力的正负号做如下规定：以 x 轴为始边，方位角 α 为逆时针方向者为正；切应力以其合力对所研究的部分杆件（图 2.10(c)）上任意一点有顺时针旋向的力矩为正，反之为负。按此规定，图 2.10(c)所示的正应力 σ_α 与切应力 τ_α 均为正。

例 2.3 图示受拉杆由两块矩形截面的钢板焊接而成。已知：$F = 20$ kN，$b = 200$ mm，$t = 10$ mm，焊缝的倾斜角 $\alpha = 30°$。试求焊缝内的应力。

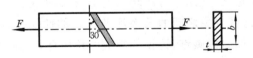

例 2.3 图

解 本题实际上是求杆斜截面（$\alpha = 30°$）上的正应力和切应力。由式(2-3)，先求横截面上的正应力：

$$\sigma = \frac{F_N}{A} = \frac{F}{bt} = \frac{20 \times 10^3}{0.2 \times 0.01} \text{ Pa} = 10 \text{ MPa}$$

分别代入式(2-4)和式(2-5)，得

$$\sigma_{30°} = \sigma\cos^2\alpha = 10 \times \cos^2 30° \text{ MPa} = 7.5 \text{ MPa}$$

$$\tau_{30°} = \frac{1}{2}\sigma\sin2\alpha = \frac{1}{2} \times 10 \times \sin(2 \times 30°) \text{ MPa} = 4.33 \text{ MPa}$$

2.3　拉压杆的变形　胡克定律

试验表明,当杆件承受轴向荷载时,其轴向与横向尺寸均要发生变化。杆件沿轴线方向的变形称为**轴向变形**或**纵向变形**,垂直于轴线方向的变形称为**横向变形**。

1. 拉压杆的轴向变形　胡克定律

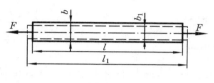

图 2.11

设杆件原长为 l（图 2.11）,在轴向拉力 F 作用下,杆长变为 l_1,则杆的轴向变形为

$$\Delta l = l_1 - l \qquad (2\text{-}6)$$

轴向变形 Δl 只反映杆的总变形量,而无法说明杆的变形程度。由于拉压杆各段的伸长是均匀的,因此,反映杆的变形程度可以用每单位长度的轴向变形来表示。单位长度的伸长（或缩短）称为**线应变**,用 ε 表示。于是,拉压杆的轴向线应变为

$$\varepsilon = \frac{\Delta l}{l} \qquad (2\text{-}7)$$

由式（2-6）可知,若拉压杆的轴向变形 Δl 为正,则轴向线应变 ε 也为正值;反之,拉压杆的轴向变形 Δl 为负,其轴向线应变也为负值。

必须指出,式（2-7）所表达的仅是在长度 l 内的平均线应变,只适用于拉压杆在长度 l 内的均匀变形。如果变形非均匀,则为了研究任一横截面（坐标为 x）的轴向线应变,可取出一微段杆 dx,以 $d(\Delta l)$ 表示微段的变形,该截面上各点的轴向线应变为

$$\varepsilon = \frac{d(\Delta l)}{dx} \qquad (2\text{-}8)$$

式（2-8）为应变的普遍定义,适用于杆的均匀变形或非均匀变形。

拉压杆的变形量与其受力之间的关系涉及材料的性能,只能通过试验获得。对于工程中常用的材料,如由低碳钢、铸铁等制成的拉压杆,一系列试验证明:当杆内的应力不超过材料的某一极限值,即比例极限（见 2.5 节）时,杆的轴向变形 Δl 与其所受轴向外力 F、杆的原长 l 成正比,而与其横截面面积 A 成反比,即

$$\Delta l \propto \frac{Fl}{A}$$

引进比例常数 E,则有

$$\Delta l = \frac{Fl}{EA} \qquad (2\text{-}9)$$

由于 $F = F_N$（二力杆）,故式（2-9）又可写为

$$\Delta l = \frac{F_N l}{EA} \qquad (2\text{-}10)$$

式(2-10)称为**胡克定律**(Hooke's law),是材料力学中最基本的**物理方程**。式中的比例常数 E 称为**弹性模量**(modulus of elasticity)或**杨氏模量**(Young's modulus),其量纲与应力相同,单位为帕(Pa)。E 的数值随材料而异,是通过试验测定的,它表征材料抵抗弹性变形的能力。乘积 EA 称为杆的**拉压刚度**,对于材料、长度且受力相同的杆件,拉压刚度越大则杆的变形越小。

将胡克定律用于微段杆,以 $\mathrm{d}(\Delta l)$ 表示微段的变形,由式(2-10),得

$$\mathrm{d}(\Delta l)=\frac{F_\mathrm{N}\mathrm{d}x}{EA} \tag{2-11}$$

式中:F_N 是微段两端面上的轴力。则整个杆件的变形为

$$\Delta l=\int_l\frac{F_\mathrm{N}\mathrm{d}x}{EA} \tag{2-12}$$

若将整个直杆分为 n 段,且在每段内杆的刚度和轴力相同,则式(2-12)又可写成

$$\Delta l=\int_l\frac{F_\mathrm{N}\mathrm{d}x}{EA}=\sum_{i=1}^n\int_{l_i}\frac{F_{\mathrm{N}i}\mathrm{d}x}{E_iA_i}=\sum_{i=1}^n\Delta l_i=\sum_{i=1}^n\frac{F_{\mathrm{N}i}l_i}{E_iA_i} \tag{2-13}$$

式(2-13)表明直杆的总变形可由该杆各段的变形叠加而成。

将式(2-11)改写后,并结合式(2-3)、式(2-8),得胡克定律的另一形式,即应力与应变的关系,也称**物理方程**:

$$\sigma=E\varepsilon \tag{2-14}$$

2. 拉压杆的横向变形　泊松比

如图 2.11 所示,杆件的原宽度为 b,受力后,杆件宽度变为 b_1,所以,杆的横向变形为

$$\Delta b=b_1-b$$

而横向线应变为

$$\varepsilon'=\frac{\Delta b}{b} \tag{2-15}$$

试验表明,轴向拉伸时,杆轴向尺寸伸长,其横向尺寸减小;轴向压缩时,杆的轴向尺寸缩短,其横向尺寸则增大,即横向线应变 ε' 与轴向线应变 ε 恒异号。试验还表明,当杆件的正应力与应变满足式(2-14)时,ε' 与 ε 的绝对值之比为常数,称为**泊松比**(Poisson's ratio),用 μ 表示,即

$$\mu=\left|\frac{\varepsilon'}{\varepsilon}\right|=-\frac{\varepsilon'}{\varepsilon}\quad\text{或}\quad\varepsilon'=-\mu\varepsilon \tag{2-16}$$

μ 之值随材料而异,由试验测定。对于绝大多数各向同性材料,$0<\mu<0.5$。

弹性模量 E 与泊松比 μ 都是材料的弹性常数。对于各向同性材料,E 和 μ 均与方向无关。表 2-1 给出了几种常用材料的弹性模量等力学性能参数。

表 2-1 常用材料的弹性模量等力学性能参数

材　料	牌　号	E/GPa	μ	$\sigma_s(\sigma_{0.2})/\text{MPa}$	σ_b/MPa	$\delta_5/(\%)$
低碳钢	Q235	200～210	0.24～0.28	235	375～500	21～26
中碳钢	45	205		355	600	16
低合金钢	16Mn	200	0.25～0.30	345	510	21
高合金钢	300M	210		1689	1860～2020	9.5
球墨铸铁	QT40-10	150～180	0.23～0.27	196	392	10
灰铸铁	HT150	60～162		——	150	——
铝合金	LY12	71	0.33	274	412	19
混凝土	C30	15.2～36	0.16～0.18	——	20.1(轴心压)	——
木材(顺纹)	——	9～12				

注:δ_5 表示标距 $l=5d$ 标准试样的伸长率。

例 2.4　图示一铝制变截面空心圆杆受拉,已知 $F=10\text{ kN}$,材料的弹性模量 $E=70\text{ GPa}$,泊松比 $\mu=0.3$。若不计应力集中的影响,试求杆件各段的正应力和外径的改变量,以及杆件的伸长量。

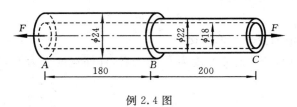

例 2.4 图

解　杆件两端受轴向拉力作用,杆的轴力为常值,即

$$F_N = F = 10\text{ kN}\quad(\text{拉})$$

(1) 由正应力公式(式(2-3))、胡克定律(式(2-14))和式(2-16)求出杆件各段的正应力 σ、轴向应变 ε 和横向应变 ε'。

对于 AB 段(1 段):

$$\sigma_1 = \frac{F_N}{A_1} = \frac{10\times10^3}{\dfrac{\pi}{4}\times(24^2-18^2)\times10^{-6}}\text{ Pa} = 50.53\text{ MPa}$$

$$\varepsilon_1 = \frac{\sigma_1}{E} = \frac{50.53\times10^6}{70\times10^9} = 0.722\times10^{-3}$$

$$\varepsilon_1' = -\mu\varepsilon_1 = -0.3\times0.722\times10^{-3} = -0.217\times10^{-3}$$

得外径的改变量:

$$\Delta d_1 = \varepsilon_1' d_1 = (-0.217\times10^{-3})\times24\text{ mm} = -5.2\times10^{-3}\text{ mm}\quad(\text{收缩})$$

对于 BC 段（2 段）：

$$\sigma_2 = \frac{F_N}{A_2} = \frac{10 \times 10^3}{\frac{\pi}{4} \times (22^2 - 18^2) \times 10^{-6}} \text{ Pa} = 79.6 \text{ MPa}$$

杆件的最大正应力：

$$\sigma_{\max} = \sigma_2 = 79.6 \text{ MPa}$$

$$\varepsilon_2 = \frac{\sigma_{\max}}{E} = \frac{79.6 \times 10^6}{70 \times 10^9} = 1.14 \times 10^{-3}$$

$$\varepsilon_2' = -\mu\varepsilon_2 = -0.3 \times 1.14 \times 10^{-3} = -0.342 \times 10^{-3}$$

于是求得外径的改变量：

$$\Delta d_2 = \varepsilon_2' d_2 = (-0.342 \times 10^{-3}) \times 22 \text{ mm} = -7.5 \times 10^{-3} \text{ mm} \quad \text{（收缩）}$$

（2）将以上所求的 ε_1 和 ε_2 代入式(2-13)，求得杆件的伸长量：

$$\Delta l = \sum_{i=1}^{n} \frac{F_{Ni} l_i}{E_i A_i} = \sum_{i=1}^{2} \varepsilon_i l_i = \varepsilon_1 l_1 + \varepsilon_2 l_2$$
$$= [(0.722 \times 10^{-3}) \times 180 + (1.14 \times 10^{-3}) \times 200] \text{ mm} = 0.36 \text{ mm}$$

例 2.5　图示为等速旋转的涡轮叶片，试计算叶片横截面上的正应力与轴向变形。设叶片的横截面面积为 A，弹性模量为 E，质量密度为 ρ，涡轮的角速度为 ω。

解　（1）沿叶片轴线建立 x 轴，并在坐标 ξ 处取一段长为 $\mathrm{d}\xi$ 的叶片微段（图(a)），该微段的质量 $\mathrm{d}m = \rho A \mathrm{d}\xi$，向心加速度为 $\xi\omega^2$，则作用于其上的惯性力为

$$\mathrm{d}F = \xi\omega^2 \mathrm{d}m = \xi\omega^2 \rho A \mathrm{d}\xi$$

引入集度 p，上式改写成

$$p = \frac{\mathrm{d}F}{\mathrm{d}\xi} = \omega^2 \rho A \xi$$

这是沿叶片长度线性分布的轴向荷载。

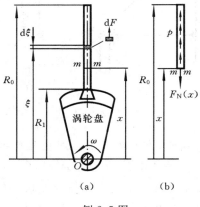

例 2.5 图

（2）利用截面法，在距离涡轮轴 O 为 x 的任一横截面 m—m 处将叶片切开，取叶片上段为分离体，如图(b)所示，由平衡方程 $\sum F_x = 0$ 并结合上式，求得轴力

$$F_N(x) = \int_x^{R_0} p \mathrm{d}\xi = \omega^2 \rho A \int_x^{R_0} \xi \mathrm{d}\xi = \frac{\omega^2 \rho A}{2} (R_0^2 - x^2) \qquad \text{(a)}$$

得正应力

$$\sigma(x) = \frac{F_N(x)}{A} = \frac{\omega^2 \rho}{2} (R_0^2 - x^2)$$

显然，在叶片的根部截面（$x = R_1$），轴力、正应力均取得最大值，即

$$\sigma_{max} = \frac{\omega^2 \rho}{2}(R_0^2 - x^2)\Bigg|_{x=R_1} = \frac{\omega^2 \rho}{2}(R_0^2 - R_1^2)$$

此截面为危险截面,面上的点都是危险点。

(3) 将式(a)代入式(2-12),可得到叶片的轴向伸长变形:

$$\Delta l = \int_l \frac{F_N(x)\mathrm{d}x}{EA} = \frac{\omega^2 \rho}{2E}\int_{R_1}^{R_0}(R_0^2 - x^2)\mathrm{d}x = \frac{\omega^2 \rho}{6E}(2R_0^3 - 3R_0^2 R_1 + R_1^3)$$

例 2.6　图示桁架在节点 A 受竖直外力 F 作用。已知:杆 1 用钢管制成,弹性模量 $E_1 = 200$ GPa,横截面面积 $A_1 = 100$ mm²,杆长 $l_1 = 1$ m;杆 2 用硬铝管制成,弹性模量 $E_2 = 70$ GPa,横截面面积 $A_2 = 250$ mm²;荷载 $F = 10$ kN。试求节点 A 的水平和竖直位移。

解　首先,根据节点 A 的平衡条件,求得杆 1 与杆 2 的轴力分别为

$$F_{N1} = \sqrt{2}F = \sqrt{2} \times 10 \text{ kN} = 14.14 \text{ kN}　（拉）$$

$$F_{N2} = F = 10 \text{ kN}　（压）$$

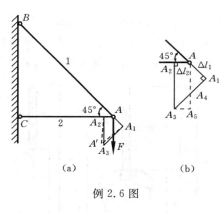

例 2.6 图

设杆 1 的伸长量为 Δl_1,用 $\overline{AA_1}$ 表示(图(a)),杆 2 的缩短量为 Δl_2,用 $\overline{AA_2}$ 表示,由胡克定律可知

$$\Delta l_1 = \frac{F_{N1}l_1}{E_1 A_1} = \frac{14.14 \times 10^3 \times 1}{200 \times 10^9 \times 100 \times 10^{-6}} \text{ m}$$

$$= 7.07 \times 10^{-4} \text{ m} = 0.707 \text{ mm}$$

$$\Delta l_2 = \frac{F_{N2}l_2}{E_2 A_2} = \frac{10 \times 10^3 \times 1.0 \times \cos 45°}{70 \times 10^9 \times 250 \times 10^{-6}} \text{ m}$$

$$= 4.04 \times 10^{-4} \text{ m} = 0.404 \text{ mm}$$

受力前,杆 1 与杆 2 在节点 A 相连,受力后,各杆的长度虽改变,但仍应相交于一点。因此,为了确定节点 A 位移后的新位置,可以 B 与 C 为圆心,并分别以 BA_1 与 CA_2 为半径作圆,其交点 A' 即为节点 A 的新位置。一般来说,杆的变形都很小(例如杆 1 的变形 Δl_1 仅为杆长 l_1 的 0.070 7%),弧线 $\overset{\frown}{A_1 A'}$ 与 $\overset{\frown}{A_2 A'}$ 必很短,因而可近似地用其切线代替。于是,过 A_1 与 A_2 分别作 BA_1 与 CA_2 的垂线(图(b)),其交点 A_3 亦可视为节点 A 的新位置。按此方法,得节点 A 的水平与竖直位移分别为

$$\Delta_{Ax} = \overline{AA_2} = \Delta l_2 = 0.404 \text{ mm}$$

$$\Delta_{Ay} = \overline{AA_4} + \overline{A_4 A_5} = \left[\frac{\Delta l_1}{\sin 45°} + \frac{\Delta l_2}{\tan 45°}\right] \text{ mm} = 1.404 \text{ mm}$$

与结构原尺寸相比很小的变形,称为**小变形**。对于某些大型结构,变形的数值可能并不是很小,但若与结构原尺寸相比很小,则其仍属于小变形。在小变形的条件下,可按结构的初始构形计算内力与变形,如本例中采用切线代替圆弧的方法确定杆的变形和节点的位移。因此,合理利用小变形条件,可以极大地简化许多结构分析问题。

例 2.7　图(a)所示为厚度为 t 的回转型薄壁柱塔,高度为 h,端口平均直径为 d,材料密度为 ρ,许用应力为[σ]。若要使任一横截面上的应力皆为[σ](等强度结构),则平均回转半径 $r(x)$ 是何形式的函数?

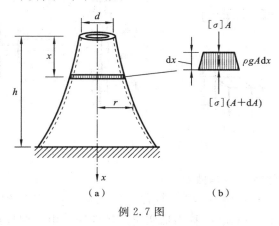

例 2.7 图

解　在柱塔中取一微段(图(b)),列平衡方程:

$$[\sigma]A+\rho gAdx=[\sigma](A+dA) \quad \Rightarrow \quad \frac{dA}{A}=\frac{\rho g}{[\sigma]}dx \tag{a}$$

注意到是薄壁柱塔,其横截面面积 $A=2\pi rt$,$dA=2\pi tdr$,将它们代入式(a),可解得

$$\frac{dr}{r}=\frac{\rho g}{[\sigma]}dx \quad \Rightarrow \quad \ln r=\frac{\rho g}{[\sigma]}x+C \quad \Rightarrow \quad r=\exp\left(\frac{\rho g}{[\sigma]}x+C\right) \tag{b}$$

由柱塔端口的几何条件确定常数 C,并将其代入式(b),可解得 $r(x)$:

$$r(x)=\exp\left(\frac{\rho g}{[\sigma]}x+C\right)_{x=0}=\frac{d}{2} \quad \Rightarrow \quad e^C=\frac{d}{2} \quad \Rightarrow \quad r(x)=\frac{d}{2}\exp\left(\frac{\rho g}{[\sigma]}x\right)$$

2.4　材料在拉伸和压缩时的力学性能

在拉压杆应力、变形的分析中,涉及材料的力学性能,如比例极限、弹性模量等,本节将以工程中常用的低碳钢和铸铁两类材料为主要对象,研究材料在拉伸和压缩时的力学性能。

材料的力学性能都要通过试验来测定。拉伸和压缩试验是研究材料力学性能最基本、最常用的试验。试样必须按国家标准做成标准试样或比例试样,在符合国家标准的试验机上做试验,试验是在室温(常温)、缓慢加载(静载)的条件下进行的,记录试样所受的荷载及相应的变形,直到试样被拉断或压裂。常用的拉伸、压缩标准试样如图 2.12 所示,其长度 l 称为**标距**,压缩试样通常为短柱体,避免试样在试验过程中被压弯。图 2.13 为试验装置示意图。

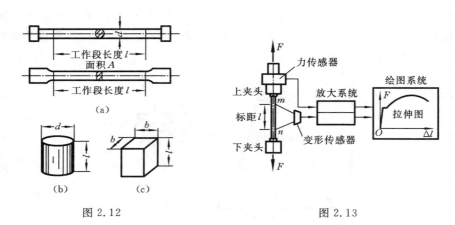

图 2.12

图 2.13

1. 低碳钢在拉伸时的力学性能

图 2.14 所示为在做低碳钢 Q235 拉伸试验过程中(从开始到拉断)记录的拉力 F 与试样变形 Δl 间的关系曲线,称为低碳钢的**拉伸图**。由于伸长量 Δl 与试样长度 l 及面积 A 有关,因此,即便是同一种材料,当其尺寸不同时,它们的拉伸图也不同。为了消除试样尺寸的影响,将拉伸图中的纵坐标 F 除以试样的原始截面面积,得应力 $\sigma = F/A$,将横坐标 Δl 值除以试样的原始标距长度 l,得应变 $\varepsilon = \Delta l/l$,由此得到应力 σ 与应变 ε 的关系曲线。这种曲线图称为**应力-应变图**,或 $\sigma\varepsilon$ 曲线图(图 2.15)。此图反映了低碳钢在拉伸过程中的力学行为和力学性能。

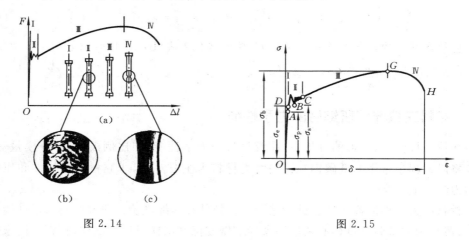

图 2.14

图 2.15

从图 2.15 中可以看出,σ 与 ε 之间的关系可分为以下四个阶段。

1) 弹性阶段

首先,OA 段是一段直线,它表明在拉伸的起始点到点 A 这段范围内,应力 σ 与应变 ε 成正比,即遵循胡克定律:

$$\sigma = E\varepsilon$$

弹性模量 E 是直线的斜率。点 A 所对应的应力值 σ_p 称为**比例极限**。对于 Q235 钢，$\sigma_p \approx 200$ MPa，$E \approx 200$ GPa。

AD 段是一段很短的微弯曲线，它表明应力与应变成非线性关系。但是根据试验，只要应力不超过点 D 所对应的 σ_e，其变形是完全弹性的（包括 OA 段），即撤除外力 F 后，试样的伸长量 Δl 可全部消失，恢复到原长。σ_e 称为**弹性极限**，其值也接近 200 MPa，即点 D、A 非常接近，所以在应用上，对比例极限和弹性极限不做严格区分，将点 D、A 视为一个点来考虑。对于 Q235 钢，$\sigma_e \approx \sigma_p \approx 200$ MPa。

2）屈服阶段

当应力超过弹性极限 σ_e（点 D）后，变形将进入弹塑性阶段，其中一部分为弹性变形，另一部分是塑性变形，即外力撤除后不能消失的那部分变形。根据试验，刚超过点 $D(\sigma_e)$ 不久，图上出现一段接近水平的锯齿形线段。锯齿形说明应力应变关系有微小的波动，在此阶段内，应力基本保持不变，而变形仍在继续增大，犹如材料暂时失去了抵抗变形的能力，这种现象称为**屈服**，这一过程也称为**屈服阶段**。通常将此阶段的最低点 B 所对应的应力称为材料的**屈服极限（屈服强度）**，以 σ_s 表示。Q235 钢的 $\sigma_s \approx 235$ MPa。

3）强化阶段

经过屈服阶段后，σ-ε 曲线自点 C 开始又继续上升，直到最高点 G 为止。这说明材料抵抗变形的能力又增强了，这时需要增大应力（即增大外力）才能使材料继续变形，这一现象称为**强化**。强化阶段的最高点 G 所对应的应力，称为材料的**强度极限（拉伸强度）**，并用 σ_b 表示。Q235 钢的 $\sigma_b \approx 375 \sim 500$ MPa。强度极限是材料所能承受的最大应力。

4）局部变形（缩颈）阶段

当应力增大至最大值 σ_b 之后，试样的某一局部显著收缩（图 2.14(c)），产生所谓"缩颈"现象。缩颈出现后，使试样继续变形所需的拉力减小，应力-应变曲线相应下降，最后导致试样在缩颈处断裂（图 2.16(b)）。

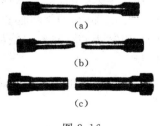

(a)

(b)

(c)

图 2.16

在以上的讨论中，应力（σ-ε 曲线图的纵坐标）实质上是名义应力（工程应力），因为在超过屈服极限之后，试样的横截面面积明显缩小，以原面积计算的应力并不是当时试样的真实应力。与之类似，图上的应变也是名义应变（工程应变），常用百分数表示。

对于低碳钢，σ_s 和 σ_b 是衡量材料强度的两个重要指标。

2. 卸载与再加载材料的力学行为

如上所述，在弹性范围内，加载与卸载过程中试件的应力、应变将沿同一直线上

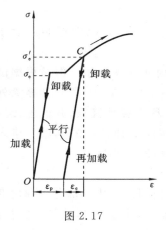

图 2.17

升和返回,如图 2.17 所示,可见,当应力为零时,弹性应变 ε_e 也恢复到零。如果将试件拉伸到超过弹性极限 σ_e,进入强化阶段,如在点 C,则其应变 ε 包括 ε_e、ε_p 两部分,$\varepsilon=\varepsilon_e+\varepsilon_p$,然后逐渐撤除外力直到应力为零,在卸载过程中试件的应力、应变大体上沿着与原弹性加载线平行的直线返回,这时弹性应变 ε_e 消失,塑性应变 ε_p 仍存在,且是不可恢复的,称为**残余应变(永久应变)**,相应的变形称为**永久变形**。金属板件的冲压成形就是利用了这一性质。

如果对有了残余应变的试样重新加载,则 σ-ε 曲线沿着方才的卸载直线上升,至点 C 再进入强化阶段,可见这时材料的弹性极限有所提高,即 $\sigma'_e > \sigma_e$。这种在常温下将卸载后已有塑性变形的试样重新拉伸,使材料弹性极限提高的现象,称为**冷作硬化**。当某些构件对塑性的要求不高时,可利用冷作硬化来提高材料的强度。例如,对起重机的钢丝绳采用冷拔工艺,对某些型钢采用冷轧工艺,均可使材料的强度有一定提高。

3. 材料的塑性

材料能经受较大塑性变形而不破坏(断裂)的能力称为材料的**塑性**。材料的塑性用伸长率或断面收缩率度量。

设试样拉断时标距 l 的伸长量为 Δl_1(即塑性伸长),则 Δl_1 与试验段原长 l 的比值,称为材料的伸长率,并用 δ 表示,即

$$\delta = \frac{\Delta l_1}{l} \times 100\% \tag{2-17}$$

低碳钢 Q235 的伸长率 $\delta \approx 25\% \sim 30\%$。

伸长率大(塑性好)的材料,在轧制或冷压成形时不易断裂,并能承受较大的冲击荷载。在工程中,通常将伸长率较大(例如 $\delta \geqslant 5\%$)的材料称为塑性材料,伸长率较小的材料称为脆性材料。结构钢、铜、铝等为塑性材料,而工具钢、铸铁与陶瓷则属于脆性材料。

设试验段横截面的原始面积为 A,断裂后断口的横截面面积为 A_1,则断面收缩率为

$$\psi = \frac{A - A_1}{A} \times 100\% \tag{2-18}$$

低碳钢 Q235 的断面收缩率 $\psi \approx 60\%$。

4. 其他材料在拉伸时的力学性能

图 2.18 所示为锰钢、强(硬)铝等金属材料的应力-应变图。它们的伸长率都较

大,均属于塑性材料。但有些材料不存在明显的屈服阶段。

对于不存在明显屈服阶段的塑性材料,工程中通常以卸载后产生数值为 0.2%的残余应变所对应的应力为屈服应力,称为**屈服强度**或**名义屈服极限**,用 $\sigma_{p0.2}$($\sigma_{0.2}$)表示。具体做法是:在横坐标 ε 上取 $OC = 0.2\%$,自点 C 作直线平行于应力-应变关系最初的直线段,相交于 D,与点 D 对应的正应力即为名义屈服极限 $\sigma_{p0.2}$(图 2.19)。图 2.20 是若干高分子材料的应力-应变图。

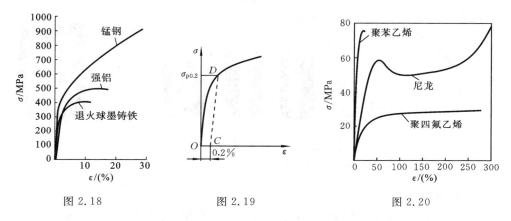

图 2.18　　　　　　　　图 2.19　　　　　　　　图 2.20

至于脆性材料,例如铸铁,从开始受力直至断裂,变形始终很小,即不存在屈服极限,也无缩颈现象,在没有明显的塑性变形的情况下就断裂了,并且端口平齐(图2.16(c))。所以只能将拉伸时测得的强度极限 σ_b 作为强度指标。

5. 材料在压缩时的力学性能

低碳钢压缩时的应力-应变曲线如图 2.21(a)所示,为便于比较,图中还画出了拉伸时的应力-应变曲线。可以看出,在屈服之前,压缩曲线与拉伸曲线基本重合,压缩与拉伸时的屈服应力与弹性模量大致相同。但过了屈服极限后,压缩曲线逐渐上升,这是因为在试验过程中,试样横截面面积不断增大(图 2.21(b)),因而抗力也不断提高,所以也测不到抗压强度极限。

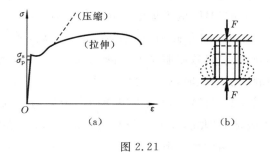

图 2.21

铸铁压缩时的应力-应变曲线如图 2.22 所示,压缩强度极限远高于拉伸强度极限(为 3～4 倍)。其他脆性材料如混凝土与石料也具有上述特点,所以,脆性材料宜作承压构件。铸铁压缩破坏的形式如图 2.22(b)所示,断口的方位角为 55°～60°。由于该截面存在较大切应力,因此,铸铁压缩破坏的方式是剪断(图 2.22(b))。混凝土试样受压破坏也是如此,如图 2.23 所示。

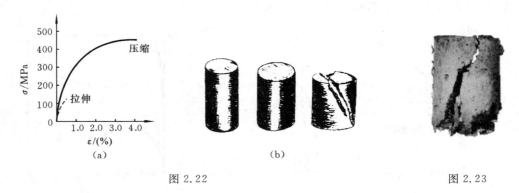

图 2.22　　　　　　　　　　　　　　　　　　图 2.23

6. 应力集中现象

由于结构与工艺方面的要求,许多构件常常带有沟槽、孔和圆角等。在外力的作用下,构件中临近沟槽、孔或圆角的局部范围内,应力骤增。例如,图 2.24(a)所示为含圆孔的受拉薄板在过圆孔截面上的应力分布,图 2.24(b)所示为受拉薄板在截面急剧变化处的应力分布,两者的最大应力 σ_{max} 显著超过该截面的平均应力 σ_a。由截面急剧变化所引起的局部应力骤增的现象称为**应力集中**。应力集中的程度可用**应力集中因子** K 表示,其定义为

$$K = \frac{\sigma_{max}}{\sigma} \tag{2-19}$$

式中:σ_{max} 为最大局部应力;σ 为同一截面上按式(2-3)计算的名义应力值。

在静荷载下,塑性材料与脆性材料对应力集中的反应是不同的。

对于由塑性材料制成的构件,应力集中对其在静荷载作用下的强度几乎无影响。因为在最大应力 σ_{max} 达到屈服应力 σ_s 后,如果继续增大荷载,则所增加的荷载将由同一截面的未屈服的部分承担,以致屈服区域不断扩大,应力分布逐渐均匀。所以,在研究塑性材料构件的静强度问题时,通常可以不考虑应力集中的影响。

对于由脆性材料制成的构件,当由应力集中所形成的最大局部应力 σ_{max} 达到强度极限时,构件即发生破坏。因此,在设计脆性材料的构件时,必须考虑应力集中的影响。图 2.25 所示为上述两种情况下应力集中因子的曲线,在使用时必须保证 σ_{max} 不超过材料的比例极限。

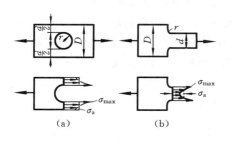

图 2.24

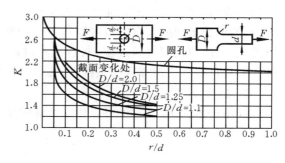

图 2.25

2.5　安全因数　许用应力　强度条件

前面介绍了杆件在拉伸或压缩时最大应力的计算以及材料的力学性能。在此基础上,本节研究拉压杆的静强度问题。

1. 安全因数　许用应力

材料丧失正常工作能力(失效)时的应力称为**极限应力**,用 σ_u 表示。对于屈服失效,当材料的应力达到屈服极限 σ_s 时,其将发生显著的塑性变形,此时虽未发生破坏,但因变形过大构件的正常工作将受影响,所以通常将 σ_s 作为极限应力,即 $\sigma_u = \sigma_s$。对于脆性破坏,因材料的塑性变形很小,断裂就是其破坏的标志,故以强度极限为极限应力,即 $\sigma_u = \sigma_b$。构件的最大工作应力绝对不允许超过极限应力。为了确保结构的安全,使之具有足够的强度储备及使用寿命,特别是对于破坏将带来严重后果的结构,如桥梁、水坝等大型建筑及大型起重设备等,更应给予较大的强度储备;另外还必须考虑以下情况:

(1) 作用在构件上的外力难以精确计算,并常有一些突发性的荷载;

(2) 经简化而成的力学模型与实际结构总有一些偏差(当然这种偏差越小越好),因此,计算所得应力(即工作应力)总带有一定程度的近似性;

(3) 实际材料的组成与品质等难免存在差异,不能保证构件所用材料与标准试样具有完全相同的力学性能。

所有这些不确定因素,都有可能使构件的实际安全工作条件比设计的要严酷。因此,在工程实际中必须引入大于 1 的**安全因数(安全系数)** n,这样,便可得到结构工作应力的最大允许值,即**许用应力(许可应力)** $[\sigma]$:

$$[\sigma] = \frac{\sigma_u}{n} \tag{2-20}$$

如上所述,安全因数是由多种因素决定的,简而言之它取决于构件的重要性及工作环境、材料的特性及失效形式(屈服或脆断)、以往的使用经验等。一般结构的安全因数或许用应力可从有关规范或设计手册中查到。在一般静强度计算中,对于发生屈服失效的材料,安全因数通常取 1.5～2.5;对于脆断材料,通常取 3.0～5.0,甚至更大,如大型水坝的安全因数可取到 20。当然,安全因数也并不是越大越好,安全因数过大,会使消耗的材料过多、制造成本过高、结构的自重上升、性能或经济效益下降。如对自重有苛刻要求的飞机等,其中一些构件的安全因数可低至 1.1。

2. 强度条件

许用应力确定之后,就可以建立杆件的强度条件:

$$\sigma_{\max}=\left(\frac{F_N}{A}\right)_{\max}\leqslant[\sigma] \tag{2-21}$$

即杆件的最大工作应力不得超过许用应力。对于等截面杆,式(2-21)可写成

$$\sigma_{\max}=\frac{F_{N\max}}{A}\leqslant[\sigma] \tag{2-22}$$

利用上述强度条件,可以解决下列三类强度计算问题。

(1) 强度校核　已知荷载、截面尺寸及材料的许用应力,根据式(2-22)校核杆件是否满足强度要求。

(2) 设计截面尺寸　已知荷载及材料的许用应力,确定杆件所需的最小横截面面积 $A_{\min}$。由式(2-22)可得

$$A\geqslant\frac{F_{N\max}}{[\sigma]}=A_{\min} \tag{2-23}$$

(3) 确定许用荷载　已知杆件的横截面面积及材料的许用应力,确定允许的最大荷载 $F_{\max}$。对于二力杆,可由式(2-22)确定最大轴向外力:

$$F_{\max}=F_{N\max}\leqslant[\sigma]A=[F] \tag{2-24}$$

即使最大工作应力 $\sigma_{\max}$ 超过了许用应力 $[\sigma]$,但只要超过量在 5% 以内,并且充分考虑了强度设计裕量,在工程设计中仍然是允许的。

例 2.8　某压力机的曲柄滑块机构如图 2.2 所示。当连杆 AB 接近水平位置时,压力 $F=3\,780$ kN,连杆横截面为矩形,高与宽之比为 $h/b=1.4$,材料为 45 钢,许用应力 $[\sigma]=90$ MPa。试设计截面尺寸 h 和 b。

解　连杆接近水平时所受压力为 F,故其轴力为

$$F_N=F=3\,780\times10^3\text{ N　(压)}$$

根据强度条件,由式(2-23)得

$$A\geqslant\frac{F_{N\max}}{[\sigma]}=\frac{3\,780\times10^3}{90\times10^6}\text{ m}^2=420\times10^{-4}\text{ m}^2$$

注意到连杆截面为矩形,且 $h=1.4b$,故

$$A=bh=1.4b^2=420\times10^{-4}\text{ m}^2$$

$$b=\sqrt{\frac{420\times10^{-4}}{1.4}}\text{ m}=0.173\text{ m},\quad h=1.4b=0.242\text{ m}$$

　　本例选择的许用应力较低,这主要是考虑到机构工作时有比较强烈的冲击作用。

　　例 2.9　图示三角托架在节点 A 受竖直荷载 F 作用,其中钢拉杆 AC 由两根№6.3 (边厚为 6 mm)等边角钢相并而成,杆 AB 由两根№10 工字钢相并而成。材料为 Q235 钢,许用拉应力$[\sigma_t]=160$ MPa,许用压应力$[\sigma_c]=90$ MPa,试确定许用荷载$[F]$。

　　解　(1) 取节点 A 为脱离体(图(b)),由平衡条件确定两杆(斜杆为杆 1、水平杆为杆 2)轴力与 F 的关系:

$$\sum F_x = 0 \quad \Rightarrow \quad F_{N1}\cos30° = F_{N2}$$

$$\sum F_y = 0 \quad \Rightarrow \quad F_{N1}\sin30° = F$$

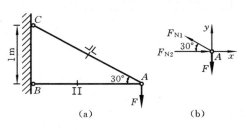

例 2.9 图

解出

$$F_{N1}=2F \quad (拉), \quad F_{N2}=\sqrt{3}F \quad (压)$$

　　(2) 确定许用荷载。由附录 B 型钢表查得本例中角钢和工字钢的横截面面积分别为

$$A_1=728.8 \text{ mm}^2, \quad A_2=1\,434 \text{ mm}^2$$

由两杆的强度条件分别求得

$$\sigma_1=\frac{F_{N1}}{2A_1}=\frac{2F}{2A_1}\leqslant[\sigma_t] \quad \Rightarrow \quad F\leqslant[\sigma_t]A_1=160\times10^6\times728.8\times10^{-6} \text{ N}=116.6 \text{ kN}$$

$$\sigma_2=\frac{F_{N2}}{2A_2}=\frac{\sqrt{3}F}{2A_2}\leqslant[\sigma_c] \quad \Rightarrow \quad F\leqslant\frac{2}{\sqrt{3}}[\sigma_c]A_2=\frac{2}{\sqrt{3}}\times90\times10^6\times1\,434\times10^{-6} \text{ N}=149.0 \text{ kN}$$

因此,三角托架的许用荷载为

$$[F]=\min(116.6 \text{ kN},149.0 \text{ kN})=116.6 \text{ kN}$$

　　本例中,材料的许用拉应力和许用压应力差别较大,主要是考虑了受压杆件的稳定性。

　　例 2.10　图示为一混合屋架的计算简图。屋架上弦用钢筋混凝土制作而成,下面的拉杆和中间竖直撑杆均用两个№7.5(边厚为 8 mm)的等边角钢相并而成。已知屋面的竖直均布荷载集度 $q=21$ kN/m,拉杆的许用应力$[\sigma]=160$ MPa,试校核拉杆 AE、EG 的强度。

　　解　(1) 由结构的平衡条件 $\sum F_y = 0$,求得反力

$$F_{RA}=F_{RB}=\frac{1}{2}ql=\frac{1}{2}\times21\times(4.37+9+4.37) \text{ kN}=186.3 \text{ kN} \quad (\uparrow)$$

　　(2) 取的分离体如图(b)所示,由平衡方程 $\sum M_C = 0$ 求水平杆的轴力,有

$$q\frac{(4.37+4.5)^2}{2}-F_{RA}(4.37+4.5)+F_{NEG}(1+1.2)=0 \quad \Rightarrow \quad F_{NEG}=375.5 \text{ kN} \quad (拉)$$

取节点 E 为分离体,如图(c)所示,根据平衡方程 $\sum F_{Cx} = 0$,有

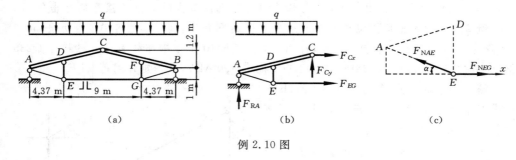

例 2.10 图

$$F_{NAE}\cos\alpha=F_{NEG}$$

由图(a)和图(c)可知 $\cos\alpha=\dfrac{4.37}{\sqrt{4.37^2+1^2}}=0.975$，代入上式可求得斜杆的轴力

$$F_{NAE}=\frac{F_{NEG}}{\cos\alpha}=\frac{375.5}{0.975}\ \text{kN}=385.1\ \text{kN}\quad(拉)$$

（3）强度分析。查型钢表（附录 B）知 №7.5（边厚 8 mm）的等边角钢横截面面积 $A=1\ 150.3\ \text{mm}^2$，于是可求得两杆的应力

$$\sigma_{EG}=\frac{F_{NEG}}{2A}=\frac{375.5\times10^3}{2\times1\ 150.3\times10^{-6}}\ \text{Pa}=163.2\ \text{MPa}>[\sigma]$$

$$\sigma_{AE}=\frac{F_{NAE}}{2A}=\frac{385.1\times10^3}{2\times1\ 150.3\times10^{-6}}\ \text{Pa}=167.4\ \text{MPa}>[\sigma]$$

虽然两杆的工作应力超过了许用应力，但相对误差为

$$\left|\frac{\sigma_{max}-[\sigma]}{[\sigma]}\right|=\left|\frac{\sigma_{AE}-[\sigma]}{[\sigma]}\right|=\left|\frac{167.4-160}{160}\right|=4.6\%<5\%$$

故拉杆的强度是足够的。

例 2.11　图示的等速旋转薄圆环的角速度为 ω，材料密度为 ρ，弹性模量为 E，许用应力为 $[\sigma]$，圆环横截面面积为 A，中心线直径为 D，试求圆环的许用角速度 $[\omega]$ 和直径的改变量。

解　（1）荷载分析。圆环等速旋转，其上各质点均受离心力（惯性荷载）作用。在极角 φ 处截取长为 $ds=(D/2)d\varphi$ 的微弧段，圆环中心线上任一点的向心加速度为 $D\omega^2/2$，则作用在微段上的离心力为

$$dF=\frac{D\omega^2}{2}\rho A ds=\frac{\rho\omega^2 AD^2}{4}d\varphi \qquad (a)$$

设荷载集度为 q，则有

$$q=\frac{dF}{ds}=\frac{\rho\omega^2 AD}{2} \qquad (b)$$

（2）应力及变形分析。将圆环沿水平方向切开（图(b)），取上半部分研究，由平衡方程

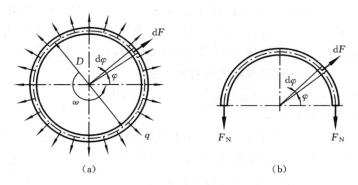

例 2.11 图

$$\sum F_y = 0 \quad \Rightarrow \quad \int_0^\pi q\sin\varphi \frac{D}{2}\mathrm{d}\varphi - 2F_N = 0$$

可求得轴力

$$F_N = \frac{qD}{2} \tag{c}$$

式(c)适用于圆环承受集度为 q 的径向均布荷载的一般情况。于是横截面上的正应力为

$$\sigma = \frac{F_N}{A} = \frac{qD}{2A} = \frac{\rho\omega^2 D^2}{4} \tag{d}$$

由胡克定律可求得周向应变：

$$\varepsilon = \frac{\sigma}{E} = \frac{qD}{2EA} = \frac{\rho\omega^2 D^2}{4E} \tag{e}$$

周向应变又可写成

$$\varepsilon = \frac{\pi(D+\Delta D) - \pi D}{\pi D} = \frac{\Delta D}{D} \tag{f}$$

比较式(e)和式(f)，可求得圆环直径的增量：

$$\Delta D = \varepsilon D = \frac{qD^2}{2EA} = \frac{\rho\omega^2 D^3}{4E}$$

上式表明，当圆环高速旋转时，其直径会显著增加。

（3）由式(d)，根据强度条件求得许用角速度为

$$\sigma = \frac{\rho\omega^2 D^2}{4} \leqslant [\sigma] \quad \Rightarrow \quad \omega \leqslant [\omega] = \frac{2}{D}\sqrt{\frac{[\sigma]}{\rho}}$$

2.6　连接部分的强度计算

工程中构件与其他构件或基础之间，常用螺栓、销钉及铆钉等连接，这些起连接作用的元件，称为**连接件**。本节将研究连接部分的强度问题。

连接件的受力与变形一般都比较复杂,要精确地分析其内力比较困难。因此,在工程中通常采用实用计算方法。其要点是:一方面对连接件的受力与内力分布进行某些简化,从而计算出各部分的"名义应力";同时,对同类连接件进行破坏试验,并采用同样的计算方法,由破坏荷载确定材料的极限应力。

下面以销钉、耳片为例,讨论连接件的强度计算问题。

1. 剪切强度的实用计算

在图 2.26 所示的连接件中,压杆与基础通过销钉连接。销钉受力如图 2.27(a) 所示,其所受的力垂直于其轴线,且作用线之间的距离很小,可不考虑其弯曲变形。试验表明,当外力过大时,销钉将沿横截面 1—1 和 2—2 发生错动直到被剪断(图2.27(b)),因此,必须研究其剪切强度问题。这种相邻截面间的相互错动称为**剪切变形**,产生相互错动的平面称为**剪切面**。销钉的横截面 1—1 和 2—2 均为剪切面。

首先分析销钉剪切面上的内力。将销钉沿 1—1 截开,取左部为研究对象(图2.27(c)),显然,横截面上的内力等于 $F/2$,并位于该截面内,此力有使销钉沿 1—1 截面剪断的趋势,称为横截面上的剪力,用 F_S 表示。

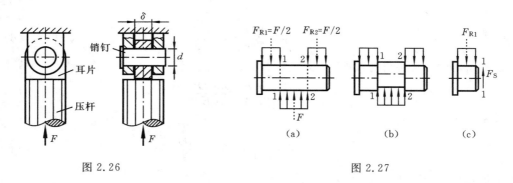

图 2.26   图 2.27

剪力 F_S 是截面 1—1 上的切应力 τ 的合力。在工程计算中,通常均假定剪切面的切应力均匀分布,于是剪切面上的切应力及相应的强度条件为

$$\tau = \frac{F_S}{A} \leqslant [\tau] \tag{2-25}$$

式中:A 为剪切面面积;$[\tau]$ 为许用切应力,其值等于连接件的剪切强度极限 τ_b 除以安全因数。剪切强度极限 τ_b 也是按式(2-25)并由剪切破坏试验确定的。

在工程中被广泛使用的还有**铆钉连接**,铆接的方式主要有搭接(图 2.28(a))、单盖板对接(图 2.28(b))和双盖板对接(图 2.28(c))三种。前两种的铆钉只有一个剪切面(单剪),而后者有两个剪切面(双剪)。当采用多个铆钉(铆钉组)连接时,若每个铆钉的材料和直径均相同,且外力作用线通过铆钉组所构成的某种几何图形(图2.29

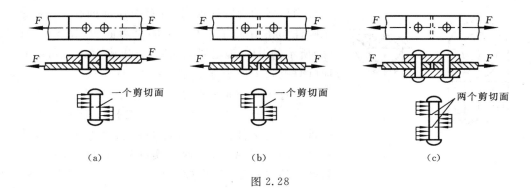

图 2.28

中虚线所围的阴影)的形心,则可假设每个铆钉受力均相同。若外力作用线不通过该形心,则还要考虑外力移至形心后附加力偶矩对铆钉的影响(例 7.3),此时每个铆钉所受之力一般都不相同。

2. 挤压强度的实用计算

在图 2.26 所示的销钉连接中,设销钉或耳片的直径为 d,耳片的厚度为 δ,在销钉与孔相互接触的圆柱侧面上,将发生彼此间的局部受压现象,这一现象称为**挤压**。在接触面上的压力称为**挤压力**,用 F_b 表示。显然,挤压力可根据被连接件所受的外力,由平衡条件求得。试验表明,当挤压力过大时,在孔、销钉接触的局部区域内将产生塑性变形。销钉压扁或链环孔由圆变成长圆(图 2.30)会影响孔、销钉之间的正常配合,导致连接松动而失效。因此,必须进行挤压强度分析。在挤压的实用计算中,名义挤压应力的计算公式及相应的强度条件为

$$\sigma_{bs} = \frac{F_b}{A_{bs}} \leqslant [\sigma_{bs}] \tag{2-26}$$

式中:A_{bs} 为**计算挤压面**面积;$[\sigma_{bs}]$ 为许用挤压应力,由试验时的破坏值除以安全因数算出,材料的 $[\sigma_{bs}]$ 值可从有关设计手册中查到。

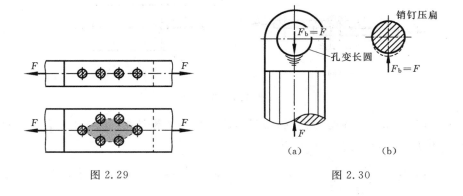

图 2.29

图 2.30

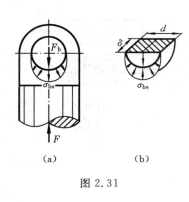

(a)　　　　(b)

图 2.31

当接触面为圆柱面时,计算挤压面面积 A_{bs} 为受压圆柱面在相应直径平面上的投影面积,如图 2.31(b)所示的 δd。理论研究表明,挤压应力在实际接触面(圆柱面)上的分布分别如图 2.31(a)(b)所示,其方向垂直于接触面;最大挤压应力发生在该表面中部,其值与按式(2-26)计算的名义挤压应力值相当接近。当连接件与被连接件的接触面为平面时,计算挤压面面积 A_{bs} 就是两者实际接触面的面积。如果两者的材料不同,应校核许用挤压应力值较小的挤压强度。

例 2.12　图示铆接接头受轴向拉力 F 作用。试求该拉力的许用值。已知板厚 δ = 2 mm,板宽 b = 15 mm,铆钉直径 d = 4 mm,许用切应力 $[\tau]$ = 100 MPa,许用挤压应力 $[\sigma_{bs}]$ = 300 MPa,许用拉应力 $[\sigma]$ = 160 MPa。

解　当研究连接部分的强度时,由于板厚较小,通常可略去两端拉力不共线的影响。

(1) 接头破坏形式分析。铆接接头的破坏形式可能有以下四种:铆钉沿横截面被剪断(图(a));铆钉与孔壁互相挤压,产生显著的塑性变形(图(b));板沿截面 2—2 被拉断(图(b));板沿截面 3—3 被剪断(图(c))。试验表明,当边距 $a \geqslant 2d$ 时,最后一种形式的破坏通常可以避免。因此,铆接接头的强度分析主要是针对前面三种破坏形式而言的。

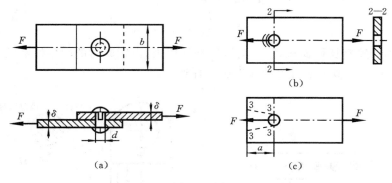

例 2.12 图

(2) 铆钉的剪切强度分析。图(a)所示的铆接方式为搭接,故铆钉只有一个剪切面,其剪力 $F_S = F$,由式(2-25)可得

$$\tau = \frac{F_S}{A} = \frac{F}{\frac{\pi}{4}d^2} \leqslant [\tau] \quad \Rightarrow \quad F \leqslant \frac{\pi d^2}{4}[\tau] = \frac{\pi \times 4^2}{4} \times 100 \text{ N} = 1\ 257 \text{ N}$$

（3）由于材料相同，可只分析铆钉与孔壁的挤压强度。由式（2-26）可得

$$\sigma_{bs}=\frac{F_b}{A_{bs}}=\frac{F}{\delta d}\leqslant[\sigma_{bs}]\quad\Rightarrow\quad F\leqslant\delta d[\sigma_{bs}]=2\times4\times300\ \text{N}=2\ 400\ \text{N}$$

（4）杆的拉伸强度分析。由于轴力相同，横截面 2—2 的面积最小，其正应力最大，即

$$\sigma_{max}=\frac{F}{(b-d)\delta}\leqslant[\sigma]\quad\Rightarrow\quad F\leqslant(b-d)\delta[\sigma]=(15-4)\times2\times160\ \text{N}=3\ 520\ \text{N}$$

经比较，接头的许用荷载应为

$$[F]=\min(1\ 257\ \text{N}, 2\ 400\ \text{N}, 3\ 520\ \text{N})=1\ 257\ \text{N}$$

例 2.13　图示为木桁架在支座部位的榫齿接头，宽 $b=80$ mm 的斜杆与下弦杆连接在一起。已知木材斜纹（$\alpha=30°$）的许用挤压应力 $[\sigma_{bs}]_{30°}=5$ MPa，顺纹许用切应力 $[\tau]=0.8$ MPa，斜杆上的压力 $F_N=40$ kN。若不计接触面摩擦的影响，试确定榫接的深度 h 和下弦杆末端的长度 l。

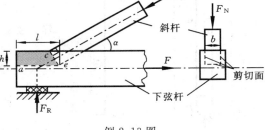

解　（1）下弦杆的挤压强度分析。由于挤压面 c—e 与压力 F_N 垂直，故有

$$\sigma_{bs}=\frac{F_b}{A_{bs}}=\frac{F_N}{\dfrac{bh}{\cos\alpha}}\leqslant[\sigma_{bs}]_{30°}\quad\Rightarrow$$

例 2.13 图

$$h\geqslant\frac{F_N\cos\alpha}{b[\sigma_{bs}]_{30°}}=\frac{40\times10^3\cos30°}{0.08\times5\times10^6}\ \text{m}=0.086\ 6\ \text{m}$$

取 $h=0.09$ m。

（2）下弦杆的剪切强度分析。注意它是一槽形剪切面，由一个水平的矩形面和两个竖直的梯形面（见图中阴影部分）构成，则

$$\tau=\frac{F_S}{A}=\frac{F_N\cos\alpha}{bl+2\left[\dfrac{l+(l-h\tan\alpha)}{2}h\right]}=\frac{F_N\cos\alpha}{l(b+2h)-h^2\tan\alpha}\leqslant[\tau]\quad\Rightarrow$$

$$l\geqslant\frac{F_N\cos\alpha}{(b+2h)[\tau]}+\frac{h^2\tan\alpha}{b+2h}$$

$$=\left[\frac{(40\times10^3)\cos30°}{(0.08+2\times0.09)\times0.8\times10^6}+\frac{0.09^2\tan30°}{0.08+2\times0.09}\right]\ \text{m}=0.185\ \text{m}$$

2.7　拉压超静定问题

前面所讨论的问题中，杆件的未知力（反力和轴力）均可通过静力平衡方程确定，故称其为**静定问题**。如果未知力的数目超过独立平衡方程的数目，则仅用平衡条件不能解决问题，这样的问题称为**超静定问题**。

　　在超静定问题中,都存在着多于维持平衡所必需的支座或杆件等,习惯上称其为"多余"约束或内力。未知力数超过独立平衡方程的数目,称为**超静定次数(阶数)**。为了确定超静定结构的未知力,除了应用**平衡方程**之外,还必须研究结构的**变形几何相容关系/变形协调**,并借助力与变形(或位移)间的**物理关系**,建立足够数量的**补充方程**,然后与平衡方程联立,求解出全部未知力。下面用例题讨论超静定问题的解法。

　　例2.14　图示两端固定的等直杆 AB,拉压刚度为 EA,C 处受轴向外力 F 作用。若 $b=2a$,试求杆两端的反力、轴力并绘制轴力图。

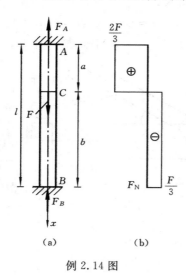

例 2.14 图

　　解　设杆上、下两端的未知反力为 F_A 和 F_B,方向均向上(图(a)),杆的平衡方程仅有一个:

$$\sum F_x = 0 \ \Rightarrow \ F = F_A + F_B \qquad (a)$$

故本例为一次超静定问题,需要补充方程才能求解。由截面法分别求得 AC 段和 CB 段的轴力

$$F_{NAC} = F_A, \quad F_{NCB} = -F_B \qquad (b)$$

代入式(2-10)(胡克定律),杆的伸长量为

$$\Delta l = \frac{F_{NAC}a}{EA} + \frac{F_{NCB}b}{EA} = \frac{F_A a}{EA} + \frac{(-F_B)b}{EA}$$

由于两端约束,杆的伸长量应为零,可得两反力的关系,即

$$\Delta l = \frac{F_A a}{EA} - \frac{F_B b}{EA} = 0 \Rightarrow F_A = \frac{b}{a}F_B = \left(\frac{2a}{a}\right)F_B = 2F_B \qquad (c)$$

这实际上是由变形协调条件得到的补充方程,代入平衡方程(式(a)),可求得反力:

$$F = 2F_B + F_B \ \Rightarrow \ F_B = \frac{F}{3} \ (\uparrow), \quad F_A = \frac{2F}{3} \ (\uparrow)$$

代入式(b),可求得轴力并作轴力图(图(b)):

$$F_{NAC} = \frac{2F}{3} \ (拉), \quad F_{NCB} = -\frac{F}{3} \ (压)$$

　　例2.15　图示结构由水平刚性杆 AB 及两竖直弹性杆1及杆2组成,B 端受竖直力 F 作用。两竖直杆的拉压刚度分别为 E_1A_1 和 E_2A_2。试求两杆的内力。

　　解　首先取刚性杆 AB 为研究对象(图(b)),设其在力 F 作用下,绕点 A 顺时针转动,由此,杆1和杆2伸长,两杆的轴力分别为 F_{N1} 和 F_{N2}。其平衡方程为

$$\sum M_A = 0 \ \Rightarrow \ F_{N1} + 2F_{N2} = 3F \qquad (a)$$

故本例为一次超静定问题。

　　由于杆的变形是小变形,故可认为点 C、D 竖直下移到点 C'、D',则杆1的伸长

量 $\Delta l_1 = \overline{CC'}$，杆 2 的伸长量 $\Delta l_2 = \overline{DD'}$。由图（a）可知，它们的变形相容条件（几何关系）为

$$2\,\overline{CC'} = \overline{DD'} \quad \Rightarrow \quad 2\Delta l_1 = \Delta l_2 \quad \text{(b)}$$

根据胡克定律（物理方程），式（b）又可写为

$$2\frac{F_{N1}a}{E_1 A_1} = \frac{F_{N2}a}{E_2 A_2}$$

此即为补充方程，与平衡方程（a）联立求解，得

$$F_{N1} = \frac{3E_1 A_1}{E_1 A_1 + 4E_2 A_2}F \quad \text{（拉）}$$

$$F_{N2} = \frac{6E_2 A_2}{E_1 A_1 + 4E_2 A_2}F \quad \text{（拉）}$$

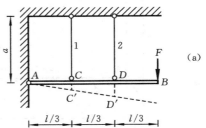

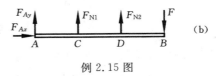

例 2.15 图

结果表明，对于超静定结构，各杆的内力与各杆的刚度有关。若 $A_1 \to 0$，则

$$F_{N1} \to 0, \quad F_{N2} \to \frac{3}{2}F$$

以上表明，若杆 1 的刚度很小，则该杆实际上已失去承载能力，而由其他杆件（杆 2）提供承载能力。

2.8　热应力　初应力

物体的热胀冷缩是自然界的普遍规律。本书涉及的材料也具有这个特性。温度变化时，构件的形状和尺寸将发生变化。对于静定杆或杆系，由于各杆件可以自由变形，因此在温度均匀变化时，杆件的伸长或缩短不会引起内力及应力的变化。若应变只是由温度变化引起的，则静定杆内不会产生应力，此时应用胡克定律 $\sigma = E\varepsilon$ 会出现错误的结果。

设有一长度为 l 的静定杆，材料线膨胀系数为 α_l，当温度变化 ΔT 时，杆长的变化量为

$$\delta_T = \alpha_l l \Delta T \quad (2\text{-}27)$$

对于超静定杆或杆系（结构），杆件的温度变形会受到限制，杆内将出现应力。温度变化在结构内引起的应力称为**热应力**（温度应力）。

例 2.16　对于图（a）所示的结构，杆 1 与杆 2 的拉压刚度 EA 相同，梁 AB 为刚体。试求当杆 1 的温度升高 $\Delta T = 50\ ℃$ 时，杆 1 与杆 2 的正应力。已知材料的弹性模量 $E = 210\ \text{GPa}$，线膨胀系数 $\alpha_l = 1.2 \times 10^{-5}\ ℃^{-1}$。

解　当无约束（或无杆 2，或无梁 AB）时，因温度升高，杆 1 的端点 A 本可以自由地移动至 A''，即 $\delta_T = \overline{AA''}$。但由于存在约束，约束力为梁 AB 对它的轴向压力 F_{N1}，

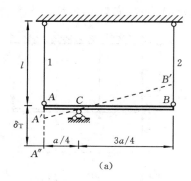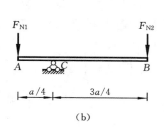

例 2.16 图

故杆 1 的伸长受阻,其实际变形量为 $\delta=\overline{AA'}$。δ 是温度变化和轴向压力 F_{N1} 共同作用于杆 1 的结果,由叠加原理,有

$$\delta=\delta_T-\frac{F_{N1}l}{EA}=\alpha_l l\Delta T-\frac{F_{N1}l}{EA} \qquad (a)$$

与此相应,$\overline{BB'}$ 为杆 2 的压缩变形 Δl_2。依题意,梁 AB 为刚性梁,故 $\overline{A'CB'}$ 为一直线,由图(a)可得变形协调方程:

$$\overline{BB'}=3\ \overline{AA'} \quad\Rightarrow\quad \Delta l_2=3\delta \qquad (b)$$

根据胡克定律,并将式(a)代入式(b),得补充方程

$$\Delta l_2=3\delta \quad\Rightarrow\quad \frac{F_{N2}l}{EA}=3\left(\alpha_l l\Delta T-\frac{F_{N1}l}{EA}\right) \qquad (c)$$

两杆对梁 AB 的作用力如图(b)所示,其平衡方程为

$$\sum M_C=0 \quad\Rightarrow\quad F_{N1}-3F_{N2}=0 \qquad (d)$$

可见本例为一次超静定问题。联立求解平衡方程(d)和补充方程(c),可得两杆的轴力和热应力分别为

$$F_{N1}=\frac{9EA\alpha_l\Delta T}{10}$$

$$\sigma_1=\frac{F_{N1}}{A}=\frac{9E\alpha_l\Delta T}{10}=\frac{9\times210\times10^9\times1.2\times10^{-5}\times50}{10}\ \text{Pa}=113.4\ \text{MPa} \quad (\text{压})$$

$$F_{N2}=\frac{3EA\alpha_l\Delta T}{10}$$

$$\sigma_2=\frac{F_{N2}}{A}=\frac{3E\alpha_l\Delta T}{10}=\frac{3\times210\times10^9\times1.2\times10^{-5}\times50}{10}\ \text{Pa}=37.8\ \text{MPa} \quad (\text{压})$$

可见,热应力的值是相当可观的。

　　杆件在制成之后,其尺寸有微小误差往往是难以避免的。在静定杆系(结构)中,这种误差本身只会使结构的几何形状略有改变,并不会在杆中产生附加的内力。但在超静定杆或杆系(结构)中,由于各杆的变形受到约束,一般都会产生附加的内力,

与之相应的应力称为**装配应力**。装配应力是结构在荷载作用以前就存在的应力,也称**初应力**。

例 2.17　图示结构由三杆组成,若杆 3 的尺寸有微小的制造误差,比其应有的长度 l 短了 δ(图中的 δ 是夸大了的),已知杆 1 和杆 2 的刚度都为 E_1A_1,杆 3 刚度为 E_3A_3,杆 3 长为 l,且杆 1、杆 2 与杆 3 延长线的夹角均为 θ,试求在该杆系装配好以后三杆的正应力。

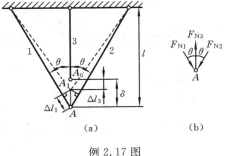

例 2.17 图

解　因杆 1 与杆 2 的长度、刚度、与杆 3 延长线的夹角 θ 都相同,装配后两杆的交点 A 垂直移动至点 A_1,位于图示的虚线位置,且都缩短了,故受压力;而杆 3 由点 A_0 伸长至点 A_1,故受拉力。节点 A 的受力如图(b)所示,三个未知轴力组成一自平衡的平面汇交力系,但只有两个独立的平衡方程,即

$$\sum F_x = 0 \quad \Rightarrow \quad F_{N1} = F_{N2} \tag{a}$$

$$\sum F_y = 0 \quad \Rightarrow \quad F_{N3} = F_{N1}\cos\theta + F_{N2}\cos\theta$$

$$\Rightarrow \quad F_{N3} = 2F_{N1}\cos\theta \tag{b}$$

故本例是一次超静定问题,需要补充方程求解。由图(a)可以看出,变形协调条件为

$$\frac{\Delta l_1}{\cos\theta} + \Delta l_3 = \delta \tag{c}$$

利用胡克定律改写式(c),得补充方程:

$$\frac{1}{\cos\theta}\left(\frac{F_{N1}}{E_1A_1} \cdot \frac{l}{\cos\theta}\right) + \frac{F_{N3}l}{E_3A_3} = \delta \tag{d}$$

联立求解方程(a)(b)与(d),得各杆的轴力和应力分别为

$$F_{N1} = F_{N2} = \frac{E_1A_1\delta}{l} \cdot \frac{E_3A_3\cos^2\theta}{E_3A_3 + 2E_1A_1\cos^3\theta}, \quad \sigma_1 = \sigma_2 = \frac{F_{N1}}{A_1} = \frac{E_1\delta}{l} \cdot \frac{E_3A_3\cos^2\theta}{E_3A_3 + 2E_1A_1\cos^3\theta}$$

$$F_{N3} = \frac{E_3A_3\delta}{l} \cdot \frac{2E_1A_1\cos^3\theta}{E_3A_3 + 2E_1A_1\cos^3\theta}, \quad \sigma_3 = \frac{F_{N3}}{A_3} = \frac{E_3\delta}{l} \cdot \frac{2E_1A_1\cos^3\theta}{E_3A_3 + 2E_1A_1\cos^3\theta}$$

可见,各杆的装配应力与误差成正比,并与各杆的刚度有关。

例 2.18　如图所示,两铸铁件用两钢杆 1、2 连接,其间距 $l = 200$ mm。现要将制造得过长了 $\Delta e = 0.11$ mm 的铜杆 3(图(b))装入铸铁件之间,并保持三杆的轴线平行且等间距 a。试计算各杆内的装配应力。已知:钢杆直径 $d = 10$ mm,铜杆横截面为 20 mm×30 mm 的矩形,钢的弹性模量 $E = 210$ GPa,铜的弹性模量 $E_3 = 100$ GPa。铸件很厚,可视为刚体。

解　本问题中有三根互相平行的杆,其轴力未知,但平面平行力系只能建立两个

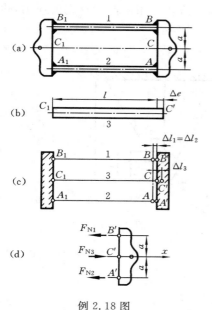

例 2.18 图

独立的平衡方程，故本例为一次超静定问题。仍从下面三个方面分析。

（1）静力平衡。取铸件为分离体（图（d）），由于杆 3 长了，因而其嵌固上去之后必受压，而两钢杆受拉，各杆轴力的方向如图所示。由对称性可知 $F_{N1} = F_{N2}$，代入平衡方程 $\sum F_x = 0$，得

$$2F_{N1} = F_{N3} \qquad (a)$$

（2）几何关系。因铸件不变形，则三杆变形后的端点必须在同一直线上。由于杆 3 过长，故其装好后必缩短，由于对称性，杆 1、杆 2 必有相等的伸长变形量（图（c））。据此可得几何关系：

$$\Delta l_3 = \Delta e - \Delta l_1$$

（3）物理关系。由胡克定律（因 Δe 很小，杆 3 的原始长度可用 l 表示）重写上式得补充方程

$$\frac{F_{N3} l}{E_3 A_3} = \Delta e - \frac{F_{N1} l}{EA} \qquad (b)$$

将方程（a）与（b）联立求解，得三杆的轴力

$$F_{N1} = F_{N2} = \frac{\Delta e EA}{l}\left(\frac{E_3 A_3}{2EA + E_3 A_3}\right) \quad （拉），\qquad F_{N3} = \frac{\Delta e E_3 A_3}{l}\left(\frac{2EA}{2EA + E_3 A_3}\right) \quad （压）$$

所得结果为正，说明开始假设的各杆轴力的方向与实际情况相同。装配应力为

$$\sigma_1 = \sigma_2 = \frac{F_{N1}}{A} = \frac{\Delta e E}{l}\left(\frac{E_3 A_3}{2EA + E_3 A_3}\right)$$

$$= \frac{0.11 \times 10^{-3} \times 210 \times 10^9}{0.2} \times \frac{100 \times 10^9 \times 0.02 \times 0.03}{2 \times 210 \times 10^9 \times 0.01^2 \pi/4 + 100 \times 10^9 \times 0.02 \times 0.03} \text{ Pa}$$

$$= 74.53 \text{ MPa} \quad （拉）$$

$$\sigma_3 = \frac{F_{N3}}{A_3} = \frac{\Delta e E_3}{l}\left(\frac{2EA}{2EA + E_3 A_3}\right)$$

$$= \frac{0.11 \times 10^{-3} \times 100 \times 10^9}{0.2} \times \frac{2 \times 210 \times 10^9 \times 0.01^2 \pi/4}{2 \times 210 \times 10^9 \times 0.01^2 \pi/4 + 100 \times 10^9 \times 0.02 \times 0.03} \text{ Pa}$$

$$= 19.51 \text{ MPa} \quad （压）$$

由以上例题可以看出，对于超静定杆或杆系（结构），杆件的尺寸即使有很小的误差，杆系的各部分中也会产生相当可观的装配应力，这对构件的强度显然是不利的。然而，利用装配应力制作预应力混凝土构件，则可显著地提高其承载能力（习题 2-24 就是一例）。

思 考 题

2-1　轴向拉伸与压缩的外力与变形有何特点？试列举轴向拉伸与压缩的实例。

2-2　何谓轴力？轴力的正负号是如何规定的？如何计算轴力？

2-3　拉压杆横截面上的正应力公式是如何建立的？该公式的应用条件是什么？

2-4　低碳钢在拉伸过程中表现为几个阶段？各有何特点？何谓比例极限、屈服极限与强度极限？何谓弹性应变与塑性应变？

2-5　何谓塑性材料与脆性材料？如何衡量材料的塑性？试比较两者的力学性能特点？

2-6　若在受力物体内的某点处，已测得 x 和 y 两个方向均有线应变，试问在 x 和 y 两个方向是否必定有正应力？若测得仅 x 方向有线应变，则是否 y 方向必无正应力？

2-7　何谓许用应力？何谓强度条件？利用它可解决哪些强度问题？

2-8　试指出下列概念的区别：比例极限与弹性极限，弹性变形与塑性变形，伸长率与正应变，强度极限与极限应力，工作应力与许用应力。

2-9　在低碳钢试样的拉伸图上，试样被拉断时的应力为什么反而比强度极限低？

习 题

2-1　画出图示各杆的轴力图，并求指定横截面（图中虚线）的轴力。

2-2　习题 2-1 图中的外力 $F = 150$ N，横截面面积 $A = 10$ mm²，长度 $a = 150$ mm。试求各杆的最大正应力，并指出其所在截面。

2-3　图示为当手掌握起哑铃至水平位置时手臂的受力简图。已知哑铃重 $W = 150$ N，手臂肱二头肌的横截面面积 $A = 600$ mm²，试求其正应力。

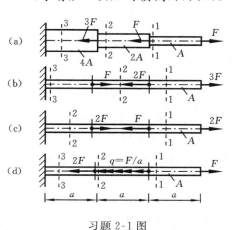

习题 2-1 图

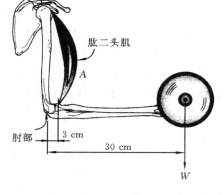

习题 2-3 图

2-4 图示一等直矩形截面杆受拉，已知 $F=10$ kN，$b=5$ mm，$h=20$ mm，试求 α $=\pm45°$、$\pm135°$ 四个斜截面（图示虚线）上的正应力和切应力。

2-5 图示杆件由两根木杆粘接而成。欲使其在受拉时，粘接面上的正应力为其切应力的 2 倍，试问粘接面的位置应如何确定？

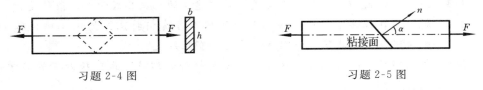

习题 2-4 图　　　　　　　　　　　　　习题 2-5 图

2-6 图示结构中，AB 为水平刚性杆，其他三杆的材料相同，弹性模量均为 $E=$ 210 GPa。已知 $l=1$ m，$A_1=A_2=100$ mm^2，$A_3=150$ mm^2，$F=20$ kN。试求点 C 的水平位移和竖直位移。

2-7 图示圆台形薄壁塔柱壁厚为 t，已知其质量密度为 ρ，其他尺寸如图所示。试求塔柱在自身重力作用下的最大正应力和轴向变形。

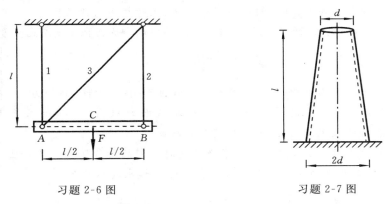

习题 2-6 图　　　　　　　　　　　　　习题 2-7 图

2-8 图示结构，已知外力 $F=35$ kN，钢圆杆 AB 和 AC 的直径分别为 $d_1=12$ mm 和 $d_2=15$ mm，钢的弹性模量 $E=210$ GPa。试求点 A 的竖直位移。

2-9 图示为打入土中的混凝土地桩，顶端承受荷载 F 的作用，其由作用于地桩的摩擦力支持。设沿地桩单位长度的摩擦力为 f，且 $f=ky^2$，k 为常数。试求地桩的缩短量 δ。已知地桩的横截面面积为 A，弹性模量为 E，埋入土中的长度为 l。

2-10 图示长为 $l=180$ mm 的铸铁杆，以角速度 ω 绕轴 O_1O_2 等速旋转。若其密度 $\rho=7.54\times10^3$ kg/m^3，许用应力 $[\sigma]=40$ MPa，弹性模量 $E=160$ GPa，试确定杆的许用转速，并计算杆的相应伸长量。

2-11 图示托架的水平杆 BC 的长度 l 保持不变，斜杆 AB 的长度可随夹角 θ 的变化而改变。两杆皆为同质等直杆，且拉伸强度和压缩强度相同。若要使两杆具有相同强度，且制作所用的材料最少，则两杆的夹角 θ、两杆横截面面积之比应为多少。

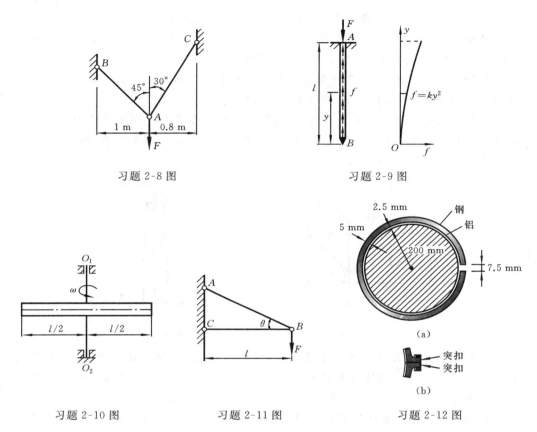

习题 2-8 图　　　　　　　　　　　习题 2-9 图

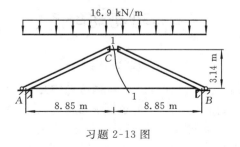

习题 2-10 图　　　　　　习题 2-11 图　　　　　　习题 2-12 图

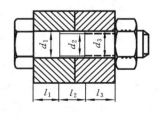

2-12　图示复合箍由两种材料组成,内层为铝,外层为钢(图中浅色部分),用其缠绕刚性圆柱体时,尚有 7.5 mm 的间隙,加力使之完全箍住圆柱体并用突扣(图(b))扣紧。已知铝的弹性模量 $E_{Al}=70$ GPa,钢的弹性模量 $E_{Stl}=190$ GPa,试求扣紧后钢箍和铝箍的正应力。设各接触面光滑。

2-13　图示三铰拱屋架的水平拉杆用 16Mn 钢制成,其许用应力 $[\sigma]=210$ MPa,弹性模量 $E=210$ GPa。试选择钢杆的直径,并计算钢杆的伸长量。

习题 2-13 图　　　　　　　　　　习题 2-14 图

2-14 图示螺栓,拧紧时产生 $\Delta l = 0.10$ mm 的轴向变形。试求预紧力 F,并校核螺栓的强度。已知:$d_1 = 8.0$ mm,$d_2 = 6.8$ mm,$d_3 = 7.0$ mm;$l_1 = 6.0$ mm,$l_2 = 29$ mm,$l_3 = 8.0$ mm;$E = 210$ GPa,$[\sigma] = 500$ MPa。

2-15 图示桁架结构,各杆都由两个相同的等边角钢相并而成。已知其许用应力 $[\sigma] = 170$ MPa,试选择杆 AC 和 CD 的角钢型号。

2-16 已知混凝土的密度 $\rho = 2.25 \times 10^3$ kg/m³,许用压应力 $[\sigma] = 2$ MPa。试按强度条件确定图示混凝土柱所需的横截面面积 A_1 和 A_2。若混凝土的弹性模量 $E = 20$ GPa,试求柱顶端的位移。

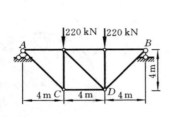

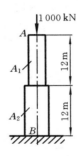

习题 2-15 图   习题 2-16 图

2-17 图示托架,杆 1 为圆截面钢杆,杆 2 为方截面木杆。若外力 $F = 50$ kN,钢的许用应力 $[\sigma_s] = 160$ MPa,木材的许用应力 $[\sigma_w] = 10$ MPa。试确定钢杆的直径 d 与木杆截面的边宽 b。

2-18 图示拉杆由两块钢板用四个直径相同的钢铆钉铆接而成。已知外力 $F = 80$ kN,板宽 $b = 80$ mm,板厚 $\delta = 10$ mm,铆钉直径 $d = 16$ mm,许用切应力 $[\tau] = 100$ MPa,许用挤压应力 $[\sigma_{bs}] = 300$ MPa,许用拉应力 $[\sigma] = 170$ MPa。试校核接头的强度(提示:设每个铆钉受力相同)。

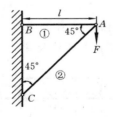

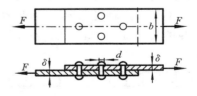

习题 2-17 图   习题 2-18 图

2-19 图示圆截面杆件,承受轴向拉力 F 的作用。设拉杆的直径为 d,端部墩头的直径为 D,高度为 h,试从强度方面考虑,建立三者间的合理比值。已知许用应力 $[\sigma] = 120$ MPa,许用切应力 $[\tau] = 90$ MPa,许用挤压应力 $[\sigma_{bs}] = 240$ MPa。

2-20 刚性梁 AB 用两根钢杆 AC 和 BD 悬挂着,受竖直力 $F = 100$ kN 的作用。

已知钢杆 AC 和 BD 的直径分别为 $d_1 = 25$ mm 和 $d_2 = 18$ mm,钢的许用应力 $[\sigma] = 170$ MPa,弹性模量 $E = 210$ GPa。

(1) 试校核钢杆的强度,并计算钢杆的变形 Δl_{AC}、Δl_{BD},以及 A、B 两点的竖直位移 Δ_A、Δ_B。

(2) 若竖直力 $F = 100$ kN 作用于点 A 处,试求点 G 的竖直位移 Δ_G(结果表明,$\Delta_G = \Delta_A$,事实上这是线性弹性体中普遍存在的关系,称为位移互等定理)。

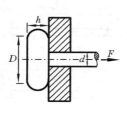

习题 2-19 图

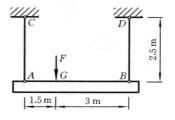

习题 2-20 图

2-21 横截面为 250 mm×250 mm 的短木柱,用四根 40 mm×40 mm×5 mm 的等边角钢加固,压力通过顶端的刚性盖板施加,如图所示。已知角钢的许用应力 $[\sigma_s] = 160$ MPa,弹性模量 $E_s = 210$ GPa,木材的许用应力 $[\sigma_w] = 12$ MPa,弹性模量 $E_w = 10$ GPa,压力 $F = 775$ kN,试校核短柱的强度。

2-22 图示一刚性板由四根相同的短柱支撑。若外力 F 作用在点 A 处,试求这四根短柱的受力分别为多少。

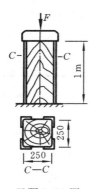

习题 2-21 图

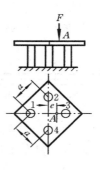

习题 2-22 图

2-23 如图所示,在 A 端铰支的刚性梁 AB 受均布荷载的作用。已知钢杆 BD 和 CE 的横截面面积分别为 $A_1 = 400$ mm^2 和 $A_2 = 200$ mm^2;许用拉应力 $[\sigma_t] = 160$ MPa,许用压应力 $[\sigma_c] = 100$ MPa。试校核两杆的强度。

2-24 一种制作预应力钢筋混凝土的方式如图所示。首先施加拉力 F 拉伸钢筋(图(a)),然后浇注混凝土(图(b))。待混凝土凝固后,撤除拉力 F(图(c)),这时混凝土受压,钢筋受拉,形成预应力钢筋混凝土。设拉力 F 使钢筋横截面上产生的初应力为 $\sigma_0 = 820$ MPa,钢筋与混凝土的弹性模量之比为 8∶1,横截面面积之比为 1∶30,试求钢筋与混凝土横截面上的预应力。

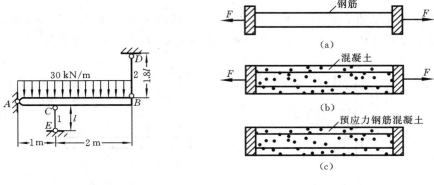

习题 2-23 图　　　　　　　　　　　　　　　习题 2-24 图

2-25　图示钢杆,横截面面积 $A = 2\,500$ mm^2,弹性模量 $E = 210$ GPa,线膨胀系数 $\alpha_l = 12.5 \times 10^{-6}$℃$^{-1}$,轴向外力 $F = 200$ kN,温度升高 40 ℃。试在下列两种情况下确定杆端的支反力和杆的最大应力。

（1）间隙 $\delta = 2.1$ mm；　　（2）间隙 $\delta = 1.2$ mm。

2-26　图示组合杆,由直径为 30 mm 的钢杆套以外径为 50 mm、内径为 30 mm 的铜管组成,二者由两个直径为 10 mm 的铆钉连接在一起。铆接后,温度升高 40 ℃,试计算铆钉剪切面上的切应力。钢与铜的弹性模量分别为 $E_s = 200$ GPa 与 $E_c = 100$ GPa,线膨胀系数分别为 $\alpha_{ls} = 12.5 \times 10^{-6}$℃$^{-1}$ 与 $\alpha_{lc} = 16 \times 10^{-6}$℃$^{-1}$。

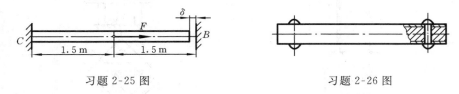

习题 2-25 图　　　　　　　　　　　　　　　习题 2-26 图

2-27　图示为木桁架在支座部位的榫齿接头。两杆的宽度均为 $b = 160$ mm,下弦杆的末端长度 $l = 400$ mm,榫接深度 $h = 70$ mm,斜杆上的压力 $F_N = 60$ kN,木材斜纹($\alpha = 30°$)的许用挤压应力 $[\sigma_{bs}]_{30°} = 5$ MPa,顺纹许用切应力 $[\tau] = 0.8$ MPa。若不计保险螺栓和接触面摩擦的影响,试校核下弦杆的挤压和剪切强度。

2-28　图示等截面受拉木杆由 A、B 两部分用斜面胶接而成。已知胶接面的许用切应力 $[\tau] = 517$ kPa,杆的许用拉应力 $[\sigma] = 850$ kPa。试确定木杆的许用荷载。

2-29　图示受载结构通过铰链相互连接或与基础连接,每个铰链的销钉都相同,直径均为 18 mm,都是双剪切面。若销钉的许用切应力 $[\tau] = 80$ MPa,试确定最

大荷载 F_{max}。

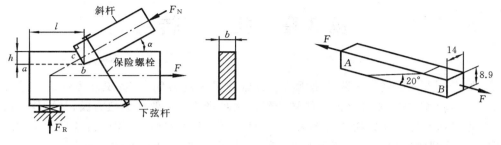

习题 2-27 图　　　　　　　　　　　　　　　习题 2-28 图

2-30　图示为正方形截面的塔柱，密度为 ρ，若要做成等强度塔柱，试确定截面的边长 $w(x)$ 的具体形式。顶面的尺寸 w_1、荷载 F 均已知。

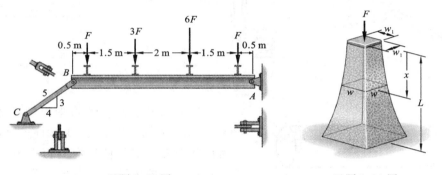

习题 2-29 图　　　　　　　　　　　　　　习题 2-30 图

第3章 扭 转

如果一直杆所受的外荷载是垂直于杆轴线平面的力偶,或者说外力偶的矢量方向沿杆的轴线方向,则杆将发生扭转变形。这时将该外力偶称为**扭力偶**,其矩称为**扭力偶矩**或**扭力矩**。凡以扭转变形为主要变形的直杆称为**轴**。工程中最常见的是圆截面轴(简称**圆轴**),如图 3.1 所示的汽车转向轴,图 3.2(a)所示的传动轴等。

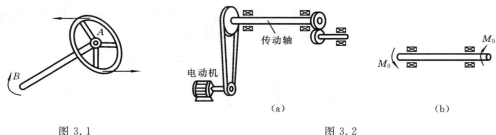

图 3.1

图 3.2

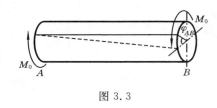

图 3.3

最简单的受扭圆轴的力学模型如图 3.2(b)和图 3.3 所示,其受力、变形特点是:在杆的两端作用有一对等值反向的扭力矩 M_0,它们使杆的任意两横截面绕其轴线发生相对转动,产生相对角位移——**扭转角**,用 φ 表示。在图 3.3 中,φ_{AB} 表示截面 B 相对于截面 A 的扭转角。

本章主要研究圆轴的扭转问题。在最后一节里,将对矩形截面杆、薄壁杆的自由扭转及轴的弹塑性扭转做简单介绍。

3.1 传动轴的动力传递 扭矩

在传动轴的扭转计算中,作用在轴上的扭力矩 M_0 可以通过轴所传递的功率 P(kW)及转速 n(r/min)换算得到。功率是扭力矩 M_0 每秒钟内所做的功,有

$$\{P\}_{\text{kW}} = \{M_0\}_{\text{N}\cdot\text{m}}\{\omega\}_{\text{rad/s}}\times 10^{-3} = \{M_0\}_{\text{N}\cdot\text{m}}\times 2\pi\times\frac{\{n\}_{\text{r/min}}}{60}\times 10^{-3}$$

所以,当轴平稳转动时,作用在轴上的扭力矩与传递的功率和转速间的关系为

$$\{M_0\}_{\text{N}\cdot\text{m}} = \frac{\{P\}_{\text{kW}}\times 10^3\times 60}{2\pi\{n\}_{\text{r/min}}} = 9\ 549\ \frac{\{P\}_{\text{kW}}}{\{n\}_{\text{r/min}}} \tag{3-1}$$

杆件上的扭力矩确定后,可用截面法计算任意横截面上的内力。图 3.4(a)所示

为一受扭圆轴,欲求横截面 m—m 上的内力,可用截面法将圆轴沿截面 m—m 截开,考虑左段在轴线 x 方向的力矩平衡(图 3.4(b)),得

$$\sum M_x = 0 \Rightarrow T = M_0$$

式中:内力偶矩 T 是横截面上唯一的内力分量,称为**扭矩**。取右段为研究对象,也可以得到同样的结果(图 3.4(c))。图中双箭头的指向是扭矩的矢量方向。

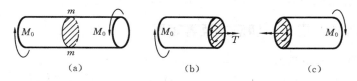

图 3.4

关于扭矩 T 的符号,以扭矩矢量(按右手螺旋定则)的指向与截面的外法线方向一致者为正,反之为负,如图 3.5 所示。按此规定,无论右段还是左段所求同一截面上的扭矩的符号是相同的。

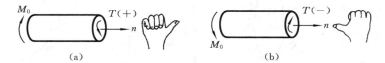

图 3.5

例 3.1 图示为一机器的传动轴,其转速 $n = 700$ r/min,主动轮 A 的输入功率 $P_A = 400$ kW,从动轮 B、C 和 D 的输出功率分别为 $P_B = P_C = 120$ kW,$P_D = 160$ kW。试计算轴内(数值)最大的扭矩。

解 (1)由式(3-1)计算扭力偶矩,即

$$M_A = 9\,549 \times \frac{400}{700} \text{ N} \cdot \text{m} = 5\,457 \text{ N} \cdot \text{m}$$

$$M_B = M_C = 1\,637 \text{ N} \cdot \text{m}$$

$$M_D = 9\,549 \times \frac{160}{700} \text{ N} \cdot \text{m} = 2\,183 \text{ N} \cdot \text{m}$$

(2)计算各段轴内的扭矩。分别将轴在截面 1—1、2—2 和 3—3 处截开,如图(b)(c)(d)所示,设待求扭矩为正,用平衡方程 $\sum M_x = 0$ 求出

$$T_1 = -M_B = -1\,637 \text{ N} \cdot \text{m}$$

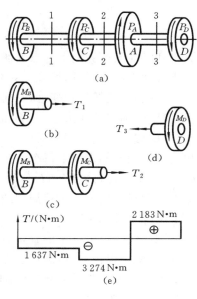

例 3.1 图

$$T_2 = -M_B - M_C = -3\ 274\ \text{N} \cdot \text{m}$$
$$T_3 = M_D = 2\ 183\ \text{N} \cdot \text{m}$$

负号表示该截面扭矩的实际方向与所设方向相反。

(3) 扭矩值随截面位置变化的曲线称为扭矩图。仿拉压杆轴力图的画法画出扭矩图(图(e))。可见,最大扭矩$|T|_{\max} = 3\ 274\ \text{N} \cdot \text{m}$出现在 AC 段各横截面上。

讨论:若将主动轮 A 与从动轮 B 或 D 对调,则轴的扭矩有何变化?是否有利?

3.2　薄壁圆轴的扭转　切应力互等定理

1. 横截面上的切应力

设一薄壁圆轴的壁厚 t 远小于其平均半径$r_0(t \leqslant r_0/10)$,其两端面作用有扭力矩 M_0(图 3.6(a))。由截面法可知,圆轴任一横截面 n—n 上唯一的内力是扭矩 $T = M_0$,即横截面上各点微力的合成结果是扭矩,故横截面上的应力只能是切应力。

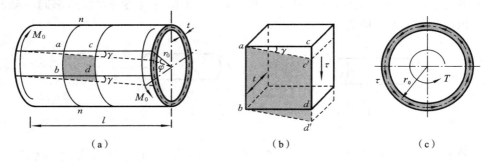

图 3.6

为得到沿横截面圆周上各点处切应力的变化规律,可预先在圆轴表面画上等间距的圆周线和纵向线,从而形成一系列的方形格子。在圆轴两端施加扭力矩 M_0 以后,可以发现圆周线保持不变,而纵向线发生倾斜,在小变形时仍保持为直线。于是可设想,薄壁圆轴扭转变形后,横截面仍保持为平面且形状和大小较变形前均无改变,相邻两横截面只发生了相对转动,转动的大小用绕轴线的角位移 φ 度量,φ 称为相对扭转角。而圆轴表面上每个方形格子的直角均改变了相同的角度 γ,即矩形格子 $abdc$ 变成了平行四边形 $abd'c'$(图 3.6(b)),这种直角的改变量 γ 称为**切应变**。这个切应变 γ 和横截面上的沿圆周切线方向的切应力 τ 是相对应的,也就是说,只有当图 3.6(b)中右侧面作用有向下的切应力时,才能产生图中虚线所示的错动变形。由于相邻两圆周线间每个格子的直角改变量相等,考虑到材料的均匀连续性和截面的轴对称性,因此可以推知,沿圆周各点处切应力的方向与圆周相切,且为常数(图 3.6(c))。至于切应力沿壁厚的分布,由于壁厚 t 远小于平均半径 r_0,故可认为切应力沿壁厚均匀分布,也为常值。

根据上述分析,可得薄壁圆轴扭转时,横截面上任一点处的切应力 τ 值均相等,

其方向与圆周相切。于是,由横截面上内力与微力间的静力关系,得

$$\int_A \tau \mathrm{d}A \cdot r = T \qquad (3\text{-}2)$$

由于 τ 为常量,且对于薄壁圆轴,r 可用其平均半径 r_0 代替,而积分 $\int_A \mathrm{d}A = A = 2\pi r_0 t$,为薄壁圆轴横截面面积,将其代入式(3-2),并引进 $A_0 = \pi r_0^2$,从而可得

$$\tau = \frac{T}{2\pi r_0^2 t} = \frac{T}{2A_0 t} \qquad (3\text{-}3)$$

由图 3.6(a)所示的几何关系,可得薄壁圆轴表面上的切应变 γ 与相距为 l 的两端面(也可以是两横截面)间的相对扭转角 φ 之间的关系为

$$\gamma = \frac{\varphi r}{l} \qquad (3\text{-}4)$$

式中:r 为薄壁圆轴的外半径。

由薄壁圆轴的扭转试验可以发现,当扭力矩在某一范围内时,相对扭转角 φ 与扭力矩 M_0(在数值上等于扭矩 T)成正比,如图 3.7(a)所示。由式(3-3)知,τ 与 T 成正比;又由式(3-4)知,γ 与 φ 亦成正比;故可知 τ 与 γ 也成正比(图 3.7(b)),引入比例常数 G 后,可写成

$$\tau = G\gamma \qquad (3\text{-}5)$$

式(3-5)称为材料的**剪切胡克定律**,G 称为材料的**剪切模量**(**剪切弹性模量**),其量纲与弹性模量 E 的量纲相同,单位为 Pa。钢材剪切模量的值 $G \approx 80$ GPa。

应当注意,剪切胡克定律只有在切应力不超过材料的某一极限值时才是成立的,即它只在线弹性范围内成立。该极限值称为材料的**剪切比例极限** τ_p。

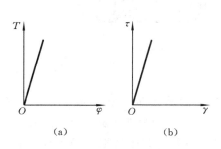

图 3.7

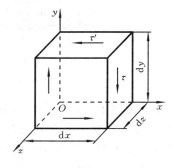

图 3.8

2. 切应力互等定理

将图 3.6(b)所示图形看成微立方体,建立坐标系,如图 3.8 所示,其边长分别为 $\mathrm{d}x$、$\mathrm{d}y$ 和 $\mathrm{d}z$(即厚度 t),微立方体左、右侧面(轴的横截面)上的切应力 τ 已由式(3-5)求出,设微立方体顶面和底面上的切应力为 τ',方向如图 3.8 所示,则由平衡方程

$$\sum M_z = 0 \quad \Rightarrow \quad \tau' \mathrm{d}x\mathrm{d}z \cdot \mathrm{d}y - \tau \mathrm{d}y\mathrm{d}z \cdot \mathrm{d}x = 0$$

得　　　　　　　　　　　　　　$\tau' = \tau$ 　　　　　　　　　　　　　　(3-6)

式(3-6)称为**切应力互等定理**,即在微立方体相互垂直的平面上,垂直于平面交线的切应力数值相等,方向均指向或离开该交线。切应力互等定理虽然是在纯剪切状态(微立方体各微面上只有切应力)下导出的,但具有普遍意义,在微面上同时有正应力的情况下仍然成立。

3.3　圆轴扭转时的应力　强度条件

1. 横截面上的应力

与薄壁圆轴相仿,也要从几何、物理和静力学三个方面建立受扭圆轴横截面上的切应力计算公式。

1)几何方面

取一半径为 R 的圆轴做扭转试验,先在轴表面画上纵向线和圆周线(图 3.9 (a)),然后在轴两端施加一对等值反向的扭力矩 M_0,可以观察到:各圆周线的尺寸、形状和相邻两圆周线的间距均保持不变;在小变形条件下,各纵向线仍近似为一条直线,只是倾斜了一个微小的角度(图 3.9(b))。由此,可假设圆轴的横截面如同刚性平面一样绕其轴线转动,即圆轴的横截面在变形后仍保持为平面,形状和大小不变,半径仍保持直线,且相邻两横截面间的距离不变,只发生相对转动。这就是圆轴扭转的**平面假设**。

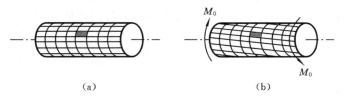

图 3.9

圆轴横截面上的切应力是横截面上每点坐标的函数即 $\tau(y,z)$ 或 $\tau(\rho,\theta)$。要确定它,首先要分析轴内各点处的变形,以确定切应力 τ 的分布形式。为此,从半径为 R 的实心圆轴中截取长为 $\mathrm{d}x$ 的微段(图 3.10(a)),并在其中切取一楔形体(图 3.10 (b))进行几何分析,图中的实线为变形后的几何构形。由平面假设可知,变形后微段左右两截面相对刚性转动了一角度 $\mathrm{d}\varphi$,圆轴表面的微小方格变为平行四边形方格(图 3.10(a)中的深色区域),显然有几何关系

$$s = \gamma \mathrm{d}x = R\mathrm{d}\varphi \quad \Rightarrow \quad \gamma = R\frac{\mathrm{d}\varphi}{\mathrm{d}x}$$

式中:纵线的斜倾角 γ 也是矩形微面直角的改变量,即轴表面上任一点与横截面垂直

的切应变。对于楔形体(图 3.10(b)),两深色微面相互平行且都与横截面垂直,故有如下几何关系:

$$s_\rho = \gamma_\rho dx = \rho d\varphi \quad \Rightarrow \quad \gamma_\rho = \rho \frac{d\varphi}{dx} \tag{3-7}$$

式中:斜倾角 γ_ρ 为面内任意极径 ρ 处与横截面垂直的切应变,且正比于该点到轴线的距离 ρ;$d\varphi/dx$ 为单位长度上的扭转角,在同一截面上,它为一常量。

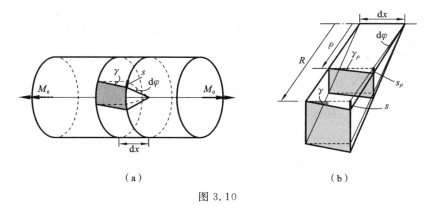

（a） （b）

图 3.10

2）物理方面

上面已求出切应变,根据剪切胡克定律(式 3-5),可得弹性圆轴横截面内任意一点的切应力,它亦与极径 ρ 成正比且与之垂直,并与极角 θ 无关,即

$$\tau_\rho = G\gamma_\rho = G\rho \frac{d\varphi}{dx} \tag{3-8}$$

至此,横截面上切应力 $\tau(\rho,\theta)$ 的分布形式已经确定(图 3.11(a)(b)),它实际上已经降维了,仅是 ρ 的线性函数。由切应力互等定理(式(3-6))可知,纵截面上的切应力分布规律如图 3.11(c)所示。

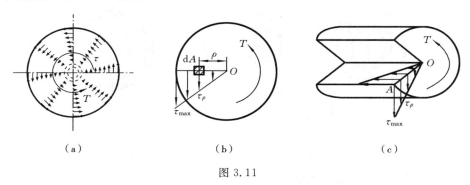

（a） （b） （c）

图 3.11

3）静力学方面

式(3-8)中 $d\varphi/dx$ 尚未求出,需要进一步考虑静力学关系。在轴的横截面上取

微面积 $\mathrm{d}A$,其上的微内力为 $\tau_\rho \mathrm{d}A$(图3.11(b))。其对轴心的合力矩等于该截面上的扭矩 T,即

$$\int_A \tau_\rho \mathrm{d}A \cdot \rho = T$$

将式(3-8)代入上式,并将常量 G、$\mathrm{d}\varphi/\mathrm{d}x$ 提到积分号外,得

$$\int_A \tau_\rho \mathrm{d}A \cdot \rho = G\frac{\mathrm{d}\varphi}{\mathrm{d}x}\int_A \rho^2 \mathrm{d}A = GI_\mathrm{p}\frac{\mathrm{d}\varphi}{\mathrm{d}x} = T \qquad (3\text{-}9)$$

式中:$I_\mathrm{p} = \displaystyle\int_A \rho^2 \mathrm{d}A$,是截面的几何参数,称为截面对形心的**极惯性矩**(极二次矩)(附录 A)。由式(3-9)得

$$\frac{\mathrm{d}\varphi}{\mathrm{d}x} = \frac{T}{GI_\mathrm{p}} \qquad (3\text{-}10)$$

代入式(3-8),得切应力的计算公式

$$\tau_\rho = \frac{T\rho}{I_\mathrm{p}} \qquad (3\text{-}11)$$

可见切应力与 ρ 成正比。在横截面周边各点处,即 $\rho = R$,切应力达到截面上的最大值,即

$$\tau_{\max} = \frac{TR}{I_\mathrm{p}} = \frac{T}{W_\mathrm{p}} \qquad (3\text{-}12)$$

式中:W_p 称为**扭转截面系数**(抗扭模量),即

$$W_\mathrm{p} = \frac{I_\mathrm{p}}{R} \qquad (3\text{-}13)$$

I_p 和 W_p 都是几何量,它们的量纲分别为[长度]⁴、[长度]³。

以上由实心圆轴得到的扭转切应力公式(式(3-11))对空心圆轴(图3.12(b))亦适用。

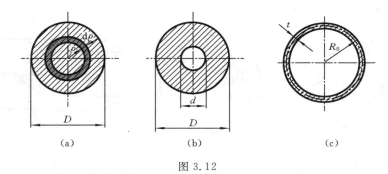

图 3.12

2. 极惯性矩和扭转截面系数

对于直径为 D 的实心圆截面,微面积 $\mathrm{d}A$ 取与圆心距离为 ρ、厚度为 $\mathrm{d}\rho$ 的环形(图3.12(a))的面积,则 $\mathrm{d}A = 2\pi\rho\mathrm{d}\rho$,有

$$I_p = \int_A \rho^2 \, dA = \int_0^{D/2} 2\pi\rho^3 \, d\rho = \frac{\pi D^4}{32} \tag{3-14}$$

相应的 W_p 为

$$W_p = \frac{I_p}{R} = \frac{\pi D^4/32}{D/2} = \frac{\pi D^3}{16} \tag{3-15}$$

空心圆截面(图 3.12(b))的极惯性矩和扭转截面系数可用相同的方法求得,即

$$I_p = \frac{\pi D^4}{32} - \frac{\pi d^4}{32} = \frac{\pi D^4}{32}(1 - \alpha^4) \tag{3-16}$$

$$W_p = \frac{I_p}{R} = \frac{\pi D^3}{16}(1 - \alpha^4) \tag{3-17}$$

式中:$\alpha = d/D$,为内径与外径之比。

如果薄壁圆环截面的壁厚 t 与其平均半径 R_0 之比 $t/R_0 \leqslant 1/10$(图 3.12(c)),由以上的公式也可以导出式(3-3),请读者练习之。

3. 斜截面上的应力

扭转试验表明,钢制圆轴在横截面处破坏(图 3.13(b)),而铸铁轴在与轴线成 45°斜角的螺旋面断开(图 3.13(c))。为了探其究竟,需要研究轴内任一点处斜截面上的应力。为此,从受扭圆轴表面处用横截面、径向截面以及与表面平行的柱面截取一微小的立方体,称为**单元体**或**微体**(图 3.14(a))。根据前面的分析,如图 3.14(b)所示,微体的左、右侧面(轴的横截面)只有切应力 τ;上、下面有切应力 τ(切应力互等),无正应力;前(轴表面)、后面无任何应力。故微立方体可以画成平面微元的形式,且处于**纯剪切应力状态**。

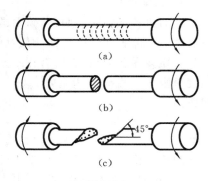

图 3.13

为得到任意斜截面 a—e 上的应力,用截面法将微体沿斜截面 a—e 切开,斜截面的法线与轴线成 α 角。研究截开后左边部分的平衡情况(图 3.14(c)),设斜截面 a—e 的面积为 dA,其上作用有待求的正应力 σ_α 与切应力 τ_α,其沿斜截面法向 n 和切向 t 的平衡方程为

$$\sum F_n = 0 \quad \Rightarrow \quad \sigma_\alpha dA + (\tau dA\cos\alpha)\sin\alpha + (\tau dA\sin\alpha)\cos\alpha = 0$$

$$\sum F_t = 0 \quad \Rightarrow \quad \tau_\alpha dA - (\tau dA\cos\alpha)\cos\alpha + (\tau dA\sin\alpha)\sin\alpha = 0$$

经整理得

$$\sigma_\alpha = -\tau\sin2\alpha, \quad \tau_\alpha = \tau\cos2\alpha \tag{3-18}$$

式(3-18)表明,斜截面上的应力随斜角 α 变化。当 $\alpha = \pm45°$时,σ_α 取得极值 $\sigma_{max} = \sigma_{-45°} = +\tau$,$\sigma_{min} = \sigma_{+45°} = -\tau$,并且有 $\tau_{\pm45°} = 0$;当 $\alpha = 0°$或 $90°$时,τ_α 取得极值,且有 $\tau_{0°} = \tau$,$\tau_{90°} = -\tau$(图 3.14(d)),这里斜角 α 与切应力 τ 的符号规定同前(2.2 节)。

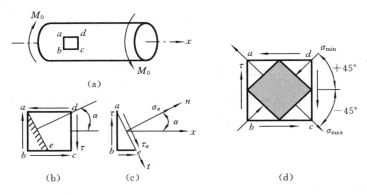

图 3.14

现在可以解释圆轴扭转时的破坏现象:钢(或其他塑性材料)轴在横截面处破坏,是由于其截面上的切应力达到极限值而被剪断的,说明这类材料的剪切强度低于抗拉强度。而铸铁轴则是在斜角为 $-45°$ 的螺旋面被拉断的,因为 $\sigma_{-45°}=\sigma_{\max}$。再次说明像铸铁这类脆性材料的抗拉强度较弱,这种破坏形式很容易用一支粉笔受扭验证。

4. 强度条件

轴的扭转试验还表明,低碳钢试样和铸铁试样在受扭过程中的力学行为与拉伸中的类似。前者在最终剪断前任意两截面的扭转可达数圈,即有显著的塑性变形,对应的有**扭转屈服极限** τ_s;后者在断开前的变形很小,破坏形式为脆断,对应的有**扭转强度极限** τ_b。将极限切应力 $\tau_u(\tau_u=\tau_s$ 或 $\tau_b)$ 除以安全因数 n,得到材料的**扭转许用切应力**:

$$[\tau]=\frac{\tau_u}{n} \qquad (3-19)$$

圆轴受扭时,轴内各点均处于纯剪切应力状态,为保证轴的安全,轴内的最大切应力 $\tau_{\max}$ 不能超过材料的扭转许用切应力 $[\tau]$,因此,圆轴扭转的强度条件为

$$\tau_{\max}=\left(\frac{T}{W_p}\right)_{\max}\leqslant[\tau] \qquad (3-20)$$

应用式(3-20),可以对各种形式的轴进行强度计算,即可进行强度校核、截面选择和许用荷载确定。

对于铸铁(或其他脆性材料)轴,理应要按斜截面上的最大拉应力建立强度条件,但由于它与横截面上的最大切应力有固定的关系,故习惯上仍按式(3-20)进行强度计算。

材料纯剪切时的许用切应力 $[\tau]$ 与许用正应力 $[\sigma]$ 之间有如下关系(证明过程见6.7 节例题):

对于塑性材料,　　　　　　 $[\tau]=(0.5\sim0.6)[\sigma]$

对于脆性材料,　　　　　　 $[\tau]=(0.8\sim1.0)[\sigma_t]$

其中,$[\sigma_t]$ 表示许用拉应力。传动轴一类的构件需要考虑转动惯性等因素的影响,其扭转许用切应力的取值比静载时的要略低一些。

3.4　圆轴扭转时的变形　刚度条件

1. 扭转变形

圆轴的扭转变形,用相对扭转角 φ 来度量。由式(3-10)得

$$\mathrm{d}\varphi = \frac{T\mathrm{d}x}{GI_\mathrm{p}}$$

沿轴线 x 积分,可求得相距 l 的两截面间的相对扭转角为

$$\varphi = \int_l \frac{T\mathrm{d}x}{GI_\mathrm{p}} \tag{3-21}$$

若两截面之间的扭矩不变,材料相同且等截面,则 T、G、I_p 均为常量,有

$$\varphi = \frac{Tl}{GI_\mathrm{p}} \quad (\mathrm{rad}) \tag{3-22}$$

式中:GI_p 称为扭转刚度。其值越大,扭转变形越小。将式(3-22)和拉压杆的变形计算公式(2-10)对比,发现两者具有类似的形式。

以 θ 表示单位长度扭转角,由式(3-10)有

$$\theta = \frac{\mathrm{d}\varphi}{\mathrm{d}x} = \frac{T}{GI_\mathrm{p}} \tag{3-23}$$

当扭矩或截面尺寸沿轴线变化时,T、I_p 是截面位置 x 的函数,θ 也随 x 变化。θ 反映轴的任意截面处扭转变形的强弱程度。θ 的单位为弧度/米(rad/m)。

例 3.2　一空心圆轴如图(a)所示,其在 A、B、C 处受扭力偶作用。已知 $M_A = 150$ N·m,$M_B = 50$ N·m,$M_C = 100$ N·m,$l_1 = l_2 = 1$ m,材料的剪切模量 $G = 80$ GPa,试求:(1) 轴内的最大切应力 $\tau_{\max}$;(2) 截面 C 相对截面 A 的扭转角 φ_{AC}。

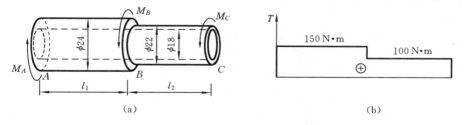

例 3.2 图

解　(1) 求最大切应力。首先作轴的扭矩图(图(b))。AB 段扭矩较大,BC 段扭矩较小,但 BC 段横截面面积也较小,所以应分别计算出两段的最大切应力,再加以比较。由式(3-12)得

$$\tau_{\max 1}=\frac{T_1}{W_{p1}}=\frac{150}{\dfrac{\pi(24\times10^{-3})^3}{16}\left[1-\left(\dfrac{18}{24}\right)^4\right]}\ \text{Pa}=80.8\ \text{MPa}$$

$$\tau_{\max 2}=\frac{T_2}{W_{p2}}=\frac{100}{\dfrac{\pi(22\times10^{-3})^3}{16}\left[1-\left(\dfrac{18}{22}\right)^4\right]}\ \text{Pa}=86.7\ \text{MPa}$$

可见此轴的最大切应力发生在 BC 段。

(2) 计算相对扭转角 φ_{AC}。由于 AB 段和 BC 段的扭矩不同,横截面也不同,所以先分别计算 φ_{AB}(截面 B 相对截面 A 的扭转角)和 φ_{BC}(截面 C 相对截面 B 的扭转角),两者的代数和即为 φ_{AC}。扭矩的转向取决于扭转角的转向,AB 段和 BC 段的扭矩均为正值,所以 φ_{AB}、φ_{BC} 也为正值。于是可得

$$\varphi_{AC}=\varphi_{AB}+\varphi_{BC}=\frac{T_1l_1}{GI_{p1}}+\frac{T_2l_2}{GI_{p2}}$$

$$=\left\{\frac{150}{80\times10^9\times\dfrac{\pi(24\times10^{-3})^4}{32}\left[1-\left(\dfrac{18}{24}\right)^4\right]}+\frac{100}{80\times10^9\times\dfrac{\pi(22\times10^{-3})^4}{32}\left[1-\left(\dfrac{18}{22}\right)^4\right]}\right\}\ \text{rad}$$

$$=0.182\ \text{rad}$$

例 3.3　直径为 d 的圆钢轴在自由端受扭力矩 $M_0=12\ \text{kN}\cdot\text{m}$ 的作用,测得变形后其表面上的点 P 移动到点 P_1 的微弧段 $s=6.1\ \text{mm}$,如图所示。已知钢的弹性模量 $E=206\ \text{GPa}$,试求泊松比 μ。(提示:各向同性材料的三个弹性常数有 $E/G=2(1+\mu)$ 的关系。)

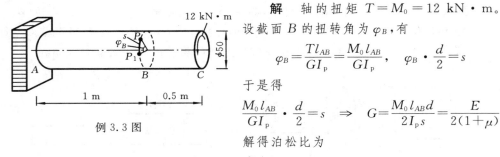

解　轴的扭矩 $T=M_0=12\ \text{kN}\cdot\text{m}$。设截面 B 的扭转角为 φ_B,有

$$\varphi_B=\frac{Tl_{AB}}{GI_p}=\frac{M_0l_{AB}}{GI_p},\qquad \varphi_B\cdot\frac{d}{2}=s$$

于是得

$$\frac{M_0l_{AB}}{GI_p}\cdot\frac{d}{2}=s\ \Rightarrow\ G=\frac{M_0l_{AB}d}{2I_ps}=\frac{E}{2(1+\mu)}$$

例 3.3 图

解得泊松比为

$$\mu=\frac{EI_ps}{M_0l_{AB}d}-1=\frac{206\times10^9\times\dfrac{\pi(50\times10^{-3})^4}{32}\times6.1\times10^{-3}}{12\times10^3\times1\times50\times10^{-3}}-1=1.285-1=0.285$$

2. 刚度条件

除了强度条件外,对轴的变形也需要加以限制,如机床主轴的扭转角过大会影响加工精度,内燃机轴的扭转角过大易引起振动。在工程实际中,通常规定单位长度扭转角的最大值 $\theta_{\max}$ 不得超过**许用单位长度扭转角** $[\theta]$,即

$$\theta_{\max}\leqslant[\theta]$$

式中:θ_{max}可根据式(3-23)计算。将 θ_{max} 的单位弧度/米(rad/m)换算为工程中[θ]的常用单位度/米((°)/m),得到圆轴扭转的**刚度条件**为

$$\theta_{max} = \left(\frac{T}{GI_p}\right)_{max} \times \frac{180°}{\pi} \leqslant [\theta] \tag{3-24}$$

各类轴的[θ]值可查看有关的机械设计手册。对于精密机器的轴,[θ]=(0.15~0.30)(°)/m;对于一般传动轴,[θ]=(0.5~2.5)(°)/m;对于精度要求不高的轴,[θ]=(1.0~2.5)(°)/m。

例 3.4 例 3.1 中的传动轴(例 3.1 图(a))系钢制实心圆轴,其扭转许用切应力[τ]=40 MPa,剪切模量 G=80 GPa,许用单位长度扭转角[θ]=0.5 (°)/m。试设计轴的直径 D。

解 根据强度条件(式(3-20))得

$$\tau_{max} = \frac{T_{max}}{W_p} = \frac{T_{max}}{\dfrac{\pi D^3}{16}} \leqslant [\tau] \quad \Rightarrow \quad D \geqslant \left(\frac{16 \times 3274}{\pi(40 \times 10^6)}\right)^{1/3} = 0.075 \text{ m} = 75 \text{ mm}$$

根据刚度条件(式(3-24))得

$$\theta_{max} = \frac{T_{max}}{GI_p} \times \frac{180°}{\pi} \leqslant [\theta] \quad \Rightarrow \quad D \geqslant \left(\frac{32 \times 3274 \times 180}{80 \times 10^9 \times \pi^2 \times 0.5}\right)^{1/4} = 0.083 \text{ m} = 83 \text{ mm}$$

为同时满足强度与刚度要求,轴的直径应选为 D=83 mm。

例 3.5 图示为两端固定的变截面圆轴,其在 C 处受扭力矩 M_0 的作用。若 d_1=2d_2,试求两固定端的反力偶,并作扭矩图。

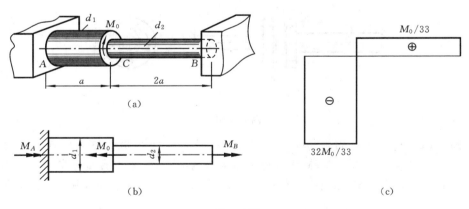

例 3.5 图

解 设 A、B 端的反力偶矩分别为 M_A 和 M_B(图(b)),由平衡方程:

$$\sum M_x = 0 \quad \Rightarrow \quad M_A + M_B = M_0 \tag{a}$$

可知本例是一次扭转超静定问题。考虑变形几何关系,解除 B 端的多余约束(图(b)),由于固定,A、B 两端的相对扭转角应为零,即

$$\varphi_{AB} = \varphi_{AC} + \varphi_{CB} = 0$$

由截面法求出 AC 段的扭矩 $T_1 = -M_A = -(M_0 - M_B)$，$CB$ 段的扭矩 $T_2 = M_B$。由式(3-22)(物理关系)得补充方程

$$\varphi_{AB} = \frac{-M_A a}{GI_{p1}} + \frac{M_B(2a)}{GI_{p2}} = \frac{-(M_0 - M_B)a}{G\frac{\pi d_1^4}{32}} + \frac{M_B(2a)}{G\frac{\pi d_2^4}{32}} = 0 \qquad \text{(b)}$$

解得

$$M_B = \frac{M_0}{1 + \frac{2d_1^4}{d_2^4}} = \frac{M_0}{1 + \frac{2(2d_2)^4}{d_2^4}} = \frac{M_0}{33}, \quad M_A = M_0 - M_B = \frac{32M_0}{33}$$

反力偶确定后，即可求出扭矩，据此画出扭矩图(图(c))。

例 3.6 图示圆轴 1 和圆轴 2，由凸缘(视为刚体)及螺栓相连接。设左、右凸缘上的螺栓孔存在 $\alpha = 3°$ 的角误差，试分析安装后轴与螺栓的应力。已知轴 1 和轴 2 的直径分别为 $d_1 = 60$ mm 与 $d_2 = 50$ mm，轴长分别为 $l_1 = 2.0$ m 与 $l_2 = 1.5$ m，螺栓的直径 $d = 15$ mm，并位于直径 $D = 100$ mm 的圆周上，轴的剪切模量 $G = 80$ GPa。

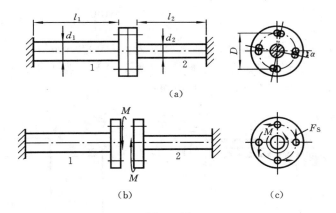

例 3.6 图

解 (1)轴的扭转切应力分析。安装后，轴 1 和轴 2 均受扭力矩 M 作用(图(b))。根据二轴的平衡条件，尚不能确定扭力矩的大小，故本例为超静定问题。

设轴 1 和轴 2 端部(凸缘处)的扭转角(取数值)分别为 φ_1 与 φ_2，则变形协调条件为

$$\varphi_1 + \varphi_2 = \alpha \qquad \text{(a)}$$

由式(3-22)，求得轴 1 和轴 2 的扭转角分别为

$$\varphi_1 = \frac{Tl_1}{GI_{p1}} = \frac{Ml_1}{G\frac{\pi d_1^4}{32}}, \quad \varphi_2 = \frac{Tl_2}{GI_{p2}} = \frac{Ml_2}{G\frac{\pi d_2^4}{32}}$$

代入式(a)，得补充方程并求解得到

$$\frac{32Ml_1}{G\pi d_1^4}+\frac{32Ml_2}{G\pi d_2^4}=\alpha \quad\Rightarrow\quad M=\frac{(80\times10^9)\pi}{\dfrac{32\times2}{(0.06)^4}+\dfrac{32\times1.5}{(0.05)^4}}\times\frac{3\pi}{180}\ \text{N}\cdot\text{m}=1\,043\ \text{N}\cdot\text{m}$$

于是轴 1 和轴 2 的最大扭转切应力分别为

$$\tau_{1,\max}=\frac{M}{\dfrac{\pi d_1^3}{16}}=\frac{16\times1\,043}{\pi(0.06)^3}\ \text{Pa}=24.6\ \text{MPa},\qquad \tau_{2,\max}=\frac{M}{\dfrac{\pi d_2^3}{16}}=\frac{16\times1\,043}{\pi(0.05)^3}\ \text{Pa}=42.3\ \text{MPa}$$

（2）螺栓的切应力分析。设螺栓剪切面上的剪力为 F_S（图（c）），则由静力关系可求得

$$4\times\frac{F_S D}{2}=M \quad\Rightarrow\quad F_S=\frac{M}{2D}$$

则螺栓剪切面上的切应力为

$$\tau=\frac{F_S}{\dfrac{\pi d^2}{4}}=\frac{4}{\pi d^2}\cdot\frac{M}{2D}=\frac{2\times1\,043}{\pi(0.015)^2\times0.1}\ \text{Pa}=29.5\ \text{MPa}$$

3.5 扭转专题简介

1. 矩形截面杆的自由扭转

工程实际中,有时会遇到非圆截面杆的扭转问题。这类杆件在扭转时,横截面不再保持为平面,而要产生**翘曲**（图 3.15）。因此,根据平面假设建立的圆轴扭转公式是不适用的。本节将简要介绍矩形截面杆的**自由扭转**。自由扭转是指扭转时杆的端面及其他部位不受任何约束,这时各横截面的翘曲程度相同,故杆的纵向纤维长度保持不变,横截面上只有切应力而无正应力。

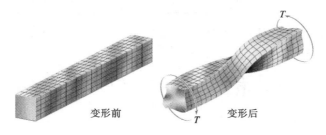

变形前　　　　变形后

图 3.15

弹性力学的分析结果表明,矩形截面杆自由扭转时,横截面上切应力的分布情况如图 3.16 所示。由图可知:（1）周边上各点的切应力与周边平行,角点处的切应力为零,这一结论可以由切应力互等定理直接推知;（2）最大切应力 $\tau_{\max}$ 出现在长边的中点,短边中点处的切应力 τ_1 也有相当大的数值。切应力及扭转角的计算公式为

$$\tau_{\max}=\frac{T}{W_p} \tag{3-25a}$$

$$\tau_1 = \gamma\tau_{max} \tag{3-25b}$$

$$\varphi = \frac{Tl}{GI_p} \tag{3-25c}$$

式中：l 是杆长；$W_p = \alpha hb^2$，h 和 b 分别为矩形截面长边与短边的长度，W_p 称为**相当抗扭截面模量**；$I_p = \beta hb^3$，称为相当极惯性矩。系数 α、β、γ 与比值 h/b 有关，其值见表3-1。

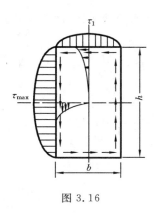

图 3.16

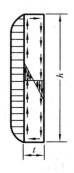

图 3.17

表 3-1　矩形截面杆的扭转系数

h/b	1.0	1.2	1.5	2.0	2.5	3.0	4.0	6.0	8.0	10.0	∞
α	0.208	0.219	0.231	0.246	0.258	0.267	0.282	0.299	0.307	0.313	0.333
β	0.141	0.166	0.196	0.229	0.249	0.263	0.281	0.299	0.307	0.313	0.333
γ	1.000	0.930	0.858	0.796	0.767	0.753	0.745	0.743	0.743	0.743	0.743

由表 3-1 可以看出，对 $h/b>10$ 的狭长矩形截面，$\alpha = \beta \approx 1/3$。若以 t 表示狭长矩形截面短边的长度，则有

$$\tau_{max} = \frac{T}{W_p} = \frac{Tt}{I_p} \quad \left(W_p = \frac{1}{3}ht^2, I_p = \frac{1}{3}ht^3\right) \tag{3-26a}$$

$$\varphi = \frac{Tl}{GI_p} \tag{3-26b}$$

狭长矩形截面上的切应力分布如图 3.17 所示，沿长边各点的切应力基本相等。

2. 闭口薄壁杆的自由扭转

为减轻质量，工程中常采用薄壁杆件，其横截面可分为开口（图 3.18(a)(b)）和闭口（图 3.18(c)(d)）两种形式。开口薄壁杆件的抗扭性能相对较差，本小节只简要讨论闭口薄壁杆的自由扭转。

分析图 3.19(a)所示壁厚可变的闭口薄壁杆。由于杆壁很薄，可以近似认为切应力沿壁厚均匀分布；根据切应力互等定理，又可以推知切应力方向应平行于周边或

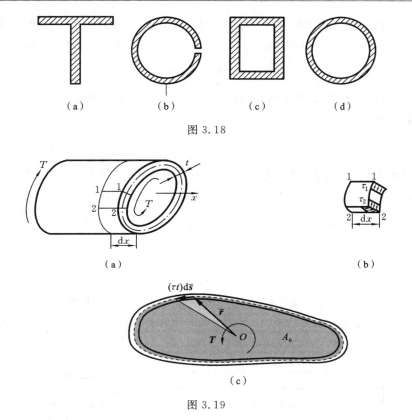

图 3.18

图 3.19

与截面的中心线（壁厚的平分线）相切。

用相距 dx 的两个横截面以及垂直于截面中心线的两个纵向面，从杆中切取图 3.19(b)所示的单元体。设 1—1 处杆壁厚为 t_1，横截面上的切应力为 τ_1；2—2 处杆壁厚为 t_2，横截面上的切应力为 τ_2。根据切应力互等定理知，纵向面 1—1 与 2—2 上的切应力分别等于 τ_1 和 τ_2，由单元体在 x 方向的平衡条件知

$$\tau_1 t_1 dx = \tau_2 t_2 dx \quad \Rightarrow \quad \tau_1 t_1 = \tau_2 t_2 = \tau t = \text{const} \tag{3-27}$$

式(3-27)表明，横截面上任意点的切应力与壁厚之积等于常量，乘积 τt 称为**剪流**。所以，当变壁厚闭口薄壁杆自由扭转时，横截面上的切应力值随壁厚而变，其最大值发生在壁厚最小处。

为了求出切应力，在截面中心线上取微弧长（视为矢量/切线矢量）$d\bar{s}$，微面积 $t d\bar{s}$ 上作用有微力（图 3.19(c)），该微力对面内任一点 O 的力矩之和等于截面上的扭矩 T，即

$$T = \oint_s \bar{r} \times (\tau t) d\bar{s} = (\tau t) \oint_s \bar{r} \times d\bar{s} \quad \Rightarrow$$

$$\tau = \frac{T}{2A_0 t} \tag{3-28}$$

式中：s 为横截面中线的周长；$\vec{r}$ 为点 O 到微弧段 $\mathrm{d}\vec{s}$ 的距离矢量，两者叉乘后环周长积分之值为截面中线所围的面积 A_0（图 3.19(c) 中的深色区域）的 2 倍。显然有

$$\tau_{\max}=\frac{T}{2A_0 t_{\min}} \tag{3-29}$$

对于图 3.19(b) 所示的微体，微体积 $\mathrm{d}V=t\mathrm{d}s\mathrm{d}x$，弹性应变能为（关于应变能的内容详见第 8 章）：

$$\mathrm{d}U=\frac{1}{2}\tau\gamma\mathrm{d}V=\frac{\tau^2}{2G}\mathrm{d}V=\frac{1}{2G}\left(\frac{T}{2A_0 t}\right)^2 t\mathrm{d}s\mathrm{d}x=\frac{T^2}{8GA_0^2 t^2}t\mathrm{d}s\mathrm{d}x$$

根据功能原理／能量守恒，常值扭矩 T 在扭转角 φ 上所做的功应等于弹性杆件的应变能，即

$$\frac{1}{2}T\varphi=\int_V \mathrm{d}U=\int_l\oint\frac{T^2}{8GA_0^2 t^2}t\mathrm{d}s\mathrm{d}x=\frac{T^2 l}{8GA_0^2}\oint\frac{\mathrm{d}s}{t}=\frac{T^2 l}{2GI_t} \Rightarrow \varphi=\frac{Tl}{GI_t} \tag{3-30}$$

式中：

$$I_t=\frac{4A_0^2}{\oint\dfrac{\mathrm{d}s}{t}}$$

例 3.7　图示盒形薄壁扭杆的剪切模量 $G=80\text{ GPa}$，扭转许用切应力 $[\tau]=60$ MPa，许用单位长度扭转角 $[\theta]=0.5\ (°)/\text{m}$。若扭矩 $M=7\text{ kN}\cdot\text{m}$，试校核扭杆的强度和刚度。

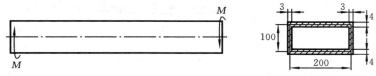

例 3.7 图

解　(1) 强度分析。由式(3-29)有

$$\tau_{\max}=\frac{T}{2A_0 t_{\min}}=\frac{7\ 000}{2\times0.2\times0.1\times0.003}\text{ Pa}=58.3\text{ MPa}<[\tau]$$

(2) 刚度分析。由式(3-30)可得单位长度扭转角（单位为 $(°)/\text{m}$）为

$$\theta_{\max}=\frac{T}{GI_t}\times\frac{180°}{\pi}=\frac{T}{G\cdot\dfrac{4A_0^2}{\oint\dfrac{\mathrm{d}s}{t}}}\times\frac{180°}{\pi}$$

$$=\frac{7\ 000}{80\times10^9\times\dfrac{4\times(0.2\times0.1)^2}{2\times\left(\dfrac{0.1}{0.003}+\dfrac{0.2}{0.004}\right)}}\times\frac{180°}{\pi}=0.52\ (°)/\text{m}>[\theta]$$

但相对误差小于 5%，故刚度条件是满足的。

3. 圆轴的弹塑性扭转

对于有较长屈服阶段，或强化现象不明显的塑性材料，可以采用**理想弹塑性材料**

模型,其应力-应变关系曲线如图 3.20 所示。在线弹性阶段,圆轴扭转切应力按式 (3-11)计算,即

$$\tau_\rho = \frac{T\rho}{I_p}$$

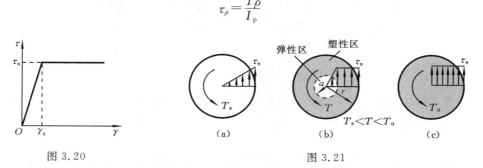

图 3.20   图 3.21

随着扭矩逐渐增大,截面边缘处的最大切应力 τ_{max} 首先达到材料的剪切屈服极限 τ_s(图 3.21(a))。此时的扭矩值称为**屈服扭矩**,用 T_s 表示。根据式(3-12),T_s 之值为

$$T_s = W_p\tau_s = \frac{\pi}{2}r^3\tau_s \tag{3-31}$$

若继续保持荷载,则截面上的屈服区(图 3.21 阴影区)将逐渐扩大,弹性区逐渐缩小,如图 3.21(b)所示。弹性区($0 \leqslant \rho < a$)的扭矩为 $\pi a^3\tau_s/2$,塑性区($a \leqslant \rho \leqslant r$)的扭矩为

$$\int_a^r 2\pi\rho^2\tau_s d\rho = \frac{2\pi}{3}(r^3 - a^3)\tau_s$$

因此,整个截面上的扭矩为

$$T = \frac{\pi a^3}{2}\tau_s + \frac{2\pi}{3}(r^3 - a^3)\tau_s \tag{3-32}$$

继续加大扭矩,塑性区将会继续扩大,直到整个截面都进入塑性状态($a=0$),如图 3.21(c)所示,则式(3-32)为

$$T_u = \frac{2\pi r^3}{3}\tau_s \tag{3-33}$$

T_u 称为**极限扭矩**。扭矩达到 T_u 时,整个横截面都处于屈服状态,轴将发生可观的塑性变形,这完全可以在低碳钢圆轴扭转试验中观察到,这时材料已屈服失效。比较式 (3-31)、(3-33),可得

$$T_u = 1.33T_s \tag{3-34}$$

思 考 题

3-1 圆轴扭转切应力公式是如何建立的? 基本假设是什么?

3-2 下列实心与空心圆轴的扭转切应力分布图是否正确? 其中 T 为横截面上的扭矩。

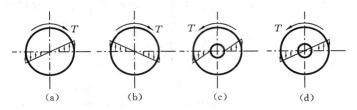

思考题 3-2 图

3-3 相对扭转角的正负号与扭矩的符号是怎样规定的？

3-4 若将圆轴的直径增大一倍,其他条件不变,则最大切应力和扭转角将如何变化？

3-5 进行强度校核时,应该求哪些截面上哪些点的切应力？进行刚度校核时,应该求轴上哪一段的单位长度扭转角？

3-6 受扭空心圆轴比实心圆轴节省材料的原因是什么？

3-7 矩形截面杆的扭转与圆轴扭转有什么不同？其横截面上的应力分布有什么特点。

习　题

3-1 试作图示各轴的扭矩图。

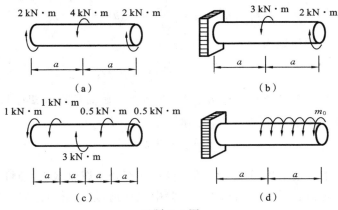

习题 3-1 图

　　3-2 圆轴的直径 $d=100$ mm,承受扭矩 $T=100$ kN·m 的作用,试求距圆心 $d/8$、$d/4$ 及 $d/2$ 处的切应力,并绘出横截面上切应力的分布图。

　　3-3 一受扭圆管,横截面的外径 $D=42$ mm,内径 $d=40$ mm,承受扭矩 $T=500$ N·m 的作用,剪切模量 $G=75$ GPa,求圆管的最大切应力,并计算管表面纵向的倾斜角。

　　3-4 在图示受扭圆轴上截取三个截面 ABE、CDF 和 $ABCD$,根据切应力互等定理可得截面上的切应力分布如图(b)所示。问在 ABCD 面上由切应力构成的合力偶与什么力系相平衡？试用定量关系证明之。

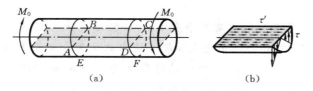

习题 3-4 图

3-5 实心轴和空心轴通过牙嵌式离合器连接在一起,如图所示。已知轴的转速 $n=98$ r/min,传递的功率 $P=7.4$ kW,轴的许用切应力 $[\tau]=40$ MPa。试选择实心轴的直径 d_1,及内外径比值为 $1:2$ 的空心轴的外径 D_2 和内径 d_2。

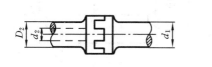

习题 3-5 图

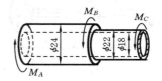

习题 3-7 图

3-6 一实心圆轴横截面的直径为 D,两端作用有等值反向的扭力矩。若以相同外形、材料和强度的空心圆轴(内外径之比为 0.8)代替之,试问可节约的材料是多少(以百分比计)？

3-7 阶梯形空心圆轴如图所示,已知 A、B 和 C 处的扭力矩分别为 $M_A=500$ N·m,$M_B=200$ N·m,$M_C=300$ N·m,轴的许用切应力 $[\tau]=300$ MPa,试校核该轴的强度。

3-8 图示为车床光杠传递动力的安全联轴器。已知光杠的直径 $D=20$ mm,许用扭转切应力 $[\tau]=60$ MPa;安全销的剪切强度极限 $\tau_b=360$ MPa。为了保证光杠在过载时不受损,安全销必须剪断,试设计安全销的直径 d。

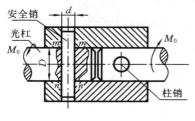

习题 3-8 图

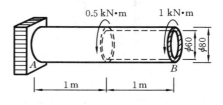

习题 3-9 图

3-9 图示圆轴的剪切模量 $G=80$ GPa,试求:(1)实心和空心段内的最大切应力;(2)截面 B 相对截面 A 的扭转角 φ_{AB}。

3-10 空心钢轴的外径 $D=100$ mm,内径 $d=50$ mm,材料的 $G=80$ GPa。若要求轴在 2 m 内的最大扭转角不超过 $1.5°$,问它能承受的最大扭矩是多少? 此时轴内的最大切应力是多少?

3-11 图示阶梯形圆轴装有三个皮带轮,轴径 $d_1=40$ mm,$d_2=70$ mm。已知由轮 3 输入的功率 $P_3=30$ kW,由轮 1 和轮 2 输出的功率分别为 $P_1=13$ kW 和 $P_2=17$ kW,轴的转速 $n=200$ r/min,材料的许用切应力 $[\tau]=60$ MPa,剪切模量 $G=80$ GPa,许用扭转角 $[\theta]=2(°)/m$,试校核该轴的强度与刚度。

3-12 图示钢制圆轴,在扭力矩 M_B 和 M_C 的作用下,轴内的最大切应力为 40.8 MPa,自由端的转角位移为 $0.98×10^{-2}$ rad。已知材料的剪切模量 $G=80$ GPa,试求 M_B 和 M_C 之值。

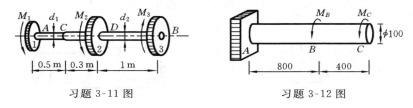

习题 3-11 图　　　　　　　　习题 3-12 图

3-13 图示钻探机钻杆的外径 $D=60$ mm,内径 $d=50$ mm,功率 $P=7.35$ kW,转速 $n=180$ r/min,钻杆入土深度 $l=40$ m,材料的 $G=80$ GPa,$[\tau]=40$ MPa。假设土壤对钻杆的阻力沿长度均匀分布,试:(1) 求单位长度上土壤对钻杆的阻力矩;(2) 作钻杆的扭矩图,并进行强度校核;(3) 求 A、B 两截面的相对扭转角。

3-14 图示薄壁锥形管的锥度很小,厚度 t 不变,两端的平均直径分别为 d_1 和 d_2。试导出两端相对扭转角的计算公式。

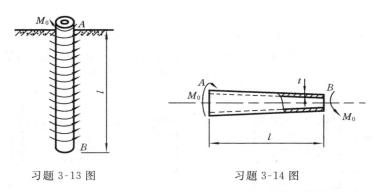

习题 3-13 图　　　　　　　　习题 3-14 图

3-15 图示圆轴两端固定。已知扭力矩 $M_A=400$ N·m,$M_B=600$ N·m,求固定端的反力偶矩。若材料的许用切应力 $[\tau]=40$ MPa,剪切模量 $G=80$ GPa,许用扭转角 $[\theta]=0.25(°)/m$,试确定圆轴的直径。

3-16 如图所示,将空心圆杆(管)A 套在实心圆杆 B 的一端。两杆在同一横截面处有一直径相同的贯穿孔,但两孔的中心线成 β 角,现在杆 B 上施加扭力偶使之扭转,将杆 A 和 B 的两孔对齐,装上销钉后卸去所施加的扭力偶。试问两杆横截面上的扭矩为多大? 已知两杆的极惯性矩分别为 I_{pA} 和 I_{pB},且材料相同,剪切模量为 G。

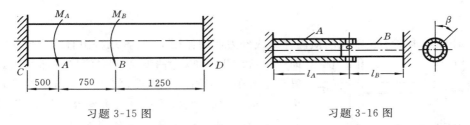

习题 3-15 图   习题 3-16 图

3-17 两根长度相等的圆钢管松套在一起,外管的尺寸 $D_1 = 100$ mm,$d_1 = 90$ mm,内管的尺寸 $D_2 = 90$ mm,$d_2 = 80$ mm。当内管在两端受到 2 kN·m 扭力矩的作用而扭转时,将两管的两端焊接在一起,然后去掉内管上的扭力矩。试问此时组合管内将产生怎样的应力?

3-18 一组合轴,由实心杆 1 和套管 2 组成,其截面如图所示。组合轴受扭矩 T 作用发生扭转变形时,两者之间无相对滑动。试问:(1) 当两者材料相同时,两者的最大切应力分别等于多少?(2) 实心杆的剪切模量为 G_1,套管的剪切模量为 G_2 时,两者分别承担多大的扭矩?

3-19 一矩形截面钢杆,其横截面尺寸为 100 mm$\times 50$ mm,长度为 $l = 2$ m,在杆的两端作用一对扭力矩。若材料的许用切应力 $[\tau] = 100$ MPa,剪切模量 $G = 80$ GPa,杆的许用扭转角 $[\varphi] = 2°$,试求作用于杆两端的扭力矩的许用值。

习题 3-18 图

3-20 图示横截面为矩形的闭口薄壁杆件,两端受扭力矩作用。已知 $[\tau] = 60$ MPa,$[\theta] = 0.5(°)/$m,$G = 80$ GPa,试求许用扭力矩 $[M_0]$。

3-21 有两种形式的闭口薄壁截面,一种为圆形,一种为方形,如图所示,二者材料、质量、壁厚均相同,试比较二者的抗扭强度。

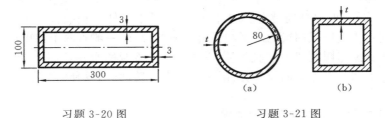

习题 3-20 图   习题 3-21 图

3-22 由理想弹塑性材料制成的空心圆轴,其外径 D 是内径 d 的 2 倍,求此空心圆轴在塑性状态下能承受的最大扭矩与弹性状态下能承受的最大扭矩之比。

第4章 弯曲强度

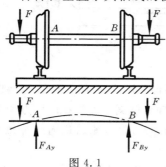

图 4.1

杆件在垂直于其轴线的横向外力或外力偶的作用下,其轴线将由直线弯成曲线,即产生弯曲变形,以弯曲变形为主的杆件通称为**梁**。梁是工程中常用的一类构件,如图 4.1 所示的车轴、房屋结构中的横梁、桥梁和飞机机翼等。若梁具有纵向对称面(图 4.2),且梁上所有的外力(或外力的合力)都作用在该对称面内,则梁的轴线将在此平面内弯曲成一条曲线,这种弯曲称为**平面弯曲**或**对称弯曲**。

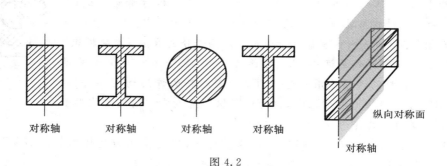

图 4.2

4.1 平面弯曲梁的内力

平面弯曲的梁,按其约束情况可简化为三种基本形式:**简支梁**、**外伸梁**和**悬臂梁**,图 4.3(a)(b)和(c)分别是它们的计算简图,图中以杆的轴线代表梁。图 4.3(a)中左侧的固定铰支座限制梁的水平和竖直方向的位移,一般有两个约束反力分量,右侧的可动铰支座只限制梁的竖直位移,一般有一个支反力分量。图 4.3(c)中的固定端既限制水平和竖直方向的位移,又限制梁端面的转动,一般有两个支反力分量和一个支反力偶。

1. 剪力方程和弯矩方程 内力图

考虑图 4.4(a)所示受已知横力作用的任一简支梁,所取的坐标轴 x 一般与梁的轴线重合,其正方向为自左到右。求任一横截面 m—m(其位置用坐标 x 度量)上的内力可应用截面法,取切开后的左段梁为研究对象(图 4.4(b)),为保持该段的平衡,

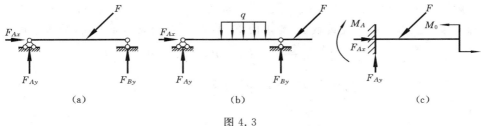

图 4.3

横截面上应有切向力 F_s 以及力偶 M 的作用，它们实际上是右段梁对左段梁的作用，故 F_s 和 M 是梁的两个内力分量，分别称为**剪力和弯矩**。根据平衡方程（力矩平衡以横截面的形心 C 为中心）：

$$\sum F_y = 0, \quad F_{Ay} - F_1 - F_s = 0$$

$$\sum m_C(F) = 0, \quad F_{Ay}x - F_1(x-a) - M = 0$$

求得剪力和弯矩为

$$F_s = F_s(x) = F_{Ay} - F_1, \quad M = M(x) = F_{Ay}x - F_1(x-a)$$

以上求得的 $F_s(x)$ 和 $M(x)$ 的解析表达式代表了梁任一横截面上的剪力和弯矩，分别称为**剪力方程和弯矩方程**，其中的反力可根据整个梁的平衡方程求出。以右段梁为分析对象（图 4.4(c)），也可以求得截面上的内力，但方向与以左段为对象算得的结果相反，因为两者是作用与反作用的关系。

为了研究方便，对剪力和弯矩的符号做如下规定：凡可使梁段产生顺时针转动的剪力 F_s 为正，反之为负（图 4.5(a)(b)）；凡可使梁段产生向上弯曲变形的弯矩为正，反之为负（图 4.5(c)(d)）。按这一规定，对于同一截面，无论是以左段梁还是以右段梁为分析对象，所求剪力和弯矩的符号总是一致的。

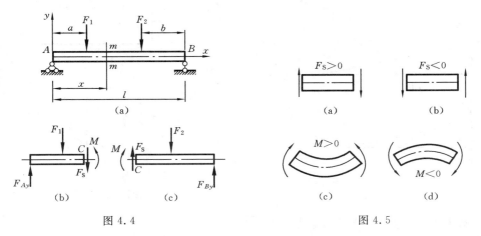

图 4.4　　　　　　　　　　　　　　　　　　图 4.5

例 4.1　图示为受均布荷载 q 作用的悬臂梁，试求任一横截面上的剪力和弯矩。

解　对于悬臂梁,可截取靠近自由端的梁段为研究对象(图(c)),这样可以不必求悬臂梁的反力。在 x 处的截面,待求的 F_S 和 M 一般均设为正向,由平衡方程

$$\sum F_y = 0, \quad F_S - q(l-x) = 0$$

$$\sum m_C(F) = 0, \quad M + \frac{1}{2}q(l-x)^2 = 0$$

解得

$$F_S(x) = q(l-x), \quad M(x) = -\frac{q}{2}(l-x)^2$$

所求弯矩为负值,说明弯矩 M 的实际方向与图示方向相反。以左段梁为研究对象(图(b)),所得结果完全一样,读者可自行验算。

根据梁的内力方程,以轴线 x 为横轴,以 F_S 或 M 为纵轴,可以分别绘制剪力和弯矩沿截面位置 x 变化的曲线图,称为剪力图和弯矩图,即梁的内力图。注意习惯上使剪力正值朝上,弯矩正值朝下,如图(d)(e)所示。其中剪力 F_S 和弯矩 M 都在截面 A 处达到数值上的最大值。

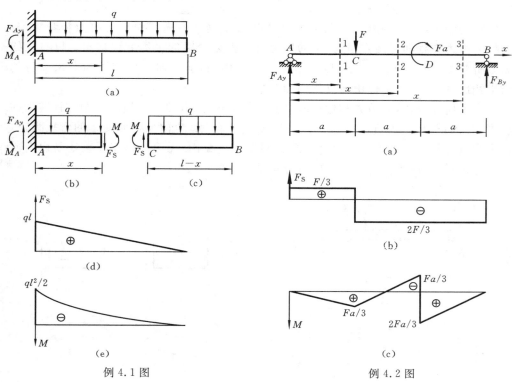

例 4.1 图　　　　　　　　　　　　　　例 4.2 图

例 4.2　画图示简支梁的剪力图和弯矩图。

解　(1)建立坐标系,由梁整体的平衡条件求得支反力为

$$F_{Ay}=\frac{F}{3}(\uparrow), \quad F_{By}=\frac{2}{3}F(\uparrow)$$

（2）由于梁上有集中力和集中力偶的作用,梁的内力方程在 AC、CD 和 DB 各段内是不同的。对于 AC 段（$0<x<a$）,将梁沿任意截面 1 截开,研究左段的平衡情况,有

$$F_{Ay}-F_S=0, \quad -F_{Ay}x+M=0$$

解得

$$F_S(x)=F_{Ay}=\frac{1}{3}F, \quad M(x)=F_{Ay}x=\frac{1}{3}Fx$$

CD 段和 DB 段的内力表达式可按相同的方法求得,在求截面 3 的内力时,为方便取截开的右段为研究对象,结果如下：
对于 CD 段（$a<x<2a$）：

$$F_S(x)=F_{Ay}-F=-\frac{2}{3}F$$

$$M(x)=F_{Ay}x-F(x-a)=F\left(a-\frac{2}{3}x\right)$$

对于 DB 段（$2a<x<3a$）：

$$F_S(x)=-F_{By}=-\frac{2}{3}F$$

$$M(x)=F_{By}(3a-x)=\frac{2}{3}F(3a-x)$$

根据以上内力方程,可分别绘出梁的剪力图和弯矩图,即 F_S 图和 M 图（图(b)(c)）。从图中可见,梁上点 C 处作用的横力 F 使对应截面的剪力 F_S 产生突变（不连续）,弯矩 M 产生尖点（导数不连续）;而梁上点 D 处作用的力偶 Fa 使对应截面的弯矩 M 产生突变,对剪力则无影响。

2. 梁的平衡微分方程

从图 4.6(a)所示的梁中截取出长为 dx 的微段,其左、右截面上的内力均设为正值,由于位置有微小的变化,微段右截面上的内力较左边的有微增量,微段上的力 q 可视为常值且以向上的方向为正（图 4.6(b)）。由平衡方程

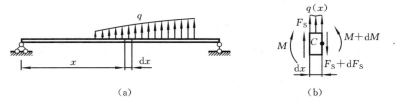

(a)   (b)

图 4.6

$$\sum F_y = 0, \quad F_s + q\mathrm{d}x - (F_s + \mathrm{d}F_s) = 0$$

$$\sum m_C(F) = 0, \quad M + F_s\mathrm{d}x + \frac{q\,(\mathrm{d}x)^2}{2} - (M + \mathrm{d}M) = 0$$

略去二阶微量项 $q\,(\mathrm{d}x)^2/2$,得

$$\frac{\mathrm{d}F_s}{\mathrm{d}x} = q \qquad\qquad (4\text{-}1)$$

$$\frac{\mathrm{d}M}{\mathrm{d}x} = F_s \qquad\qquad (4\text{-}2)$$

由式(4-1)和式(4-2),还可以得到下面的关系:

$$\frac{\mathrm{d}^2 M}{\mathrm{d}x^2} = q \qquad\qquad (4\text{-}3)$$

以上三式给出了分布荷载集度 q、剪力 F_s 和弯矩 M 之间的微分关系,称为**梁的平衡微分方程**。利用这些关系,可以快速地绘制剪力图和弯矩图。

$q=$ 常数(均布荷载)时,其图形为水平直线(零次曲线);由式(4-1)知,F_s 图为斜直线(一次曲线),其斜率的正负取决于 q 的正负;由式(4-2)和式(4-3)可知,M 图为二次曲线,其凹凸性取决于 q 的正负,水平切线的位置为 $F_s = 0$ 的截面。

将式(4-1)、式(4-2)分别表示成积分形式:

$$\Delta F_s = F_{SB} - F_{SA} = \int_A^B q(x)\mathrm{d}x \qquad\qquad (4\text{-}4)$$

$$\Delta M = M_B - M_A = \int_A^B F_s(x)\mathrm{d}x \qquad\qquad (4\text{-}5)$$

即在梁上的任一段(如 AB 段),剪力 F_s 的增量和弯矩 M 的增量分别等于 q 图和 F_s 图中曲线与横轴围成的面积。由此,若已知起始截面的剪力和弯矩,就可以从左到右逐段计算梁上各控制截面(集中力、集中力偶的作用点、分布荷载的起点和终点)上的剪力和弯矩,再由微分关系确定两相邻控制面之间剪力图和弯矩图的大致形状,这样就可以快速地画出剪力图和弯矩图。

例 4.3 试用梁的平衡微分方程(微分关系)快速地画出图示简支梁的剪力图与弯矩图。已知 q 为常数。

解 由梁的平衡条件 $\sum F_y = 0$ 和 $\sum m_B = 0$ 求得支反力为

$$F_{Ay} = \frac{ql}{8}(\uparrow), \quad F_{By} = \frac{3}{8}ql\,(\uparrow)$$

运用式(4-4)计算各控制面的剪力值,即

$$F_{SA^+} = F_{Ay} = \frac{ql}{8}, \quad F_{SC} = \frac{ql}{8}$$

$$F_{SB^-} = F_{SC} - \int_{l/2}^l q(x)\mathrm{d}x = \frac{ql}{8} - q\left(l - \frac{l}{2}\right) = -\frac{3}{8}ql$$

$$F_{SB^+} = F_{SB^-} + F_{By} = -\frac{3}{8}ql + \frac{3}{8}ql = 0$$

　　根据 AC、CB 段荷载的变化，可知 F_S 图在 AC 段为水平直线，CB 段为下降直线，画出梁的 F_S 图，如图（b）所示。在 CB 段的横截面 D 处，$F_S = 0$，由式（4-2）知 M 在该处有极值。设 $\overline{BD} = x_D$，由比例关系求出：

$$x_D : \left(\frac{l}{2} - x_D\right) = \frac{3ql}{8} : \frac{ql}{8} \quad \Rightarrow \quad x_D = \frac{3}{8}l$$

运用式（4-5）计算各控制面和极值点处的弯矩值，有

$$M_A = 0$$

$$M_C = M_A + \int_0^{l/2} F_S(x)\mathrm{d}x = 0 + \frac{ql}{8} \times \frac{l}{2} = \frac{ql^2}{16}$$

$$M_D = M_C + \int_{l/2}^{5l/8} F_S(x)\mathrm{d}x = \frac{ql^2}{16} + \frac{1}{2} \times \frac{ql}{8}\left(\frac{l}{2} - \frac{3l}{8}\right) = \frac{9ql^2}{128}$$

$$M_B = M_D + \int_{5l/8}^{l} F_S(x)\mathrm{d}x = \frac{9ql^2}{128} - \frac{1}{2} \times \frac{3ql}{8} \times \frac{3l}{8} = 0$$

在 AC 段 $q = 0$，$F_S = $ 常数 > 0，M 图为下降直线；在 CB 段，$q = $ 常数 < 0，M 图为正值的凹二次曲线，在截面 D 处 M 有极值（图（c））。

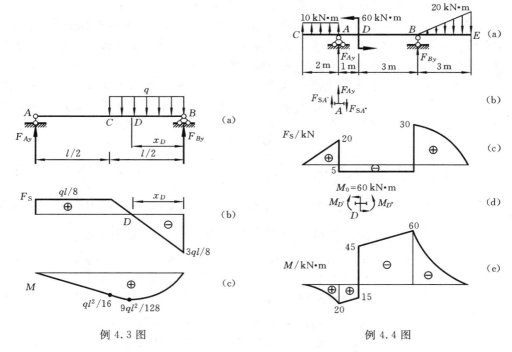

　　　　　　例 4.3 图　　　　　　　　　　　　　　　例 4.4 图

例 4.4　试用梁的微分关系快速地画出图示外伸梁的剪力图和弯矩图。

解　(1) 由梁的平衡条件 $\sum F_y = 0$ 和 $\sum m_B = 0$ 求得支反力为

$$F_{Ay} = -25 \text{ kN}(\downarrow), \quad F_{By} = 35 \text{ kN}(\uparrow)$$

(2) 计算剪力和作剪力图。将梁由左至右分为 CA、AB、BE 三段(作用在梁上点 D 处的外力偶对剪力无影响)。在这些段上,有关 q 的积分(q 图曲线与横轴围成的面积)容易计算,其中在 AB 段 $q = 0$。先由式(4-4)计算各控制面的剪力:

$$F_{SC} = 0 \tag{a}$$

$$F_{SA^-} = F_{SC} + \int_0^2 q \mathrm{d}x = 2 \times 10 \times 10^3 \text{ N} = 20 \text{ kN} \tag{b}$$

$$F_{SA^+} = F_{SA^-} + F_{Ay} = (20 - 25)\text{kN} = -5 \text{ kN} \tag{c}$$

$$F_{SB^-} = F_{SA^+} = -5 \text{ kN} \tag{d}$$

$$F_{SB^+} = F_{SB^-} + F_{By} = (-5 + 35) \text{ kN} = 30 \text{ kN} \tag{e}$$

$$F_{SE} = F_{SB^+} + \int_6^9 q \mathrm{d}x = 30 \times 10^3 + \frac{1}{2} \times (-20 \times 10^3) \times 3 \text{ N} = 0 \text{ N} \tag{f}$$

其中,对于式(c),观察图(b)所示集中横力(反力)F_{Ay} 作用点 A 处的受力平衡,可见集中横力会导致左、右两个无限靠近点 A 的截面(A^- 和 A^+ 截面,可以认为就是 A 截面)上的剪力突变,突变值就是横力的大小,突变的方向取决于横力的方向:横力向上,F_S 向上突变;横力向下,则 F_S 向下突变。对于式(e),情况也是如此。

根据式(a)至式(f)和微分关系画 F_S 图。CA 段:$q = \mathrm{d}F_S/\mathrm{d}x =$ 常数 > 0(向上),易知 F_S 的图形为一正值斜直线;AB 段:$q = \mathrm{d}F_S/\mathrm{d}x = 0$,$F_S$ 图形为负值水平直线;BE 段:$q = \mathrm{d}F_S/\mathrm{d}x < 0$(向下),在点 B 有 $q = \mathrm{d}F_S/\mathrm{d}x = 0$,则 F_S 图形为正值凸二次曲线,且在点 B 有水平切线。由此可画出剪力图(图(c))。

(3) 作弯矩图。由于梁上点 D 处作用有外力偶,故将梁由左至右分为 CA、AD、DB、BE 四段,前三段关于 F_S 的积分(F_S 图曲线与横轴围成的面积)容易计算,先由式(4-5)计算各控制截面处的弯矩值,即

$$M_C = 0 \tag{g}$$

$$M_A = M_C + \int_0^2 F_S(x) \mathrm{d}x = \left(0 + \frac{1}{2} \times 2 \times 20\right)\text{kN} \cdot \text{m} = 20 \text{ kN} \cdot \text{m} \tag{h}$$

$$M_{D^-} = M_A + \int_2^3 F_S(x) \mathrm{d}x = (20 - 1 \times 5) \text{ kN} \cdot \text{m} = 15 \text{ kN} \cdot \text{m} \tag{i}$$

$$M_{D^+} = M_{D^-} - M_0 = (15 - 60) \text{ kN} \cdot \text{m} = -45 \text{ kN} \cdot \text{m} \tag{j}$$

$$M_B = M_{D^+} + \int_3^6 F_S(x) \mathrm{d}x = (-45 - 5 \times 3) \text{ kN} \cdot \text{m} = -60 \text{ kN} \cdot \text{m} \tag{k}$$

$$M_E = M_B + \int_6^9 F_S(x) \mathrm{d}x = \left(-60 + \frac{2}{3} \times 3 \times 30\right) \text{ kN} \cdot \text{m} = 0 \tag{l}$$

其中,对于式(j),观察图(d)所示集中力偶(60 kN·m)作用点 D 处的力偶平衡,可见外力偶也会引起所在截面 M 图的突变,突变的方向取决于力偶的方向:如果力偶为逆时针转向,则 M 图向上(负)突变;若力偶为顺时针转向,则 M 图向下(正)突变。

式(l)中的积分结果为曲边三角形的面积。

根据式(g)至式(l)和微分关系画 M 图。CA 段：$F_S = dM/dx > 0$，$q = d^2M/dx^2 =$ 常数 > 0，M 图为正值凸二次曲线，且在点 C 处有水平切线($F_{SC} = 0$)；AD 段与 DB 段：F_S = 常数 < 0，M 图为负斜率平行直线；BE 段：$F_S > 0$，$q < 0$，M 图为负值凹三次曲线，且在点 E 处有水平切线($F_{SE} = 0$)。由此可画出弯矩图(图(e))。

例 4.5 图(a)所示跨度为 l 的简支梁上作用有移动的横力 F，试求梁的 F_{Smax} 和 M_{max}。

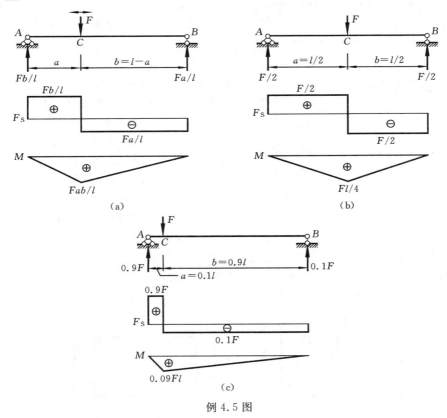

例 4.5 图

解 设 $a < b$，根据梁的微分关系，梁上无分布荷载，故 F_S 为水平线，注意到集中横力的作用，图中有突变；M 为斜直线，且在点 C 处不光滑(一阶导数不连续)。由此可快速地画出 F_S 图和 M 图(图(a))，其中，

$$F_{SC^-} = \frac{Fb}{l} = \frac{F(l-a)}{l} \tag{a}$$

$$M_C = \frac{Fab}{l} = \frac{Fa(l-a)}{l} \tag{b}$$

当荷载移动时，M_C 也在变化。由

$$\frac{\mathrm{d}M_C}{\mathrm{d}a}=0 \quad \Rightarrow \quad a=\frac{l}{2}$$

可得

$$M_{\max}=\frac{Fl}{4}$$

F_S 图和 M 图如图(b)所示。显然,当 $a \to 0(b \to l)$ 时,F_S 有最大值,即 $F_{S\max}=F$,图(c)所示为 $a=0.1l$ 的情况。

例 4.6　图示为船体(视为梁)受载的简化模型。试快速地画出梁的剪力图和弯矩图。

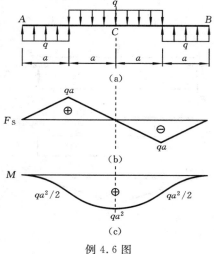

例 4.6 图

解　将梁依长度 a 分为四段,注意到此梁自由受载(无约束),且无集中力和集中力偶作用,故 F_S 图无突变,M 图光滑;注意到 M 图在 $x=a$、$3a$ 处有两个拐点,这是分布力方向改变导致的;利用微分关系分别画出 F_S 图和 M 图,如图(b)(c)所示。

本例属对称问题,即梁(结构)关于梁中线对称,且荷载也对称的。观察 M 图,它也是对称的,因此称弯矩为对称内力。观察 F_S 图,它是关于中轴反对称的,并且在结构对称截面 C 上的值为零,因此称剪力为反对称内力。

例 4.7　矩形框架在 A 处有一微小切口,并在此处作用有一对竖直外力 F,如图所示。试画结构的轴力图、剪力图和弯矩图。

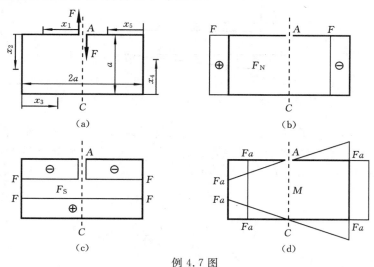

例 4.7 图

解 所谓框架(刚架),是由若干杆件通过刚性连接(连接处在受力前后不发生相对变形),或将直梁折成一定的角度(该角度始终不变),或将直梁的轴线弯成曲线(称为曲梁)而形成的结构。分析刚架时,用截面法求出内力,一般来说,平面刚架横截面上有轴力、剪力和弯矩。轴力和剪力的符号仍按以前规定。弯矩的符号一般不做统一规定,但总是将弯矩图画在刚架变形的凸侧(受拉的一侧),这样就与水平梁的弯矩图协调一致。

取图示局部坐标 x_1、x_2、x_3、x_4 和 x_5,利用截面法分别求得框架各段的内力:

$$\begin{cases} F_N(x_1)=0 \\ F_S(x_1)=-F, \\ M(x_1)=Fx_1 \end{cases} \quad \begin{cases} F_N(x_2)=F \\ F_S(x_2)=0 \\ M(x_2)=Fa \end{cases}, \quad \begin{cases} F_N(x_3)=0 \\ F_S(x_3)=F \\ M(x_3)=F(a-x_3) \end{cases},$$

$$\begin{cases} F_N(x_4)=-F \\ F_S(x_4)=0 \\ M(x_4)=-Fa \end{cases}, \quad \begin{cases} F_N(x_5)=0 \\ F_S(x_5)=-F \\ M(x_5)=-F(a-x_5) \end{cases}$$

其中弯矩 M 的符号以框架内侧受拉为正。据此画出内力图,如图(b)(c)(d)所示。

本例属反对称问题,即结构关于直线 AC(图中虚线)对称,但荷载关于直线 AC 反对称。观察三个内力图,F_N 图和 M 图关于直线 AC 反对称,且在结构对称面 C 上都为零;所以轴力、弯矩均为对称内力。然而 F_S 图关于直线 AC 对称。

以上关于对称性和反对称性的结论具有普遍意义,即:对于对称问题(系统),反对称内力(剪力、扭矩)在结构对称截面上的值为零;对于反对称问题(系统),对称内力(轴力、弯矩)在结构对称截面上的值为零。

例 4.8 简支梁受外力偶 m 作用,如图(a)所示。试画梁的剪力图和弯矩图。

解 利用叠加法求解。所谓叠加法(叠加原理),是针对线性系统而言的,由以上的若干例题可知,结构的内力(或变形、应力)都是荷载的线性函数,如果结构上有多个外力作用,则可以分别计算每个外力所引起的内力,然后将其叠加而得到多个外力

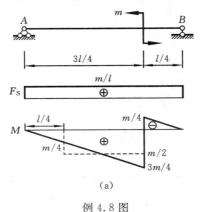

(a)

例 4.8 图

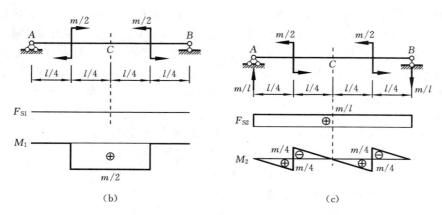

续例 4.8 图

作用下的内力。

　　将图(a)所示的受载梁分解为对称(图(b))和反对称(图(c))两种情况,图(b)所示的梁和荷载(含支反力)对称于截面 C;图(c)所示的梁对称于截面 C,但荷载(含支反力)反对称于截面 C。分别画出两者的内力图,将图(b)和图(c)中的 F_S 图叠加而得到图(a)中的 F_S 图;将图(b)和图(c)中的 M 图叠加而得到图(a)中的 M 图。注意到图(b)中截面 C 的剪力 $F_{S1C}=0$;图(c)中截面 C 的弯矩 $M_{2C}=0$。

　　例 4.9　试画图示直角平面刚架的弯矩图。

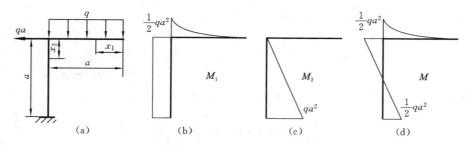

例 4.9 图

　　解　采用叠加法作结构的 M 图。刚架上的外载有两种:① 均布荷载 q;② 集中力 qa(图(a))。取局部坐标 x_1、x_2,分别用截面法分段求出对应的 M_1、M_2,有

$$M_1(x_1)=-\frac{1}{2}qx_1^2, \quad M_1(x_2)=-\frac{1}{2}qa^2$$

$$M_2(x_1)=0, \quad M_2(x_2)=qax_2$$

其中,"—"号是按水平梁弯矩的符号规定的,并将竖直梁看成水平梁的延伸。依所得结果分别画出 M_1 图(图(b))和 M_2 图(图(c))。将两图叠加即得到本例要求的 M 图(图(d))。实际上,有

$$M(x_1)=M_1(x_1)+M_2(x_1)=-\frac{1}{2}qx_1^2, \quad M(x_2)=M_1(x_2)+M_2(x_2)=-\frac{1}{2}qa^2+qax_2$$

例 4.10　图(a)所示为由中间铰链连接的组合梁。q 为常数,试画梁的剪力图和弯矩图。

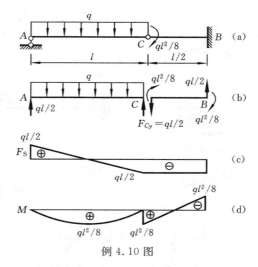

例 4.10 图

解　解开铰链 C,其对梁 AC 和梁 CB 的作用力之值均为 $F_{Cy}=ql/2$,但方向相反。由此可求得梁段的反力(图(b)),并依微分关系快速地画出剪力图(图(c))和弯矩图(图(d))。注意到铰链不传递力偶,故铰链 C 处的弯矩为零,而剪力不受影响。

例 4.11　图(a)所示为支座可移动的外伸梁,q 为常数,系数 $0.5 > k \geqslant 0$。(1) 当 $k=0.2$ 时,用叠加法画弯矩图,并与 $k=0$ 时梁的最大弯矩进行比较。(2) 要使梁的最大弯矩最小,k 应为多少?

解　(1) 当 $k=0.2$ 时,将图(a)所示的受载梁分解为图(b)和图(c)的两种情况,分别画出相应的弯矩图(M_1 图和 M_2 图),然后叠加原结构的弯矩图(M 图)。当 $k=0$ 时,梁为简支梁(图(d)),画弯矩图(M_3 图),并进行比较:

$$\frac{|M_3|_{max}-|M|_{max}}{|M_3|_{max}}=\frac{0.125ql^2-0.025ql^2}{0.125ql^2}=\frac{0.1}{0.125}=80\%$$

上式表明,支座向内移动,使梁的跨度减小,会使梁的最大弯矩显著减小。

(2) 作外伸梁(图(e))的弯矩图(M_4 图),可见支座 A 或 B 的位置直接影响截面 A 或 B 及跨中截面的弯矩。欲使最大弯矩(绝对值)最小,必须让截面 A 或 B 的弯矩值与跨中截面的弯矩值相等,即

$$\frac{q(kl)^2}{2}=\frac{q(l-2kl)^2}{8}-\frac{q(kl)^2}{2} \quad \Rightarrow \quad 8(kl)^2=(l-2kl)^2 \quad \Rightarrow \quad k=\frac{1}{\sqrt{8}+2}\approx 0.207$$

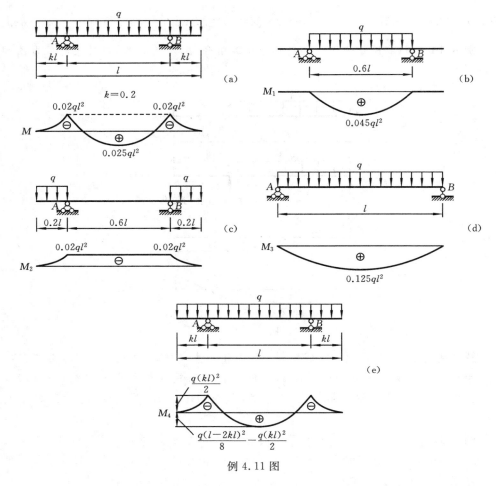

例 4.11 图

　　由以上讨论可知,根据梁的剪力方程和弯矩方程绘制 F_S 和 M 图是基本的方法,但不够快捷;而利用梁的平衡微分方程(微分关系),辅以叠加法绘制内力图则比较方便和快捷。**迅速、准确地绘制内力图是"材料力学"学习者必须掌握的基本技能之一。**

4.2　弯曲正应力

　　在 4.1 节里我们已经求出了梁的内力——剪力 F_S 和弯矩 M,这仅是解决梁的强度问题的第一步。本节要进行下一步,研究并确定梁横截面上的正应力 $\sigma(y, z)$——它是截面上坐标的函数,一般而言,截面上每点的正应力是不同的。为了使问题不过于复杂,先研究纯弯曲下梁的正应力。所谓纯弯曲,是指梁横截面上只有弯矩,无剪力,也无轴力。根据梁内力间的关系 $F_S = M'$,纯弯曲下梁的弯矩 M 为常数。考虑到梁横截面上的内力是该面上各点(微面元)之微内力的合成结果,故横截面上

正应力的合力（广义的）只有弯矩（主矩）M，而无其他。注意在截面上 y 轴是纵向对称轴，z 轴是横轴。有

$$F_N = \int_A \sigma(y,z)\mathrm{d}A = 0 \tag{4-6}$$

$$M = M_z = \int_A \sigma(y,z)y\mathrm{d}A \tag{4-7}$$

以上是梁的静力学关系，也是材料力学的基本问题：已知合力求分布的问题。该问题与 y 从哪里度量即横轴 z 定在何处有关，仅靠理论分析难以解决。借鉴拉伸和扭转时的做法，先借助试验，考察梁受载变形的实际情况。

1. 弯曲变形的试验与假设

以矩形截面简支梁做纯弯曲试验（图 4.7），加载前在梁的表面画上网格般的横线和纵线，纵线代表梁的"纵向纤维"；横线代表横截面，如图 4.8 所示。从试验中可观察到：变形后横线仍为

图 4.7

直线，且与纵线正交，只是它们相对转动了一个角度；变形后纵线变成曲线，梁下端的纵线伸长，宽度有所减小；上端的纵线缩短，宽度有所增加。

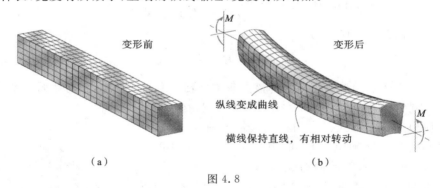

（a）　　　　　　　　　　　（b）

图 4.8

根据这些现象，对梁的变形与受力做如下假设：

梁的横截面在变形后仍然保持为平面，且垂直于梁的轴线，即**平面假设**；梁内各纵向纤维仅承受轴向拉力或压力，即**单向受力假设**。

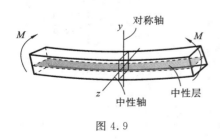

图 4.9

根据平面假设，纯弯曲时梁横截面上各点均无切应变，因此，也无切应力。弯曲变形时梁的凹侧纤维缩短，凸侧纤维伸长，根据材料的连续性假设，由缩短区到伸长区，其间必定存在一纵向纤维长度保持不变的过渡层，称为**中性层**。中性层与横截面的交线，称为**中性轴**（图 4.9）。

2. 弯曲正应力

在梁上取一微段 dx (图 4.7),取横截面的纵向对称轴为 y 轴(向上),中性轴为 z

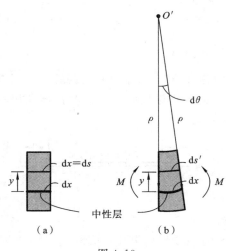

图 4.10

(a) 变形前;(b) 变形后

轴,梁的轴线为 x 轴。弯曲变形后,根据平面假设,微段左右两横截面相对转动了角度 $d\theta$,中性层也变成了曲面,设其曲率半径为 ρ。中性层以上 y 处的微纵线 ds 的长度变短为 ds' (图 4.10),由此可求其线应变为

$$\varepsilon = \frac{ds' - ds}{ds} = \frac{ds' - dx}{dx} = \frac{(\rho - y)d\theta - \rho d\theta}{\rho d\theta}$$
$$= \frac{-y}{\rho} \tag{4-8}$$

如果微纵线取在中性层以下,即坐标 $y < 0$,则 $\varepsilon > 0$ (伸长)。式(4-8)表明,梁内纵向纤维的线应变的大小,与其到中性轴的距离成正比,这是梁变形的几何关系。

根据梁纵向纤维单向受力假设,将胡克定律(物理关系)$\sigma = E\varepsilon$ 代入式(4-8),可得

弹性梁横截面上的正应力为

$$\sigma = E\frac{-y}{\rho} \tag{4-9}$$

即梁横截面上各点的弯曲正应力与该点到中性轴的距离成正比,且与截面宽度(坐标 z)无关。式(4-9)将二元函数 $\sigma(y,z)$ 降维了,且是 y 的线性函数。

正应力的分布形式已定,待中性轴(z 轴)的位置及中性层的曲率 $1/\rho$ 确定后,才能根据式(4-9)计算正应力。将式(4-9)代入梁的静力关系(式(4-6)、式(4-7)),即在横截面上取一微面积 dA (图 4.11),作用在该微面积上的微合力为 σdA。由于在纯弯曲时,横截面上的内力分量仅有弯矩 M_z,有

$$F_N = \int_A \sigma dA = \int_A \left(E\frac{-y}{\rho}\right)dA = -\frac{E}{\rho}\int_A y dA = 0 \tag{4-10}$$

$$M = M_z = \int_A \sigma y dA = \int_A \left(E\frac{-y}{\rho}\right)y dA = -\frac{E}{\rho}\int_A y^2 dA \tag{4-11}$$

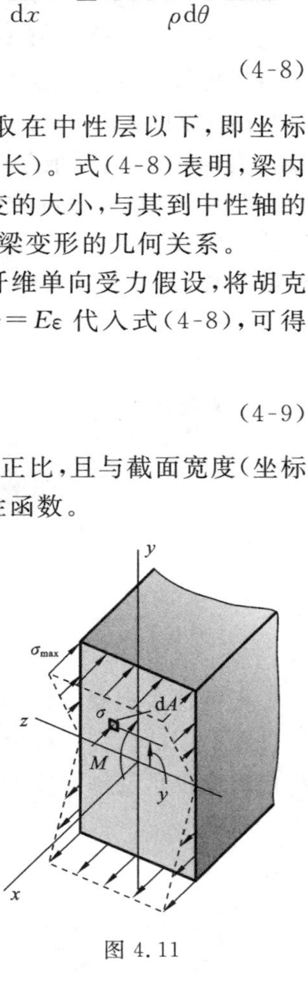

图 4.11

因为是对称弯曲,同时还有

$$M_y = \int_A \sigma z dA = \int_A \left(E\frac{-y}{\rho}\right)z dA = -\frac{E}{\rho}\int_A yz dA = 0 \tag{4-12}$$

以上出现了涉及截面的几个积分(附录 A),分别是截面对横轴 z 的静矩(一次矩)S_z:

$$S_z = \int_A y\,\mathrm{d}A \tag{4-13}$$

截面对横轴 z 的惯性矩(二次矩)I_z:

$$I_z = \int_A y^2\,\mathrm{d}A \tag{4-14}$$

还有截面对 y 与 z 轴的**惯性积**(二次混合矩):

$$I_{yz} = \int_A yz\,\mathrm{d}A \tag{4-15}$$

由于梁弯曲变形后,E/ρ 不可能为零,故必有

$$S_z = \int_A y\,\mathrm{d}A = 0, \quad I_{yz} = \int_A yz\,\mathrm{d}A = 0 \tag{4-16}$$

根据平面图形形心的定义,若 $S_z = 0$,则 z 轴必过截面的形心,即中性轴就是截面的水平形心轴;式(4-16)中的第二式和式(4-12)是自动成立的,因为 y 轴是截面的纵向对称轴。由式(4-11)得

$$\frac{1}{\rho} = \frac{M_z}{EI_z} \tag{4-17}$$

即中性层的曲率 $1/\rho$ 与弯矩 M_z 成正比,与乘积 EI_z(称为梁的**弯曲刚度**)成反比。式(4-17)的意义重大:它建立了表征梁弯曲程度的几何量(曲率)和物理量(弯矩等)之间的关系,使梁的强度、刚度分析计算成为可能。惯性矩 I_z 也综合反映了横截面的形状和尺寸对弯曲变形的影响。将式(4-17)代入式(4-9),得

$$\sigma = -\frac{M_z y}{I_z} \tag{4-18a}$$

式中:M_z 为弯矩;y 为所求应力点的纵坐标。实际计算时,以中性轴为界,截面上部或下部的受拉或受压很容易根据 M_z 的方向判断,即 σ 的正负很容易从直观上判定。所以可将弯曲正应力公式(式(4-18a))简写为

$$\sigma = \frac{M_z y}{I_z} \tag{4-18b}$$

由以上的过程可知,弯曲正应力公式(式(4-18))的导出,是综合考虑梁变形几何关系、静力学关系和材料的物理性质(胡克定律)的结果。然而它如果仅适用于纯弯曲,就不会有太大的实用价值,因为实际中的梁多为横力弯曲梁。理论与试验均证明,只要梁的跨度(两支座间的长度)与截面高度之比满足 $l/h \geqslant 5$ 的条件,即**细长梁**,式(4-18)就可推广至横力弯曲,且跨高比 l/h 愈大,精确度愈高。

由式(4-18)知,当 $y = y_{\max}$ 时,即在截面上距中性轴最远的各点处(上缘或下缘),弯曲正应力最大。若中性轴为截面的水平对称轴,则最大拉应力与最大压应力相等,其值为

$$\sigma_{\max} = \frac{M_z \mid y \mid_{\max}}{I_z} = \frac{M_z}{W_z} \tag{4-19}$$

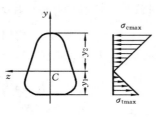

图 4.12

式中：W_z 为**弯曲截面系数(抗弯模量)**，即

$$W_z = \frac{I_z}{|y|_{max}} \qquad (4\text{-}20)$$

当中性轴不是截面的水平对称轴(如 T 形梁等)时，截面的上、下边缘各点到中性轴的距离不相同，最大拉应力和最大压应力并不相等(图 4.12)。

截面的惯性矩 I_z 和弯曲截面系数 W_z 可由定义计算(见附录 A)。对于矩形截面(图 4.13)，有

$$I_z = \int_A y^2 \,\mathrm{d}A = \int_{-h/2}^{h/2} y^2 b\,\mathrm{d}y = \frac{bh^3}{12}, \quad W_z = \frac{I_z}{h/2} = \frac{bh^2}{6}$$

实心圆和圆环截面的惯性矩及弯曲截面系数分别如下。

实心圆(图 4.14(a))：

$$I_z = \frac{\pi D^4}{64}, \quad W_z = \frac{I_z}{D/2} = \frac{\pi D^3}{32}$$

圆环(图 4.14(b))：

$$I_z = \frac{\pi D^4}{64}(1-\alpha^4), \quad W_z = \frac{I_z}{D/2} = \frac{\pi D^3}{32}(1-\alpha^4) \quad \left(\alpha = \frac{d}{D}\right)$$

对于各种型钢，其截面的惯性矩等几何参数，可从型钢表(附录 B)里查出。

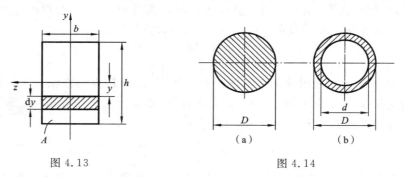

图 4.13　　　　　　　　　　　　　　图 4.14

例 4.12　图示为夹层梁的矩形横截面，截面上的弯矩为 M，外层、内层材料的弹性模量分别为 E_1、E_2，截面外层、内层对中性轴的惯性矩分别为 I_{z1}、I_{z2}，试求截面外层、内层上的弯矩。

解　设截面外层、内层上的弯矩分别为 M_1、M_2，显然有

$$M = M_1 + M_2 \qquad (a)$$

仅依此方程是不可能求解的，故本例属于超静定(内力超静定)问题，还需研究夹层梁的变形协调及物理关系才能求解。由多种材料组成的梁，其纯弯曲时也符合平面假设，设梁弯曲后轴线(中性层)的曲率为 $1/\rho$，则外层、内层弯曲变形后其轴线(与

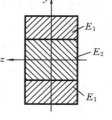

例 4.12 图

梁的轴线共线)的曲率仍都为 $1/\rho$(变形协调),由式(4-17)得

$$\frac{1}{\rho}=\frac{M}{EI_z}=\frac{M_1}{E_1 I_{z1}}=\frac{M_2}{E_2 I_{z2}}$$

解得

$$M_1=\frac{E_1 I_{z1}}{\rho}, \quad M_2=\frac{E_2 I_{z2}}{\rho} \tag{b}$$

与式(a)联立求解,得

$$\frac{1}{\rho}=\frac{M}{E_1 I_{z1}+E_2 I_{z2}}, \quad M_1=\frac{E_1 I_{z1}}{E_1 I_{z1}+E_2 I_{z2}}M, \quad M_2=\frac{E_2 I_{z2}}{E_1 I_{z1}+E_2 I_{z2}}M$$

可见,夹层梁截面上各部分的内力是按各部分的刚度分配的。如果 $E_1 I_{z1} \gg E_2 I_{z2}$,则有 $M_1 \to M$,$M_2 \to 0$。即如果内层材料的弯曲刚度很小,则截面的弯矩主要由外层承担。

例 4.13 简支梁及其截面形状如图所示。若荷载集度 $q=27$ kN/m,跨度 $l=2$ m,截面边宽 $a=120$ mm,空洞直径 $d=60$ mm,试求梁的最大正应力。

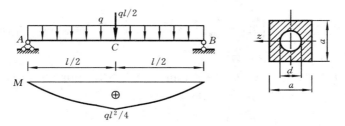

例 4.13 图

解 首先画出梁的 M 图,可知在截面 C 处弯矩取最大值。截面为上下、左右对称的组合截面,中性轴为水平对称轴。截面对中性轴(z 轴)的惯性矩可由正方形的惯性矩减去圆的惯性矩而得,即

$$I_z=I_{z方}-I_{z圆}=\frac{a(a^3)}{12}-\frac{\pi d^4}{64}$$

由式(4-19)和上式,并观察梁 M 图,可算得梁的最大正应力:

$$\sigma_{\max}=\frac{M_C y_{\max}}{I_z}=\frac{\dfrac{ql^2}{4}\cdot\dfrac{a}{2}}{\dfrac{a(a^3)}{12}-\dfrac{\pi d^4}{64}}=\frac{\dfrac{27\times10^3\times2^2}{4}\times\dfrac{0.12}{2}}{\dfrac{0.12^4}{12}-\dfrac{\pi(0.06)^4}{64}}\ \text{Pa}=97.3\ \text{MPa}$$

例 4.14 图示悬臂梁,在自由端受横力 $F=90$ kN 的作用,试计算截面 $B—B$ 的最大弯曲拉应力和压应力。

解 (1)确定截面中性轴(形心)位置。

将 T 形截面看作由两个矩形组成(图(b)),面积分别是 A_1 和 A_2,将 y 轴的坐标原点选在截面的底边,y_1 和 y_2 是相应的形心坐标,则整个截面的形心坐标为

$$y_C=\frac{y_1 A_1+y_2 A_2}{A_1+A_2}=\frac{300\times100\times300+125\times100\times250}{100\times300+100\times250}\ \text{mm}=220\ \text{mm}$$

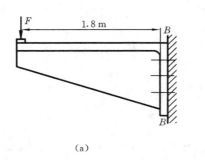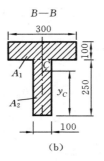

$$（a）\qquad\qquad\qquad\qquad（b）$$

例 4.14 图

（2）计算截面惯性矩。根据附录 A，利用平行移轴公式，两矩形对形心轴 z 的惯性矩分别为

$$I_{1z}=\frac{1}{12}\times300\times100^{3}+\left(250+\frac{100}{2}-220\right)^{2}\times300\times100\ \text{mm}^{4}=2.17\times10^{8}\ \text{mm}^{4}$$

$$I_{2z}=\frac{1}{12}\times100\times250^{3}+\left(220-\frac{250}{2}\right)^{2}\times100\times250\ \text{mm}^{4}=3.56\times10^{8}\ \text{mm}^{4}$$

整个截面对形心轴 z 的惯性矩为

$$I_{z}=I_{1z}+I_{2z}=(2.17+3.56)\times10^{8}\ \text{mm}^{4}=5.73\times10^{8}\ \text{mm}^{4}=5.73\times10^{-4}\ \text{m}^{4}$$

（3）计算最大弯曲正应力。由截面法求出：

$$M_{B}=90\times10^{3}\times1.8\ \text{N}\cdot\text{m}=162\ \text{kN}\cdot\text{m}$$

由式（4-18b）知，在截面 B 的上、下边缘处，其最大拉应力、最大压应力分别为

$$\sigma_{\text{tmax}}=\frac{M_{B}}{I_{z}}(0.35-y_{C})=\frac{162\times10^{3}}{5.73\times10^{-4}}\times(0.35-0.22)\ \text{Pa}=36.8\ \text{MPa}$$

$$\sigma_{\text{cmax}}=\frac{M_{B}}{I_{z}}y_{C}=\frac{162\times10^{3}}{5.73\times10^{-4}}\times0.22\ \text{Pa}=62.2\ \text{MPa}$$

例 4.15 图示机器支架受到荷载 F＝35 kN 的作用，试求截面 A—A 处（图（b））的最大正应力。

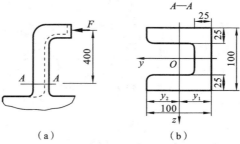

$$（a）\qquad\qquad\qquad（b）$$

例 4.15 图

解 机器支架可看作立起的悬臂梁。由截面法可确定截面 A—A 上的弯矩为

$$M_{A}=35\times10^{3}\times0.4\ \text{N}\cdot\text{m}=14\ \text{kN}\cdot\text{m}$$

下面确定中性轴 z 轴的位置(即截面形心的位置)。设 y_1 为截面右边边缘到形心的距离,则有

$$y_1 = \frac{50 \times 100 \times 25 \times 2 + 12.5 \times 50 \times 25}{100 \times 25 \times 2 + 50 \times 25} \text{ mm} = 42.5 \text{ mm}$$

利用平行移轴公式(见附录 A),可求得截面对中性轴 z 的惯性矩为

$$I_z = \frac{1}{12} \times 50 \times 25^3 + 50 \times 25 \times 30^2 \text{ mm}^4 + 2 \times \left(\frac{1}{12} \times 25 \times 100^3 + 100 \times 25 \times 7.5^2 \right) \text{ mm}^4$$

$$= 5.64 \times 10^6 \text{ mm}^4 = 5.64 \times 10^{-6} \text{ m}^4$$

由截面 A—A 上弯矩的方向可以判断最大拉应力出现在截面右侧边缘,最大压应力出现在截面左侧边缘,其值分别为

$$\sigma_{\text{tmax}} = \frac{My_1}{I_z} = \frac{14 \times 10^3 \times 42.5 \times 10^{-3}}{5.64 \times 10^{-6}} \text{ Pa} = 105 \text{ MPa}$$

$$\sigma_{\text{cmax}} = \frac{My_2}{I_z} = \frac{14 \times 10^3 \times 57.5 \times 10^{-3}}{5.64 \times 10^{-6}} \text{ Pa} = 143 \text{ MPa}$$

4.3　弯曲切应力

横力弯曲时,梁的横截面上有剪力,切应力就是剪力在横截面上的分布。一般而言,切应力(正应力亦如此)是面上每一点坐标的函数,有值也有方向。下面以矩形截面梁为例分析之。

设矩形截面梁的横截面尺寸为 $h \times b$,承受剪力 F_s 的作用,方向向下,即平行于 y 轴,如图 4.15(b)所示。由于梁的两侧面为自由面,无应力,故在横截面两侧边缘各点处($z = \pm b/2$),切应力必与侧面平行,即与剪力(或 y 轴)平行,因为根据切应力互等定理,切应力不可能有垂直于侧面或平行于 z 轴的分量。切应力在非边缘处沿宽度方向的分布情况又如何呢? 对此,俄国桥梁工程师儒拉夫斯基(Zhuravskii/ Jourawski)于 1984 年提出了一个著名的假设:矩形横截面上各点的切应力均平行于剪力,并沿截面宽度均匀分布,史称**儒拉夫斯基假设**。

为了求出切应力,从矩形截面梁中取微段,其左右横截面上有剪力和弯矩(右端有增量,正应力亦有增量),再从微段上距中性轴以下 y 处截取微块,其顶面(即微段的纵截面)记为 ω,左右部分横截面面积记为 A^*(图 4.15(a)(b))。根据儒拉夫斯基假设,横截面 y 处的切应力 τ 平行于剪力 F_s,沿宽度均匀分布。根据切应力互等定理,在微段的纵截面 ω 上也有均布的切应力。再考查微块在轴向(x 方向)的受力平衡,由于微块右端的正应力之合力略大于左端的,微段右截面的弯矩较左截面的有增量,故纵截面 ω 上的均布切应力之合力正是微块左右端的正应力合力之差值,方向向左(图 4.15(a)),即

$$\tau b \mathrm{d}x = \int_{A^*} (\sigma + \mathrm{d}\sigma) \mathrm{d}A - \int_{A^*} \sigma \mathrm{d}A = \int_{A^*} (\mathrm{d}\sigma) \mathrm{d}A$$

将梁的弯曲正应力 $\sigma = My/I_z$ 代入上式，再利用梁内力的微分关系 $\mathrm{d}M/\mathrm{d}x = F_s$，可求得纵截面 ω 上的切应力，依切应力互等定理，就可求得横截面上的切应力 τ，即

$$\tau b\,\mathrm{d}x = \int_{A^*}(\mathrm{d}\sigma)\mathrm{d}A = \int_{A^*}\mathrm{d}\left(\frac{M}{I_z}y\right)\mathrm{d}A = \frac{\mathrm{d}M}{I_z}\left(\int_{A^*}y\mathrm{d}A\right) = \frac{\mathrm{d}M}{I_z}S_z^*$$

$$\Rightarrow \quad \tau b = \frac{\mathrm{d}M}{\mathrm{d}x}\frac{S_z^*}{I_z} \quad \Rightarrow \quad \tau = \frac{F_s S_z^*}{I_z b} \tag{4-21}$$

式中：S_z^* 是部分横截面面积 A^* 对 z 轴的静矩，即

$$S_z^* = \int_{A^*}y\mathrm{d}A \tag{4-22}$$

另外，

$$\tau b = \frac{F_s S_z^*}{I_z} \tag{4-23}$$

是梁纵截面单位长度（梁的长度）上所受之水平力，称为**剪（力）流**。

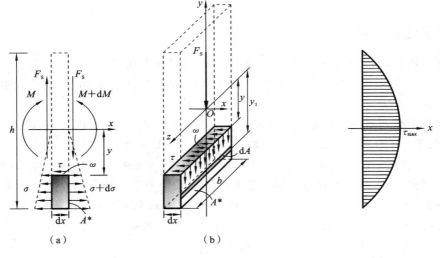

图 4.15   图 4.16

τ 的方向很容易直观判定，与剪力同向，故式(4-23)中的 S_z^* 可看作静矩的大小，而不用考虑它的符号。对图示的矩形截面，取 $\mathrm{d}A = b\mathrm{d}y$（图 4.15(b)），有

$$S_z^* = \int_{A^*}y_1\mathrm{d}A = \int_y^{h/2}by_1\mathrm{d}y = \frac{b}{2}\left(\frac{h^2}{4} - y^2\right)$$

代入式(4-21)可得

$$\tau = \frac{F_s}{2I_z}\left(\frac{h^2}{4} - y^2\right) \tag{4-24}$$

可见矩形截面梁的弯曲切应力沿截面高度呈抛物线规律分布（图 4.16）。在截面的上、下边缘处（$y = \pm h/2$），切应力为零，而在中性轴处（$y = 0$），切应力最大，其值为

$$\tau_{\max}=\frac{F_\mathrm{s}h^2}{8I_z}=\frac{F_\mathrm{s}h^2}{8bh^3/12}=\frac{3F_\mathrm{s}}{2bh}=1.5\frac{F_\mathrm{s}}{A} \tag{4-25}$$

即最大切应力为平均切应力的 1.5 倍。式中：A 是横截面面积。与弹性力学的精确解相比，当 $h/b\geqslant2$ 时，以上结果误差很小；当 $h/b=1$ 时，误差约为 10%。

以上分析表明矩形截面梁的弯曲切应力沿截面高度的分布是非均匀的，根据剪切胡克定律（$\tau=G\gamma$）可知，切应变 γ 沿截面高度的分布也是非均匀的。因此，横截面将发生翘曲（图 4.17(b)），平面假设不成立。如 4.2 节所述，对于跨高比 $l/h\geqslant5$ 的细长梁，根据平面假设导出的弯曲正应力公式（4-18b）仍然是适用的。

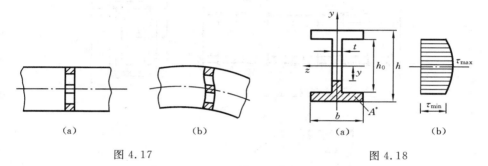

图 4.17   图 4.18

对于工程上常用的工字形（图 4.18）、T 形、圆形以及其他截面的梁，其截面可看成矩形截面的变形，其切应力仍可由式（4-21）计算。对于工字形截面梁，腹板（竖直部分）上距中性轴 y 处的切应力为

$$\tau=\frac{F_\mathrm{s}S_z^*}{I_zt}=\frac{F_\mathrm{s}}{I_zt}\left[\frac{b}{8}(h^2-h_0^2)+\frac{t}{2}\left(\frac{h_0^2}{4}-y^2\right)\right] \tag{4-26}$$

即腹板上的切应力 τ 沿其高度按抛物线分布（图 4.18(b)）。式中：I_z 为截面对中性轴 z 的惯性矩；t 为腹板厚度；S_z^* 为截面上阴影部分的面积（图 4.18(a)）对中性轴 z 的静矩。截面的上、下部分（翼缘）切应力较小，在强度分析时，一般可忽略不计。由此可见，在工字形截面上，切应力主要由腹板承担，而正应力则主要由翼缘承担，这是充分利用截面的例子。

例 4.16 试求图示矩形横截面悬臂梁的最大正应力和最大切应力，并作比较，设 $l/h>5$。

解 最大弯矩和剪力分别为

$$M_{\max}=Fl, \quad F_{\mathrm{Smax}}=F$$

最大正应力和最大切应力分别为

$$\sigma_{\max}=\frac{M_{\max}}{W_z}=\frac{6Fl}{bh^2}, \quad \tau_{\max}=\frac{3F}{2bh}$$

由 $l/h>5$，得二者之比为

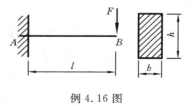

例 4.16 图

$$\frac{\sigma_{\max}}{\tau_{\max}} = 4\left(\frac{l}{h}\right) > 20$$

上式表明,当梁的跨度远大于其截面高度时,最大正应力远大于最大切应力。所以,在一般情况下,细长梁的强度由弯曲正应力控制。

例 4.17　图示箱式悬臂梁,由四块相同的木板用螺钉连接而成。已知木板宽 b =200 mm,厚 t=30 mm,横力 F=328 N。若螺钉的许用剪切力 $[F_t]$=100 N,试确定螺钉的间距 s。

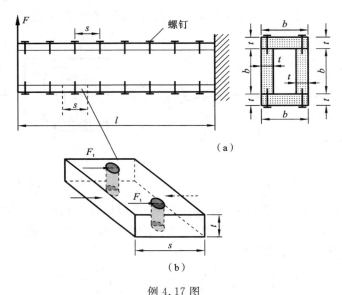

例 4.17 图

解　由式(4-23)得剪流为

$$\tau b = \frac{F_S S_z^*}{I_z}$$

它表示梁任一纵截面上单位长度的水平内力。对于组合梁,它可以用来计算梁的任意两部件之间所传递的水平剪力。取梁下板长 s,含螺钉孔的一段(图(b)),单个螺钉所受剪力 F_t 为

$$F_t = \frac{1}{2}\left(\frac{F_S S_z^*}{I_z}\right)s \leqslant [F_t] \tag{a}$$

梁的剪力 $F_S = F = 328$ N。横截面对中性轴的惯性矩为

$$I_z = \frac{b(b+2t)^3}{12} - \frac{(b-2t)b^3}{12}$$

$$= \frac{0.2 \times (0.2 + 2 \times 0.03)^3}{12}\ \mathrm{m}^4 - \frac{(0.2 - 2 \times 0.03) \times 0.2^3}{12}\ \mathrm{m}^4 = 1.996 \times 10^{-4}\ \mathrm{m}^4$$

下板横截面对中性轴的静矩为

$$S_z^* = bt \cdot \frac{b+t}{2} = 0.2 \times 0.03 \times \frac{0.2+0.03}{2} \text{ m}^3 = 6.9 \times 10^{-4} \text{ m}^3$$

代入式(a),算得螺钉的间距应满足

$$s \leqslant \frac{2[F_t]I_z}{F_S S_z^*} = \frac{2 \times 100 \times 1.996 \times 10^{-4}}{328 \times 6.9 \times 10^{-4}} \text{ m} = 0.176 \text{ m} = 176 \text{ mm}$$

例 4.18 一闭口圆环形截面薄壁梁的横截面如图(a)所示,剪力 F_S 位于 y 轴且方向向下。已知截面的平均半径为 R_0,壁厚为 δ,试画截面上弯曲切应力的分布图,并求其最大值。

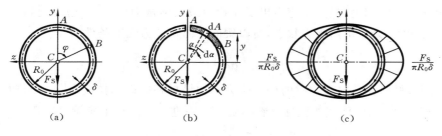

例 4.18 图

解 (1) 分析薄壁梁的弯曲切应力时,通常假设横截面上各点的切应力平行于该点处的周边或中心线,并沿壁厚均匀分布。对称弯曲时,横截面上弯曲切应力的分布对称于截面的纵向对称轴 y,故在 y 轴上各点处,垂直于 y 轴的切应力为零,即图上点 A 处的切应力为零,其切应力分布与在点 A 处开口的圆环形薄壁梁的相同(图(b)),于是,问题转化为分析圆环形开口薄壁梁的弯曲切应力。若将开口圆环形薄壁截面(或其他开口薄壁截面)视为矩形截面的变形,则其弯曲切应力可按式(4-21)计算。

(2) 如图(b)所示,截面中心上任一点 B(其位置用角 φ 表示)的切应力可表示为

$$\tau = \frac{F_S S_z^*}{I_z \delta} \tag{a}$$

式中:S_z^* 为图(b)中阴影部分面积(AB 段)对 z 轴的静矩,即

$$S_z^* = \int_{A^*} y \mathrm{d}A = \int_0^{\varphi} R_0 \cos\alpha \cdot \delta R_0 \mathrm{d}\alpha = R_0^2 \delta \sin\varphi \tag{b}$$

薄壁圆环截面的惯性矩为

$$I_z = \frac{1}{2} I_p = \frac{1}{2} \times 2\pi R_0^3 \delta = \pi R_0^3 \delta \tag{c}$$

将式(b)、式(c)代入式(a),得

$$\tau = \frac{F_S \sin\varphi}{\pi R_0 \delta}$$

注意切应力的方向关于 y 轴对称,且合力方向为剪力 F_S 的方向。根据上式画出弯曲切应力的分布图(图(c)),在中性轴处的切应力最大,其值为

$$\tau_{\max} = \frac{F_S}{\pi R_0 \delta}$$

4.4 梁的强度条件与合理强度设计

1. 强度条件

由式(4-19)知道,最大正应力出现在弯矩最大横截面的上、下边缘处,这些点处的切应力为零,处于单向受力状态,所以梁的弯曲正应力强度条件为

$$\sigma_{\max} = \left(\frac{M}{W_z}\right)_{\max} \leqslant [\sigma] \tag{4-27}$$

式中:$[\sigma]$ 为材料在单向受力时的许用应力。如果材料的许用拉应力 $[\sigma_t]$ 与许用压应力 $[\sigma_c]$ 不同(如铸铁、陶瓷等脆性材料),则应分别进行拉伸与压缩强度计算:

$$\sigma_{t\max} \leqslant [\sigma_t]; \quad \sigma_{c\max} \leqslant [\sigma_c]$$

由式(4-21)知,最大弯曲切应力通常出现在剪力最大的横截面的中性轴处。中性轴上各点的正应力等于零,这些点处于纯剪切状态。因此,梁的弯曲切应力强度条件为

$$\tau_{\max} = \left(\frac{F_S S_{z\max}}{I_z b}\right)_{\max} \leqslant [\tau] \tag{4-28}$$

对于细长梁,根据正应力强度条件设计的截面尺寸一般都满足切应力强度条件。但是对于弯矩较小而剪力较大的梁(如短粗梁、横力作用在支座附近的梁)或薄壁截面梁等,应同时考虑正应力强度条件和切应力强度条件。

例 4.19　受载悬臂梁由两块材质相同的木条粘接而成,如图所示。已知木材的 $[\sigma]=10$ MPa,$[\tau]=1$ MPa;粘接面上的许用切应力 $[\tau']=0.2$ MPa,试校核梁的强度。

解　作梁的剪力、弯矩图。分别分析截面 B 和截面 C 的正应力和切应力强度。

(1) 对于截面 B(左截面):

$$\sigma_{B\max} = \frac{M_B}{W} = \frac{312 \times 0.2}{\dfrac{0.03^2 \times 0.04}{6}} \text{ Pa} = 10.4 \text{ MPa} > [\sigma] \text{(误差小于 5\%,强度够)}$$

$$\tau_{B\max} = \frac{3}{2} \times \frac{F_{SB}}{A_B} = \frac{3}{2} \times \frac{312}{0.03 \times 0.04} \text{ Pa} = 0.39 \text{ MPa} < [\tau]$$

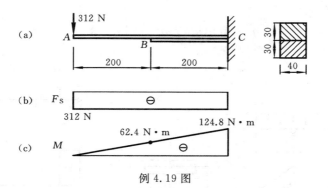

例 4.19 图

（2）对于截面 C：

$$\sigma_{C\max}=\frac{M_C}{W}=\frac{312\times0.4}{\dfrac{0.06^2\times0.04}{6}}\ \text{Pa}=5.2\ \text{MPa}<[\sigma]$$

$$\tau_{C\max}=\frac{3}{2}\frac{F_{SC}}{A_C}=\frac{3}{2}\times\frac{312}{0.06\times0.04}\ \text{Pa}=0.19\ \text{MPa}<[\tau']$$

综上，梁的强度是足够的。

例 4.20 图示 T 形截面铸铁外伸梁，其许用拉应力 $[\sigma_t]=30$ MPa，许用压应力 $[\sigma_c]=60$ MPa。已知截面对中性轴的惯性矩 $I_z=25.9\times10^{-6}$ m^4，试求梁的许用均布荷载 $[q]$。

解 作梁的剪力、弯矩图，如图（b）（c）所示。最大弯矩（数值）出现在截面 B 上，为负弯矩；AB 跨度内 D 处的弯矩极值虽然小于截面 B 的，但却是正弯矩。在正弯矩作用下截面的最大拉应力出现在下边缘，距中性轴较远，因此，截面 B 和 D 都有可能是危险截面。

由截面 B 的强度条件：

$$\sigma_{t\max}=\frac{M_B y_1}{I_z}=\frac{0.5q\cdot y_1}{I_z}\leqslant[\sigma_t],\qquad \sigma_{c\max}=\frac{M_B y_2}{I_z}=\frac{0.5q\cdot y_2}{I_z}\leqslant[\sigma_c]$$

分别解出

$$q\leqslant\frac{30\times10^6\times25.9\times10^{-6}}{0.5\times48\times10^{-3}}\ \text{N/m}=32.4\ \text{kN/m}=q_1$$

$$q\leqslant\frac{60\times10^6\times25.9\times10^{-6}}{0.5\times142\times10^{-3}}\ \text{N/m}=21.9\ \text{kN/m}=q_2$$

由截面 D 的强度条件：

$$\sigma_{t\max}=\frac{M_D y_2}{I_z}=\frac{0.281q\cdot y_2}{I_z}\leqslant[\sigma_t]$$

可得

$$q\leqslant\frac{30\times10^6\times25.9\times10^{-6}}{0.281\times142\times10^{-3}}\ \text{N/m}=19.5\ \text{kN/m}=q_3$$

所以许用荷载为

$$[q]=\min(q_1,q_2,q_3)=19.5 \text{ kN/m}$$

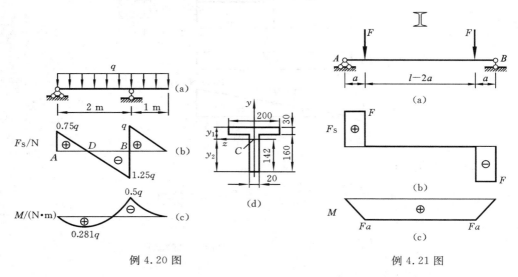

例 4.20 图　　　　　　　　　例 4.21 图

例 4.21　图示工字钢简支梁,其许用应力$[\sigma]=160$ MPa,$[\tau]=100$ MPa。已知 $l=2$ m,$a=0.3$ m,横力 $F=200$ kN,试选择其型号。

解　作梁的剪力图和弯矩图(图(b)(c)),求得

$$F_{\text{Smax}}=F=200 \text{ kN},\quad M_{\max}=Fa=200\times10^3\times0.3 \text{ N·m}=60 \text{ kN·m}$$

F 较大且靠近支座,所以正应力和切应力强度都要分析。

(1) 首先按正应力强度条件选择工字钢型号:

$$W_z\geqslant\frac{M_{\max}}{[\sigma]}=\frac{60\times10^3}{160\times10^6} \text{ m}^3=3.75\times10^{-4} \text{ m}^3=3.75\times10^5 \text{ mm}^3$$

查附录 B 型钢表,选用 №25a 工字钢,$W_z=4.02\times10^5$ mm³,$I_z/S_{z\max}=215.8$ mm,腹板厚度 $b=8$ mm。

(2) 进行切应力强度校核:

$$\tau_{\max}=\frac{F_{\text{Smax}}}{(I_z/S_{z\max})b}=\frac{200\times10^3}{215.8\times10^{-3}\times8\times10^{-3}} \text{ Pa}=116 \text{ MPa}>[\tau]$$

$\tau_{\max}$超过$[\tau]$,所以必须改选较大型号(截面)的工字钢。试选 №25b,其 $I_z/S_{z\max}=212.7$ mm,$b=10$ mm。再进行切应力强度校核:

$$\tau_{\max}=\frac{200\times10^3}{212.7\times10^{-3}\times10\times10^{-3}} \text{ Pa}=94 \text{ MPa}<[\tau]$$

于是选定 №25b 工字钢,可同时满足正应力和切应力强度条件。如果试选的型号仍不能满足要求,可依次选择下一型号的工字钢计算,直到满足强度条件。本着强度够又经济的原则,不宜跳跃选择型号。

2. 梁的合理强度设计

按强度要求设计梁时,主要依据弯曲正应力强度条件(式(4-27)):

$$\sigma_{\max} = \left(\frac{M}{W_z}\right)_{\max} \leqslant [\sigma]$$

从该条件可见,降低最大弯矩,提高弯曲截面系数,或对弯矩较大的梁段进行局部加强,都能降低梁的最大正应力,从而提高梁的承载能力。当然还要本着经济的原则,不浪费材料,合理设计梁的截面形状和尺寸。合理地设计梁,可以从以下几个方面考虑。

(1) 合理选取截面形状。比较合理的截面形状,是指使用较小的截面面积,能获得较大的弯曲截面系数的截面形状。图 4.19 中各组的右图是较合理的截面形状。

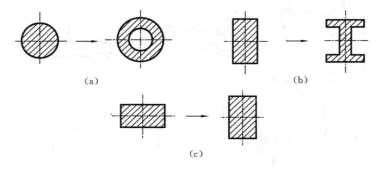

(a)　　　　　　　(b)

(c)

图 4.19

梁的合理截面形状,还应考虑到材料的力学性质。对抗拉和抗压强度相等的材料(如碳钢),宜采用中性轴为对称轴的截面,这样可使截面上下边缘处的最大拉应力和最大压应力同时达到材料的许用应力。对抗拉和抗压强度不相等的材料,可采用关于中性轴非对称的截面,并使中性轴偏向受拉的一侧。

(2) 采用变截面梁。如果梁的弯矩随截面位置变化,若采用等截面梁,除最大弯矩所在的截面外,其他部分都未能充分发挥作用。理想的设计应使所有横截面上的最大正应力均等于梁的许用应力,这样的梁,称为**等强度梁**。下面以悬臂梁为例说明等强度梁的设计。

一悬臂梁在自由端受集中力 F 作用,如图 4.20(a)所示。梁的截面设计成矩形,宽度为常量,高度可变。根据等强度梁的要求,解出截面高度 $h(x)$ 随截面位置 x 变化的规律,即

$$\sigma_{\max} = \frac{M(x)}{W(x)} = \frac{6Fx}{b\left[h(x)\right]^2} = [\sigma] \quad \Rightarrow \quad h(x) = \sqrt{\frac{6Fx}{b[\sigma]}}$$

但靠近自由端($x=0$),截面的最小高度应按切应力强度条件设计(图 4.20(b)):

$$\tau_{\max} = \frac{3F}{2bh} \leqslant [\tau] \quad \Rightarrow \quad h_{\min} = \frac{3F}{2b[\tau]}$$

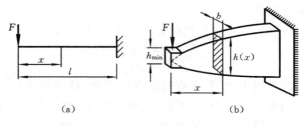

图 4.20

等强度梁是一种理想的变截面梁。考虑到制造上的便利,实际构件往往设计成近似等强度梁,如图 4.21 所示的摇臂、托架、阶梯形轴、车辆上的叠板弹簧和鱼腹梁。

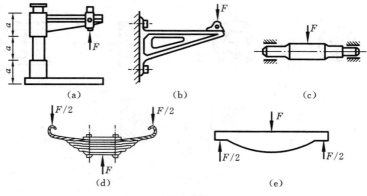

图 4.21

(3) 合理布置荷载和支座。合理布置梁的荷载和支座,可使梁的最大弯矩减小,从而提高梁的承载能力。例如,如图 4.22(a)所示的简支梁承受均布荷载 q 的作用,如果将两端的铰支座各向内移动 $0.2l$(图 4.22(b)),则后者的最大弯矩仅为前者的 1/5。矿厂中常见的龙门吊车的横梁(图 4.23)的支承点不在两端,就是这个道理。将集中荷载分散,也可使梁的最大弯矩减小。

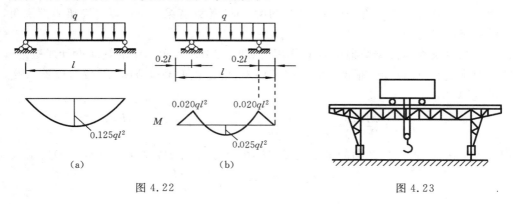

图 4.22   图 4.23

4.5 弹塑性弯曲简介

弯曲正应力强度条件,是按危险截面的最大正应力来设计的。按这一强度条件进行设计,梁的承载能力并未充分发挥。因为当最大应力达到屈服极限时,危险截面上、下边缘处的部分材料进入屈服状态,而梁的大部分材料仍处于弹性阶段,梁可以继续承担较大的荷载。只有当整个截面上的材料都进入屈服状态时,梁才会丧失承载能力,据此算得的最大荷载称为梁的极限荷载。

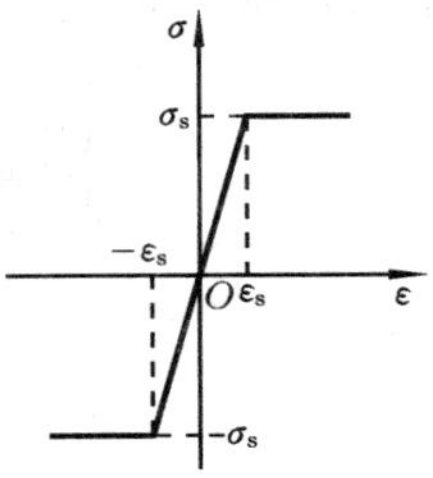

由于塑性材料在超过弹性范围后应力-应变关系的复杂性,通常将材料设为理想弹塑性材料,其应力-应变关系如图4.24所示。这种简化忽略了材料在屈服之后的强化作用,据此得出的结果偏于安全。

图 4.24

设材料在拉伸和压缩时的弹性模量 E 和屈服极限 σ_s 均相同,并设超过弹性范围后梁的纯弯曲变形仍然符合平面假设。则梁内纵向纤维的线应变 ε 沿高度仍然是线性变化的。

考虑一对称截面梁,y 轴是其对称轴(图 4.25(a)),设梁承受正弯矩。当梁内最大正应力达到 σ_s 时(图 4.25(c)),横截面所承受的弯矩称为梁的**屈服弯矩**,其值为

$$M_s = \sigma_s W_z \tag{4-29}$$

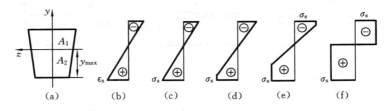

图 4.25

随着荷载继续加大,横截面上的应变将不断增大,但始终保持线性分布,而正应力将经历图 4.25(c)至图 4.25(f)所示的逐步变化过程。最后,整个横截面上的应力均达到 σ_s,此时截面上的弯矩也将达到极限值 M_u,称为**极限弯矩**,其值为

$$M_u = \int_{A_1} \sigma_s y \mathrm{d}A_1 + \int_{A_2} (-\sigma_s y)\mathrm{d}A_2 = \sigma_s(S_1 + S_2) = \sigma_s W_s \tag{4-30}$$

式中:S_1、S_2 分别是面积 A_1、A_2 对中性轴静矩的绝对值;$W_s = S_1 + S_2$,称为梁的**塑性抗弯截面模量**。由截面上的轴力为零,即

$$F_N = \int_{A_1} (-\sigma_s)\mathrm{d}A_1 + \int_{A_2} \sigma_s \mathrm{d}A_2 = \sigma_s(-A_1 + A_2) = 0$$

可得

$$A_1 = A_2 \tag{4-31}$$

即在极限状态下,中性轴将横截面分为两个面积相等的部分。所以上、下非对称截面梁在弹塑性变形的过程中,截面中性轴的位置是变化的。具有水平对称轴的截面,在弹塑性弯曲时,截面的中性轴才通过形心。对于矩形截面($b \times h$),由式(4-29)和式(4-30),得

$$\frac{M_u}{M_s} = \frac{\sigma_s W_s}{\sigma_s W_z} = \frac{W_s}{W_z} = \frac{S_1 + S_2}{W_z} = \frac{2S_1}{W_z} = \frac{2\left(\frac{bh}{2}\right)\frac{h}{4}}{\frac{bh^2}{6}} = 1.5 \quad \Rightarrow$$

$$\frac{M_u}{M_s} = \frac{W_s}{W_z} = 1.5 \tag{4-32}$$

思 考 题

4-1 何为梁的平面弯曲?纯弯曲与横力弯曲有什么区别?

4-2 梁的剪力和弯矩的正负号是如何规定的?

4-3 试判断图示三组梁中,每组上、下两个梁的内力是否相同?为什么?

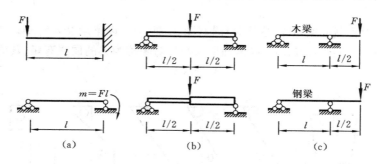

思考题 4-3 图

4-4 利用 q、F_s、M 之间的微分关系作 F_s、M 图时,要掌握哪些要点?

4-5 如何确定中性轴的位置?

4-6 图示带切槽的杆件两端受拉,若 1—1 截面的面积是 2—2 截面的 2 倍,可否说 2—2 截面上的力是 1—1 截面上的 2 倍?

4-7 试画出图示形状截面上正应力的分布规律。

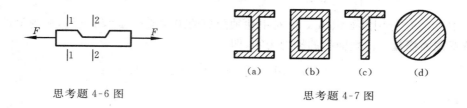

思考题 4-6 图　　　　　　　　思考题 4-7 图

习 题

4-1 求图示各梁指定截面1—1、2—2、3—3上的剪力和弯矩。这些截面分别是梁上点 A、B 或 C 的紧邻截面。

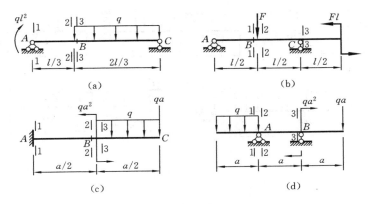

习题 4-1 图

4-2 列出图示各梁的剪力和弯矩方程,并绘其剪力图和弯矩图,并确定 $|F_S|_{max}$、$|M|_{max}$ 及其所在截面的位置。

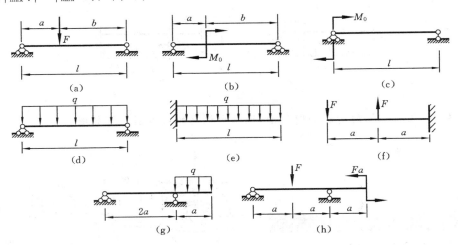

习题 4-2 图

4-3 利用微分关系,快速画出图示各梁的剪力图和弯矩图。

4-4 画出图示带有中间铰链的梁的剪力图和弯矩图。

4-5 图示为重 700 N 的人坐在小船的中间,小船的重力可视为 450 N/m 的均匀分布力,水的浮力也视为均匀分布,试画出小船的剪力图和弯矩图。

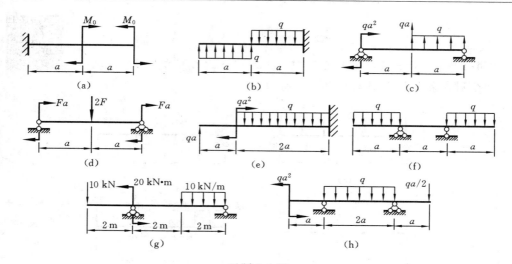

习题 4-3 图

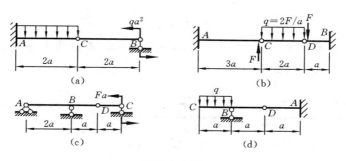

习题 4-4 图

4-6　飞机机翼的荷载如图所示,试画出机翼的剪力图和弯矩图。

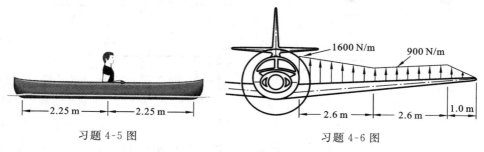

习题 4-5 图　　　　　　　习题 4-6 图

4-7　画出图示各刚架的轴力图、剪力图和弯矩图。

4-8　画出图示销轴的剪力图和弯矩图。设作用于销轴上的压力均匀分布。

4-9　图示为桥式起重机大梁,若梁上小车的每个轮子对其的压力均为 F,试问小车在什么位置时梁的弯矩最大?其值为多少?

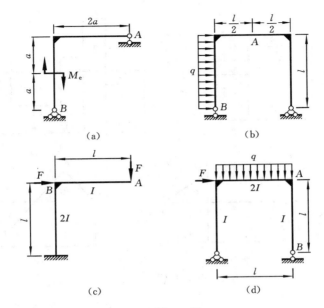

(a)　　　　　　　　(b)

(c)　　　　　　　　(d)

习题 4-7 图

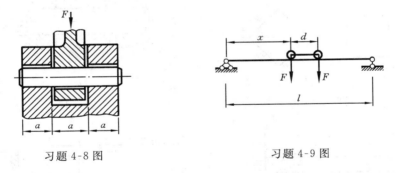

习题 4-8 图　　　　　　　　习题 4-9 图

4-10 已知图示各简支梁的剪力图,且梁上均无集中力偶作用,试画各梁的弯矩图和荷载图。

4-11 当梁的正方形截面处于图示两种不同位置时,试求它们的弯矩之比。设两者的最大弯曲正应力相等。

4-12 求图示空心活塞销内的最大正应力,已知 $F=7\text{ kN}$,销子各段上的荷载均视为均匀分布的。

4-13 图示圆截面梁,外伸部分为空心管,试作其弯矩图,并求其最大弯曲正应力。

4-14 图示槽形铸铁梁受弯,测得梁上 A、B 两点间的距离增加了 0.02 mm,而 C、D 两点间的距离减少了 0.18 mm,试求梁的最大拉应力和最大压应力。已知材料的 $E=100\text{ GPa}$。

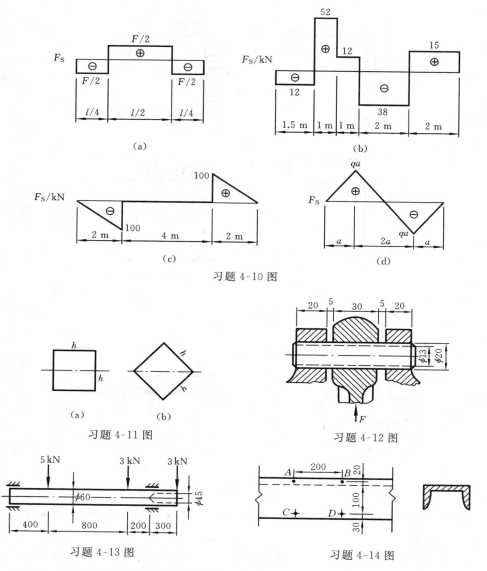

习题 4-10 图

习题 4-11 图

习题 4-12 图

习题 4-13 图

习题 4-14 图

4-15 图示为铸铁水平梁的横截面,若其许用拉伸应力$[\sigma_t]=20$ MPa,许用压缩应力$[\sigma_c]=80$ MPa,试求该截面可承受的最大正弯矩之值。

4-16 直径为 d 的圆截面梁上作用有剪力 F_s,试求最大弯曲切应力。(提示:求半圆的形心。)

4-17 图示受均布荷载作用的悬臂梁,若沿中性层把梁截分为上、下两部分。(1)试求该截面上切应力 τ' 沿 x 轴的变化规律;(2)梁被截下部分的 τ' 由何力来平衡(图(b))?

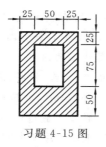

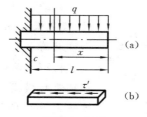

习题 4-15 图 习题 4-17 图

4-18 求图示梁中分离体(图中阴影部分)各个面上的正应力和切应力的合力。

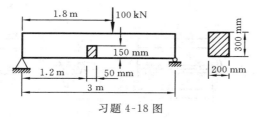

习题 4-18 图

4-19 图示矩形截面木制外伸梁的许用正应力$[\sigma]=10$ MPa,许用切应力$[\tau]=1$ MPa。若已知 $F=15$ kN,$a=0.8$ m,梁横截面的高宽比 $h/b=1.5$,试确定截面尺寸。

4-20 图示简支梁受均布荷载 $q=15$ kN/m 作用,已知跨长 $l=2$ m,其$[\sigma]=100$ MPa,$[\tau]=50$ MPa。若梁为工字钢,试选择其型号。

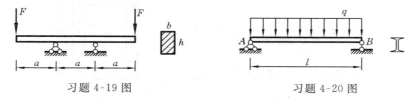

习题 4-19 图 习题 4-20 图

4-21 图示悬臂梁由三块截面尺寸为 50 mm$\times100$ mm 的木板胶合而成,在其自由端作用有横力 F。若已知木材的$[\sigma]=10$ MPa,$[\tau]=1$ MPa,胶合缝上的$[\tau_j]=0.35$ MPa,梁长 $l=1$ m,试求许用荷载 $[F]$。

4-22 图示为起重机吊装一钢管。若已知钢管长 $l=20$ m,外径 $D=325$ mm,内径 $d=309$ mm,单位长度重力 $q=625$ N/m,试求吊索的合理位置 a 及吊装时钢管内的最大弯曲正应力。

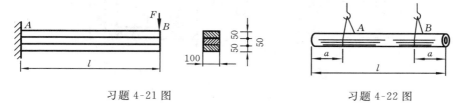

习题 4-21 图 习题 4-22 图

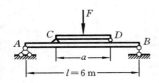

习题 4-23 图

4-23　当横力 F 直接作用在图示简支梁 AB 的中点时,梁内最大正应力超标 30%,为了安全,在其中部配置图示辅助简支梁 CD,试求其最小长度 a。

4-24　两根钢轨铆接成组合梁,如图(a)(b)所示。每根钢轨的横截面面积 $A=8\,000\ \text{mm}^2$,对其自身形心轴的惯性矩 $I_{z_1}=1\,600\times10^4\ \text{mm}^4$,形心距底边的高度 $c=80\ \text{mm}$;铆钉的间距 $s=150\ \text{mm}$,直径 $d=20\ \text{mm}$,其 $[\tau]=95\ \text{MPa}$。若梁内剪力 $F_S=50\ \text{kN}$,忽略上、下两钢轨间的摩擦,试校核铆钉的剪切强度。(提示:图(c)(d)是连接面和上轨的受力分析图)。

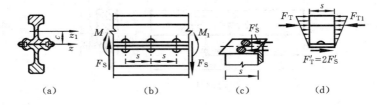

习题 4-24 图

4-25　由四块钢板焊接而成的箱形简支梁如图所示。若钢材的 $[\sigma]=160\ \text{MPa}$,$[\tau]=80\ \text{MPa}$;焊接面上的 $[\tau_j]=50\ \text{MPa}$,试求梁的许用荷载 $[F]$。

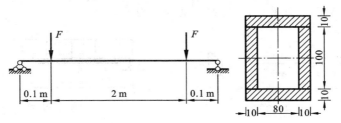

习题 4-25 图

4-26　由四块木板用螺钉连接而成的箱形简支梁如图所示,梁上有 $F=2\ \text{kN}$ 的移动横力作用。若螺钉的许用剪力 $[F']=2\ \text{kN}$,试确定螺钉的最大间距 s_1、s_2。

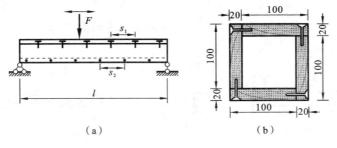

(a)　　　　　　　　(b)

习题 4-26 图

4-27 图示为用钉子连接的木制托架，A、B 和 D 处可视为铰支。若木材的 $[\sigma]$ $=4.2$ MPa，试确定其最大荷载 F；在此基础上，若钉子的许用剪力 $[F']=2$ kN，且忽略 AD 段的轴力，试确定钉子的最大间距 s。

4-28 铁轨枕木的尺寸及受载如图所示，若其 $[\sigma]=10$ MPa，$[\tau]=1$ MPa，路基的反力可视为均布，试确定其截面的最小厚度 t。

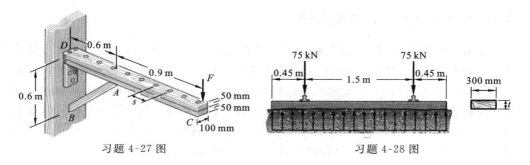

习题 4-27 图　　　　　　　　　　　习题 4-28 图

4-29 试求图示各矩形截面梁的极限荷载。

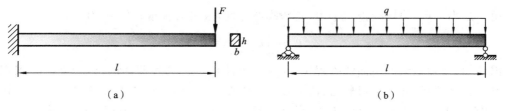

（a）　　　　　　　　　　　　　　（b）

习题 4-29 图

第5章 弯曲变形

5.1 挠度和转角 挠曲线方程

梁发生弯曲变形时,其轴线由直线变成曲线,称为**挠曲线**。在平面弯曲中,挠曲线是一条位于梁的纵向对称面内的光滑连续曲线(图 5.1)。对于细长梁,剪力对变形的影响一般可忽略不计,梁的横截面仍可认为是平面。横截面的形心在垂直于轴线(x 轴)方向的线位移,称为**挠度**,用 y 表示;横截面绕中性轴(z 轴)的角位移(在数值上等于挠曲线在该点的切线与 x 轴的夹角),称为**转角**,用 θ 表示。在小变形的条件下,梁的轴向位移远小于其横向位移(挠度),一般也可忽略不计。

挠度 y 随截面位置 x 变化的函数关系称为梁的**挠曲线方程**,即

$$y = y(x)$$

由于是小变形,挠曲线极为平坦,其切线亦如此,故梁的转角 θ 很小,有

$$\theta \approx \tan\theta = \frac{\mathrm{d}y}{\mathrm{d}x} = y'$$

因此,只要知道道梁的挠曲线方程 $y = y(x)$,就能确定梁的各截面的挠度和转角,根据梁的微分关系,亦可求得剪力($F_s = EIy'''$)和弯矩($M = EIy''$)。在图 5.2 所示的坐标系中,本书规定向上的挠度为正,反之为负;转角以逆时针方向为正,反之为负。

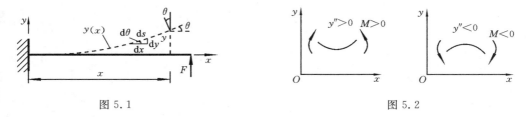

图 5.1　　　　　　　　　　　图 5.2

在推导梁的正应力公式时,已得到曲率与弯矩之间的关系,即式(4-17):

$$\frac{1}{\rho} = \frac{M}{EI}$$

对于细长梁的横力弯曲,上式可近似适用,只不过 ρ 和 M 都是 x 的函数,即

$$\frac{1}{\rho(x)} = \frac{M(x)}{EI} \tag{5-1}$$

由平面曲线 $y(x)$ 之微段的几何关系(图 5.1),有

$$\mathrm{d}\theta = \mathrm{d}\left(\arctan\frac{\mathrm{d}y}{\mathrm{d}x}\right) = \frac{\mathrm{d}y'}{1+y'^2} = \frac{y''\mathrm{d}x}{1+y'^2}, \quad \mathrm{d}s = \sqrt{(\mathrm{d}x)^2 + (\mathrm{d}y)^2} = \sqrt{1+y'^2}\,\mathrm{d}x$$

将以上两个微分式相比,便得到平面曲线曲率的定义式:

$$\frac{1}{\rho}=\frac{\mathrm{d}\theta}{\mathrm{d}s}=\frac{y''\mathrm{d}x}{(1+y'^2)\sqrt{1+y'^2}\mathrm{d}x}=\frac{y''}{(1+y'^2)^{3/2}}\approx y'' \tag{5-2}$$

式(5-2)后一步用到了小变形条件:$y'^2\ll1$。在图 5.2 所示的坐标系下(y 轴向上且当 $\mathrm{d}s>0$ 有 $\mathrm{d}\theta>0$),曲率 y'' 与 $M(x)$ 的符号一致,否则就要冠以负号。综上便得到挠曲线的近似微分方程(二阶线性常微分方程):

$$y''=\frac{\mathrm{d}^2y}{\mathrm{d}x^2}=\frac{M(x)}{EI} \tag{5-3}$$

式(5-3)是挠曲线的近似微分方程的原因有两个:一是细长梁,即忽略剪力对变形的影响;二是小变形(小挠度)梁,即在式(5-2)中略去 y'^2。故式(5-3)只适用于线弹性细长梁的小挠度分析,工程中的大部分梁都满足这两个条件。若将以上方程求导两次,并结合微分关系(式 4-3),则可得到四阶微分方程,称为**欧拉-伯努利梁**(Euler-Bernoulli's Beam)的控制方程:

$$\frac{\mathrm{d}^2}{\mathrm{d}x^2}\left(EI\frac{\mathrm{d}^2y}{\mathrm{d}x^2}\right)=q \tag{5-4}$$

对于匀质等直梁,可将常数 EI 提到微分算符之外。

例 5.1 匀质等截面简支梁做自由振动,参数如图(a)所示,其中 m 为梁单位长度的质量,在某一时刻其加速度向上,试写出梁的自由振动方程并求其基频。

解 这是动力学问题,挠度函数 $y(x,t)$ 与坐标 x 和时间 t 都有关,加速度可写为 $\ddot{y}$,其方向与坐标轴(y 轴)的取向相同,此时作用于梁的惯性均布荷载为(图(b))

$$q=-m\frac{\partial^2y}{\partial t^2}=-m\ddot{y}(x,t)$$

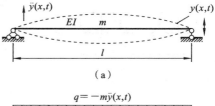

例 5.1 图

负号表示方向向下,即与加速度方向相反。将上式代入方程(5-4),将相应的导数改为偏导数,得梁的自由振动方程:

$$EIy^{(4)}=q \quad\Rightarrow\quad EIy^{(4)}+m\ddot{y}=0 \quad\Rightarrow\quad EI\frac{\partial^4y(x,t)}{\partial x^4}+m\frac{\partial^2y(x,t)}{\partial t^2}=0$$

这是一个四阶线性、常系数齐次偏微分方程。求解时,一般将其解设为分离变量的形式:$y(x,t)=A(t)\sin(\pi x/l)$,$A(t)$ 待定,回代到上式,消去 $\sin(\pi x/l)$ 后得到关于 $A(t)$ 的二阶齐次常微分方程,进而可求得梁的基频 f,即

$$\frac{\mathrm{d}^2A(t)}{\mathrm{d}t^2}+\frac{\pi^4}{l^4}\left(\frac{EI}{m}\right)A(t)=0 \quad\Rightarrow\quad f=\frac{\pi^2}{l^2}\sqrt{\frac{EI}{m}}$$

为了求出挠曲线 $y(x)$,可用**积分法**,直接积分求梁的转角和挠度:

$$\theta = y' = \int \frac{M(x)}{EI} \mathrm{d}x + C_1 \tag{5-5}$$

$$y = \int \left(\int \frac{M(x)}{EI} \mathrm{d}x + C_1 \right) \mathrm{d}x + C_2 \tag{5-6}$$

式中：C_1 和 C_2 是积分常数。根据梁的约束状况，积分常数可由梁上某些截面(一般在梁的边界)的已知位移来确定。如在固支端，截面的挠度和转角都为零($y = y' = 0$)；在铰支端，截面的挠度为零($y = 0$)。梁截面的已知位移条件，称为梁位移的**边界条件**。积分常数确定后，回代到式(5-5)和式(5-6)，就得到梁的挠度(挠曲线)方程与转角方程：

$$y = y(x); \quad \theta = y'(x)$$

当弯矩方程需要分段建立，或梁各段具有不同的弯曲刚度时，各段梁的挠度方程、转角方程也将不同，但在相邻梁段的交接处，相邻两截面应具有相同的挠度和转角，即满足连续、光滑条件。分段处挠曲线应满足的位移条件，称为梁位移的**连续条件**。梁位移的**边界条件**和**连续条件**都是梁的**变形协调条件**。

例5.2　用积分法求图示弯曲刚度 EI 为常数的悬臂梁之挠曲线方程及转角方程，并确定自由端 B 的挠度和转角。

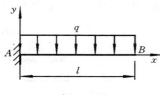

例 5.2 图

解　由梁的挠度方程(式(5-1))并结合悬臂梁固定端的约束条件(边界条件)有

$$\begin{cases} y'' = \dfrac{M(x)}{EI} \\ y(0) = y'(0) = 0 \end{cases}$$

上式在数学中称为边值问题，即边界上的值确定，其他值由微分方程控制且待求解；或称为定解问题，即二阶微分方程积分后必有两个待定常数，恰有两个条件是确定的，故方程有确定解，否则方程是泛定的。

求解上式，先由截面法写出梁的弯矩方程

$$M(x) = -\frac{1}{2}qx^2 + qlx - \frac{1}{2}ql^2$$

代入式(5-1)，并连续积分两次得

$$EIy''(x) = -\frac{1}{2}qx^2 + qlx - \frac{1}{2}ql^2 \tag{a}$$

$$EIy'(x) = -\frac{1}{6}qx^3 + \frac{1}{2}qlx^2 - \frac{1}{2}ql^2 x + C_1 \tag{b}$$

$$EIy(x) = -\frac{1}{24}qx^4 + \frac{1}{6}qlx^3 - \frac{1}{4}ql^2 x^2 + C_1 x + C_2 \tag{c}$$

利用固定端的两个边界条件，即 $y(0) = y'(0) = 0$ 求解，将其代入式(b)(c)，可求得

$$C_1 = C_2 = 0$$

可得到梁的挠曲线方程和转角方程分别为

$$y(x) = -\frac{qx^2}{24EI}(x^2 - 4lx + 6l^2), \quad \theta(x) = y'(x) = -\frac{qx}{6EI}(x^2 - 3lx + 3l^2)$$

以 $x = l$ 代入以上方程,得到自由端的挠度和转角分别为

$$y_B = y(l) = -\frac{ql^4}{8EI}(\downarrow), \quad \theta_B = y'(l) = -\frac{ql^3}{6EI}(\circlearrowleft)$$

若要用四阶方程(式(5-4))求解,则需要补充两个条件。因为本梁在自由端无力偶和横力作用,故紧靠自由端的截面上剪力和弯矩皆为零:$F_S(l) = EIy'''(l) = 0$,$M(l) = EIy''(l) = 0$。于是可确定自由端的静力条件(称为自然边界条件)$y''(l) = y'''(l) = 0$,加上固定端的两个位移边界条件 $y(0) = y'(0) = 0$,方程可求解。

例 5.3 图(a)所示两端固定梁,受均布荷载 q 作用。试画梁的弯矩图、挠曲线的大致形状,并求出梁中点的挠度和转角。设弯曲刚度 EI 为常数。

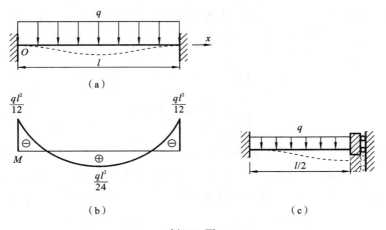

例 5.3 图

解 梁的两端固定,限制了梁的轴向变形,自然有轴向反力。但是,仔细分析梁微段的轴向变形(图 5.1),对于小挠度梁,$y'^2 \ll 1$,梁的轴向变形 Δl 可忽略,则轴力可忽略,固定端的轴向反力也可以忽略,即

$$ds - dx = \sqrt{(dx)^2 + (dy)^2} - dx = (\sqrt{1 + y'^2} - 1)dx \approx 0$$

$$\Rightarrow \quad \Delta l = \int_L (ds - dx) \approx 0 \quad \Rightarrow \quad F_N \approx 0$$

若用二次微分方程(式(5-1))求解,则弯矩 M 不易求得,因为本例是二次超静定问题,与悬臂梁(静定梁)相比,本题中的梁又多了个固定端,略去轴向反力后,还有横向反力和反力偶未知。若用四阶方程(式(5-4))求解,则相对简单。写出控制方程及边界条件,注意到本题中 $q < 0$(向下),有

$$\begin{cases} EIy^{(4)} = -q \\ y(0) = y'(0) = y(l) = y'(l) = 0 \end{cases}$$

对微分方程积分四次,有

$$EIy''' = -qx + C_1 \tag{a}$$

$$EIy'' = -\frac{1}{2}qx^2 + C_1 x + C_2 \tag{b}$$

$$EIy' = -\frac{1}{6}qx^3 + \frac{1}{2}C_1 x^2 + C_2 x + C_3 \tag{c}$$

$$EIy = -\frac{1}{24}qx^4 + \frac{1}{6}C_1 x^3 + \frac{1}{2}C_2 x^2 + C_3 x + C_4 \tag{d}$$

由梁的边界条件(约束条件)$y(0) = y'(0) = y(l) = y'(l) = 0$,可确定四个积分常数的值:

$$C_1 = \frac{ql}{2}, \quad C_2 = -\frac{ql^2}{12}, \quad C_3 = C_4 = 0$$

代入式(a)(b)(c)(d),分别得到剪力方程、弯矩方程、转角方程和挠度方程:

$$F_S = EIy''' = q\left(-x + \frac{l}{2}\right) \tag{e}$$

$$M = EIy'' = -\frac{1}{2}qx^2 + \frac{ql}{2}x - \frac{ql^2}{12} \tag{f}$$

$$\theta = y' = \frac{1}{EI}\left(-\frac{1}{6}qx^3 + \frac{ql}{4}x^2 - \frac{ql^2}{12}x\right) \tag{g}$$

$$y = \frac{1}{EI}\left(-\frac{1}{24}qx^4 + \frac{ql}{12}x^3 - \frac{ql^2}{24}x^2\right) \tag{h}$$

挠曲线的大致形状如图(a)中的虚线所示。由式(f),可画出梁的弯矩图(图(b));由式(g)(h),可求得梁中点的挠度和转角分别为

$$y\left(\frac{l}{2}\right) = -\frac{ql^4}{384EI}, \quad \theta\left(\frac{l}{2}\right) = y'\left(\frac{l}{2}\right) = 0$$

与受均布荷载 q 的简支梁之中点的挠度值 $5ql^4/(384EI)$ 相比,本例中梁的挠度只是其 1/5,这是因为梁两端的约束加强了,限制了梁的转动。注意到本题是对称问题,弯矩、挠曲线关于梁跨中($x = l/2$)对称;而在对称截面上转角为零,剪力 $F_S(l/2) = 0$(式(e))。这是普遍性的结论,即对称结构在对称面上的转角为零。这可作为一约束条件。因此,本例又可以截取梁的一半来分析(图(c)),使计算简化。

例 5.4 图(a)所示简支梁受横力 F 作用,弯曲刚度 EI 为常数,试求梁的挠度方程和转角方程,并求最大转角 $|\theta|_{max}$、最大挠度 $|y|_{max}$ 和中点的挠度 $y(l/2)$。设 $a > b$,且 $a + b = l$。

解 (1)求挠度方程和转角方程。梁的支反力为

$$F_{Ay} = \frac{Fb}{l}(\uparrow), \quad F_{By} = \frac{Fa}{l}(\uparrow)$$

梁的弯矩方程需要分段建立,故挠曲线也是分段的(图(b)),积分也要分段进行。

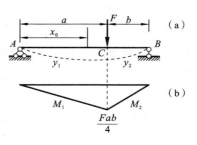

例 5.4 图

AC 段($0 \leqslant x \leqslant a$):

$$EIy''_1 = M_1(x) = \frac{Fb}{l}x$$

$$EIy'_1 = \frac{Fb}{2l}x^2 + C_1 \qquad (a)$$

$$EIy_1 = \frac{Fb}{6l}x^3 + C_1 x + C_2 \qquad (b)$$

CB 段($a \leqslant x \leqslant l$):

$$EIy''_2 = M_2(x) = \frac{Fb}{l}x - F(x-a)$$

$$EIy'_2 = \frac{Fb}{2l}x^2 - \frac{F}{2}(x-a)^2 + D_1 \qquad (c)$$

$$EIy_2 = \frac{Fb}{6l}x^3 - \frac{F}{6}(x-a)^3 + D_1 x + D_2 \qquad (d)$$

由梁的约束条件($y_1(0) = y_2(l) = 0$)和连续条件($y_1(a) = y_2(a)$,$y'_1(a) = y'_2(a)$),可以确定 4 个积分常数。经运算后得到

$$C_1 = D_1 = -\frac{Fb}{6l}(l^2 - b^2), \quad C_2 = 0, \quad D_2 = 0$$

将以上结果代入式(a)至式(d),可得到两段梁的挠度方程和转角方程:

$$\begin{cases} y_1 = \dfrac{-Fbx}{6EIl}(l^2 - b^2 - x^2) \\ \theta_1 = \dfrac{-Fb}{6EIl}(l^2 - b^2 - 3x^2) \end{cases} \quad (0 \leqslant x \leqslant a) \qquad (e)$$

$$\begin{cases} y_2 = \dfrac{-Fb}{6EIl}\left[\dfrac{l}{b}(x-a)^3 + (l^2 - b^2 - x^2)x \right] \\ \theta_2 = \dfrac{-Fb}{6EIl}\left[\dfrac{3l}{b}(x-a)^2 + (l^2 - b^2 - 3x^2) \right] \end{cases} \quad (a \leqslant x \leqslant l) \qquad (f)$$

(2) 求 $|\theta|_{\max}$、$|y|_{\max}$ 和 $y(l/2)$。梁的挠曲线是一条光滑连续的曲线。当 $\theta' = y'' = M(x)/(EI) = 0$ 时,θ 有极值。梁两端截面的弯矩等于零,所以 θ 在 A、B 两端取极值,有

$$\theta_A = \theta_1(0) = -\frac{Fab(l+b)}{6EIl} (\circlearrowleft), \quad \theta_B = \theta_2(l) = \frac{Fab(l+a)}{6EIl} (\circlearrowright) \qquad (g)$$

当 $a > b$ 时,最大转角为

$$\theta_{\max} = \theta_B = \frac{Fab(l+a)}{6EIl} \qquad (h)$$

令 $y'_1(x) = \theta_1(x) = 0$,解得

$$x_0 = \sqrt{\frac{l^2-b^2}{3}} = \sqrt{\frac{(l+b)(l-b)}{3}} = \sqrt{\frac{(l+b)a}{3}} = \sqrt{\frac{(a+2b)a}{3}} < a \quad (因为\ a > b) \quad \text{(i)}$$

可见,挠度的极值出现在 AC 段内,其值为

$$|y|_{max} = |y_1(x_0)| = \frac{Fb\ \sqrt{(l^2-b^2)^3}}{9\sqrt{3}EIl} \tag{j}$$

中点的挠度为

$$\left| y_1\left(\frac{l}{2}\right) \right| = \frac{Fb(3l^2-4b^2)}{48EI} \tag{k}$$

若 $b=l/2$,即 F 作用在跨中,则中点的挠度为

$$\left| y_1\left(\frac{l}{2}\right) \right| = \frac{Fl^3}{48EI} \tag{l}$$

考虑极端情况,让 F 的作用点无限靠近梁的右端,即在式(j)和式(k)中让 $b \to 0$,有

$$|y|_{max} = \frac{Fb\ \sqrt{(l^2-b^2)^3}}{9\sqrt{3}EIl} \to \frac{Fbl^2}{9\sqrt{3}EI}, \quad \left| y_1\left(\frac{l}{2}\right) \right| = \frac{Fb(3l^2-4b^2)}{48EI} \to \frac{Fbl^2}{16EI}$$

两者相差不到 3%。故对于简支梁或两端有其他支承形式的梁,只要其挠曲线无拐点,就可以用中点的挠度代替最大挠度。

也可以采用奇异函数[①],将弯矩方程统一写为

$$M(x) = \frac{Fb}{l}\langle x-0\rangle^1 - F\langle x-a\rangle^1 \quad (0 \leqslant x \leqslant l) \tag{a'}$$

运用奇异函数的微积分[②],得

$$EI\theta(x) = \frac{Fb}{2l}x^2 - \frac{F}{2}\langle x-a\rangle^2 + C \quad (0 \leqslant x \leqslant l) \tag{b'}$$

$$EIy(x) = \frac{Fb}{6l}x^3 - \frac{F}{6}\langle x-a\rangle^3 + Cx + D \quad (0 \leqslant x \leqslant l) \tag{c'}$$

由梁的边界条件:$y_1(0)=0$,$y_2(l)=0$,直接由式(c')确定常数 C 和 D。

$$C = -\frac{Fb}{6l}(l^2-b^2), \quad D=0$$

---

① 奇异函数(singular function):

$$\langle x-a\rangle^n = \begin{cases} 0 & (x<a) \\ (x-a)^n & (x \geqslant a) \end{cases}$$

② 奇异函数的微积分:

$$\frac{\mathrm{d}\langle x-a\rangle^n}{\mathrm{d}x} = \begin{cases} 0 & (x<a) \\ n(x-a)^{n-1} & (x \geqslant a) \end{cases}$$

$$\int \langle x-a\rangle^n \mathrm{d}x = \begin{cases} 0 & (x<a) \\ \dfrac{1}{n+1}(x-a)^{n+1}+C & (x \geqslant a) \end{cases}$$

最后得到以奇异函数表示的挠曲线方程：

$$y(x) = \frac{Fb}{6EIl}x^3 - \frac{F}{6EI}\langle x-a \rangle^3 - \frac{Fbx}{6EIl}(l^2-b^2)x \quad (0 \leqslant x \leqslant l) \qquad (d')$$

显然，上式包含了式(e)和式(f)给出的结果，而且解题的方法简单了许多。

5.2　叠加法求梁的变形

对于小变形条件下的线弹性构件，可应用叠加法（叠加原理）求梁的挠度。例如对图 5.3 所示的梁，若荷载 q、F 和 M_A 单独作用时截面 A 的挠度分别为 y_{A1}、y_{A2} 和 y_{A3}，则它们同时作用引起的 A 端的挠度为 $y_A = y_{A1} + y_{A2} + y_{A3}$。

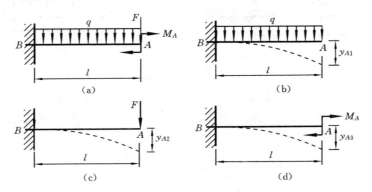

图 5.3

几种基本情况下的变形列于附录 C 中，以便运用叠加法时查用。

例 5.5　用叠加法求图示弯曲刚度 EI 为常数的外伸梁点 C 的挠度。

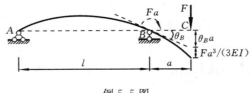

例 5.5 图

解　点 C 的挠度可以看成截面 B 的转角对 C 端产生的牵连位移（这时把 BC 段当作刚性杆）与截面 C 的弹性位移（这时把 BC 段当作悬臂梁）之和，即所谓**逐段刚度法**，有

$$y_C = -\left(\theta_B a + \frac{Fa^3}{3EI}\right) \qquad (a)$$

式中：负号表示挠度向下。求 θ_B，附加力偶 Fa 在截面 B 所引起的转角值可由附录 C 查得：

$$\theta_B = \frac{(Fa)l}{3EI}$$

代入式(a),得

$$y_C = -\frac{Fa^2}{3EI}(a+l)$$

例 5.6　图(a)所示一线重度为 q 的等直长杆置于光滑的地面上,当以横力 F(未知)在其一端将杆提起 h 高度时,试求杆离开地面的距离 a。设杆的弯曲刚度为 EI。

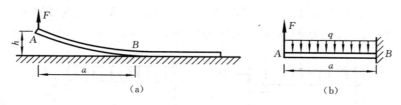

例 5.6 图

解　长杆的 AB 段受力及变形可等效于图(b)所示的悬臂梁,只是悬臂梁的固定端(B 端)的反力偶为零,因为对应于长杆的点 B 处于自然触地状态,无力偶作用。由此可得 F 与 q 的关系为

$$Fa = \frac{1}{2}qa^2 \quad \Rightarrow \quad F = \frac{qa}{2}$$

查附录C,由叠加法求得悬臂梁(图(b))自由端的挠度并计算,有

$$h = \frac{Fa^3}{3EI} - \frac{qa^4}{8EI} = \frac{qa}{2} \cdot \frac{a^3}{3EI} - \frac{qa^4}{8EI} = \frac{qa^4}{24EI} \quad \Rightarrow \quad a = \left(\frac{24EIh}{q}\right)^{\frac{1}{4}}$$

例 5.7　图示受部分均布荷载 q 作用的简支梁,弯曲刚度 EI 为常数。设 $a < l/2$,试利用叠加法求梁中点 C 的挠度。

解　用叠加法求解本题,首先查附录C知简支梁上作用有微横力 $\mathrm{d}F = q\mathrm{d}x$ 所引起的中点 C 的挠度为

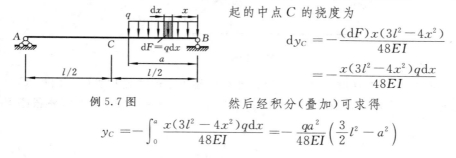

例 5.7 图

$$\mathrm{d}y_C = -\frac{(\mathrm{d}F)x(3l^2 - 4x^2)}{48EI}$$

$$= -\frac{x(3l^2 - 4x^2)q\mathrm{d}x}{48EI}$$

然后经积分(叠加)可求得

$$y_C = -\int_0^a \frac{x(3l^2 - 4x^2)q\mathrm{d}x}{48EI} = -\frac{qa^2}{48EI}\left(\frac{3}{2}l^2 - a^2\right)$$

5.3　梁的刚度条件　合理刚度设计

在工程设计中,除了要保证梁的强度条件外,还要求梁的变形不能超过允许的限度,即**梁的刚度条件**为

$$|y|_{max} \leqslant [\delta] \tag{5-7}$$

$$|\theta|_{max} \leqslant [\theta] \tag{5-8}$$

式中：$[\delta]$、$[\theta]$ 分别为构件的许用挠度和许用转角，它们的取值与梁的工作要求有关，可以查相关的设计手册。例如：

对于跨度为 l 的起重机梁，有

$$[\delta] = \left(\frac{l}{750} \sim \frac{l}{500} \right)$$

对于一般用途的轴，有

$$[\delta] = \left(\frac{3l}{10\ 000} \sim \frac{5l}{10\ 000} \right)$$

对于在安装齿轮或滑动轴承处的轴，有

$$[\theta] = 0.001 \sim 0.002 \text{ rad}$$

梁的弯曲变形与梁的受力、支持条件及截面弯曲刚度 EI 有关。所以，前述提高弯曲强度的某些措施，例如合理安排梁的约束、改善梁的受力情况等，对提高梁的刚度仍然是非常有效的。但是，提高梁的刚度与提高梁的强度，毕竟属于两种不同性质的问题，因此，解决的方法不尽相同。在实际中，常有以下几种做法来合理设计梁的刚度。

1. 合理选择截面形状

影响梁强度的截面几何性质是弯曲截面系数 W，而影响梁刚度的截面几何性质是惯性矩 I。所以，从梁的刚度方面考虑，比较合理的截面形状，是指使用较小的截面面积 A，却能获得较大惯性矩 I 的截面形状。

2. 合理选择材料

影响梁强度的材料性能是极限应力 σ_u，而影响梁刚度的则是弹性模量 E。所以，从提高梁的刚度方面考虑，应以弹性模量的高低来确定材料。要注意的是，各种钢材（或各种铝合金）的强度极限虽然差别很大，但它们的弹性模量 E 都差不多（$200 \sim 210$ GPa（表 2-1））。这时，如果只是为了进一步提高梁的刚度而改选优质钢材，显然是不明智的。

3. 梁的合理加强

梁的最大弯曲正应力取决于危险截面的弯矩与弯曲截面系数，而梁的位移则与梁内所有微段的弯曲变形均有关。因此，对于梁的危险区采用局部加强的措施，即可提高梁的强度，但是，为了提高梁的刚度，必须在更大范围内增加梁的弯曲刚度。

4. 梁跨度的选取

为了提高梁的刚度，一个值得特别注意的问题是梁跨度的选取问题。

由例 5.2 和例 5.3 可以看出，在均布力作用下，梁的最大挠度与其跨度 l 的 4 次方成正比。这表明，梁跨度的微小改变，将引起弯曲变形的很大改变，若条件允许，尽量减小梁的跨度将显著提高其刚度。

5. 合理安排梁的约束与加载方式

提高刚度的另一重要措施是合理安排梁的约束与加载方式。

例如,图 5.4(a)所示跨度为 l 的简支梁,在其中点有横力 F 作用,如果将该力平均后在梁上均布,如图 5.4(b)所示,则最大挠度将仅为前者的 62.5%;另外,在简支梁两端增加约束(例 5.3)或在中间增加约束(例 5.9)等,都能减小梁的弯曲变形。

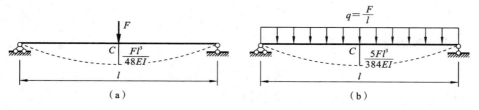

图 5.4

例 5.8　一工字钢简支梁,跨中承受横力 F。已知 $F=35$ kN,跨度 $l=4$ m,许用应力 $[\sigma]=160$ MPa,许用挠度 $[\delta]=l/500$,弹性模量 $E=200$ GPa,不计梁的自重,试选择工字钢型号。

解　梁的最大弯矩为

$$M_{max}=\frac{Fl}{4}=\frac{35\times10^3\times4}{4}\ \text{N}\cdot\text{m}=3.5\times10^4\ \text{N}\cdot\text{m}$$

根据弯曲正应力强度条件要求,有

$$W_z\geqslant\frac{M_{max}}{[\sigma]}=\frac{3.5\times10^4}{160\times10^6}\ \text{m}^3=2.19\times10^{-4}\ \text{m}^3=219\times10^3\ \text{mm}^3$$

查附录 C 得梁的最大挠度,梁的刚度条件为

$$\frac{Fl^3}{48EI_z}\leqslant\frac{l}{500}$$

由此得

$$I_z\geqslant\frac{500Fl^2}{48E}=\frac{500\times35\times10^3\times4^2}{48\times200\times10^9}\ \text{m}^4=2.92\times10^{-5}\ \text{m}^4=2920\times10^4\ \text{mm}^4$$

由型钢表查得,№22a 工字钢的弯曲截面系数 $W_z=309\times10^3$ mm³,惯性矩 $I_z=3400\times10^4$ mm⁴,可见,选择№22a 工字钢作梁将同时满足强度和刚度要求。

5.4　简单超静定梁

前面所研究的梁均为静定梁。在工程实际中,为了提高梁的强度与刚度,或由于构造上的需要,往往会再给静定梁增加约束,于是,梁的反力(含反力偶)的数目,将超过有效平衡方程的数目,即梁成为超静定梁。当然也有内力超静定的结构,如闭合框架(在第 8 章研究)。

在超静定结构中,凡是多于维持平衡所必需的约束称为多余约束,与其相应的约

束反力或反力偶统称为多余反力。例如，图 5.5 所示的连续梁（由简支梁中间加滑动铰链约束构成），简支梁中间加一约束为一次超静定，加 n 个约束为 n 次超静定。

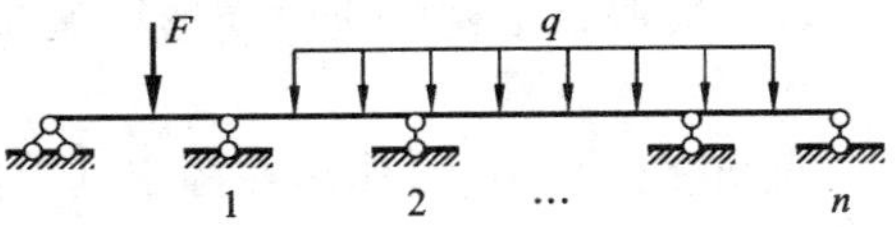

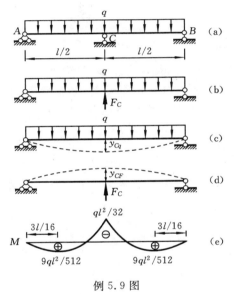

图 5.5

分析超静定梁，仅依靠平衡方程显然不行，还必须利用梁的变形协调条件，并结合物理关系，建立足够数量的补充方程与平衡方程联立求解。下面以例题讨论简单超静定梁的求解方法。

例 5.9 试画图示双跨连续梁的弯矩图。已知荷载集度 q、梁的弯曲刚度 EI 均为常数。

例 5.9 图

解 这是一次（约束）超静定梁。为了求解，将多余滑动支座 C 的约束解除（也可以视支座 A 或 B 为多余约束），以反力 F_C（设其方向向上）代替其作用，于是得一承受均布荷载 q 与未知反力 F_C 的简支梁（亦是静定梁）（图（b）），这个静定梁称为原超静定梁（结构）的**静定基**或相当系统。但约束不只提供约束反力，还限制了梁在该点的位移。因此必须提供与之相适应的位移约束条件（变形协调条件），即简支梁（静定基）中点 C 的挠度必须为零（$y_C=0$）。

查附录 C 可分别得到图（c）和图（d）所示梁中点 C 的挠度：

$$y_{Cq}=-\frac{5ql^4}{384EI}, \quad y_{CF}=\frac{F_Cl^3}{48EI}$$

二者叠加即为简支梁（图（b））点 C 的挠度，但它必须为零，由此可求得点 C 的反力：

$$y_C=y_{Cq}+y_{CF}=-\frac{5ql^4}{384EI}+\frac{F_Cl^3}{48EI}=0 \quad \Rightarrow \quad F_C=\frac{5}{8}F(\uparrow)$$

梁上的各种荷载确定之后，便可绘制弯矩图（图（e））。注意到 $|M|_{max}=ql^2/32$，相较于无多余约束的简支梁（图（c））的最大弯矩值 $ql^2/8$，它只是后者的 $1/4$。这说明多余约束并不"多余"，对结构的强度和刚度都是有益的。

以上分析表明，求解约束超静定梁的关键是确定多余反力。其分析要点和步骤如下：

（1）根据待求反力与有效平衡方程的数目，判断梁的超静定次数；

（2）解除多余约束，得静定基，并以相应的反力代替其作用；

（3）根据原结构相应的变形协调条件和物理关系建立补充方程，由此可求出多余反力。

求出多余反力后，作用在静定基上的所有外力均已知，由此可通过静定基计算原超静定梁的内力、应力与位移等。

例 5.10　图（a）所示一端固定、另一端有弹簧支承的等直梁，受均布荷载 q 作用。已知梁的弯曲刚度为 EI，弹簧刚度 $k=3EI/l^3$，试求 B 端的挠度 y_B。

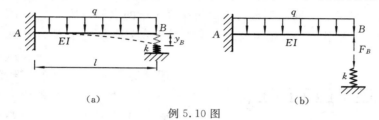

例 5.10 图

解　将梁与弹簧分开，设两者之间的作用力为 F_B，得静定基如图（b）所示。先利用叠加法写出图（b）中的悬臂梁由均布荷载 q 与横力 F_B 所引起的 B 端挠度，依题意，梁 B 端的挠度值就等于弹簧的压缩变形——本例的变形协调条件。注意到 $k=3EI/l^3$、$F_B=ky_B$，由此可求得

$$\frac{ql^4}{8EI}-\frac{F_B l^3}{3EI}=y_B \quad \Rightarrow \quad \frac{ql^4}{8EI}-\frac{(ky_B)l^3}{3EI}=y_B \quad \Rightarrow \quad y_B=\frac{ql^4}{16EI}(\downarrow)$$

例 5.11　已知图示受均布荷载 q_0 作用、长度为 l 的等直单跨梁的挠度方程为

$$y(x)=-\frac{q_0 x}{48EI}(2x^3-3lx^2+l^3)$$

（1）试求梁内绝对值最大的弯矩和剪力值；（2）确定梁在端点 $x=0$ 和 $x=l$ 处的支承形式。

解　（1）根据梁的近似挠曲线微分方程及梁的微分关系，有

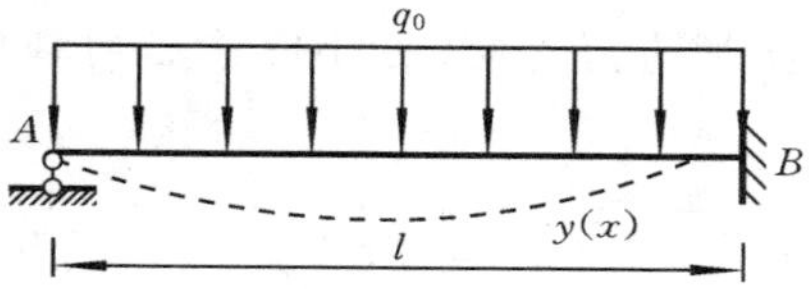

例 5.11 图

$$M(x)=EIy''=-EI\times\frac{q_0}{EI}\left(\frac{1}{2}x^2-\frac{3}{8}xl\right)$$

$$=-q_0\left(\frac{x^2}{2}-\frac{3}{8}xl\right) \tag{a}$$

$$F_S(x)=\frac{\mathrm{d}M}{\mathrm{d}x}=-q_0\left(x-\frac{3l}{8}\right) \tag{b}$$

令 $F_S(x)=0$ 得 $\bar{x}=\dfrac{3}{8}l$，代入式（a），与 $|M(l)|$ 相比较，得

$$|M|_{\max}=|M(l)|=\frac{q_0 l^2}{8}$$

而由式（b）可得

$$|F_S|_{\max}=|F_S(l)|=\frac{5}{8}ql$$

（2）确定支承状况。由于是单跨梁,故梁的两端必有约束。

由 $M(0)=0$,$F_\mathrm{S}(0)=\dfrac{3}{8}q_0 l$ 可知,左端$(x=0)$是铰支的;由 $M(l)=-\dfrac{q_0 l^2}{8}$,$F_\mathrm{S}(l)$

$=-\dfrac{5}{8}q_0 l$ 可知,右端$(x=l)$固定,如图所示。

思 考 题

5-1 同一根悬臂梁,若分别采用两种不同的坐标系,一个 y 坐标的正向朝上,而另外一个 y 坐标的正向朝下,由直接积分求得的挠度和转角的正负号都相同吗?

5-2 为什么说梁的挠曲线微分方程 $EIy''=M(x)$ 是近似的?

5-3 对于受均布荷载作用的简支梁、外伸梁和悬臂梁,用积分求其挠曲线方程时,分别需要用几个边界条件确定积分常数? 写出这些边界条件。

5-4 当圆截面梁的直径增加一倍时,梁的强度增加了几倍? 梁的刚度又增加了几倍?

5-5 什么条件下可以用叠加法求梁的变形? 在线弹性和小变形条件下,叠加法是否适合求梁的内力和应力?

5-6 推导梁的近似挠曲线微分方程时,忽略了剪力产生的剪切变形作用。通过一个矩形悬臂梁的简单例子,比较一下剪力产生的变形和弯矩产生的变形的绝对大小。

5-7 分别讨论提高梁的强度和刚度的措施。采用弹性模量 E 大一倍的材料,对静定梁的强度和刚度分别有什么影响?

习 题

5-1 画出图示各梁挠度曲线的大致形状。

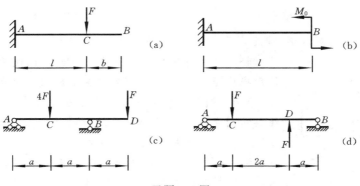

习题 5-1 图

5-2 试用积分法求图示各梁的挠度和转角方程,并计算各梁截面 A 的挠度与转角。已知各梁的 EI 为常量。

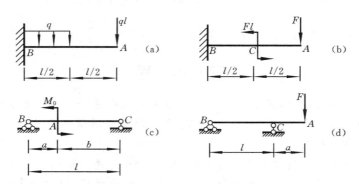

习题 5-2 图

5-3 用叠加法求图示各梁指定截面处的挠度与转角。对于图(a),求 y_C、θ_C;对于图(b),求 y_C、θ_A、θ_B。

5-4 滚轮在图示两种梁上滚动。若要求滚轮在梁上恰好走一条水平路径,试问梁的轴线预先应弯成怎样的曲线? 已知梁的 EI 为常数。

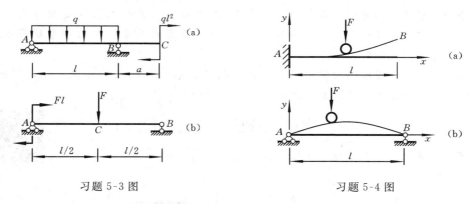

习题 5-3 图　　　　　　　　　　习题 5-4 图

5-5 一简支圆木梁,跨度为 $l=4$ m,受均布荷载 $q=1.82$ kN/m 的作用。已知其材料松木的许用应力 $[\sigma]=10$ MPa,弹性模量 $E=1$ GPa,许用挠度 $[\delta]=l/200$,试确定该梁截面的最小直径。

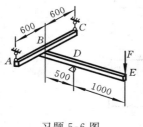

习题 5-6 图

5-6 图示为由两根横截面均为 $a\times a$ 的正方形的梁所组成的简单结构。已知 $a=51$ mm,$F=2.20$ kN,$E=200$ GPa。试用叠加法求截面 E 的挠度。

5-7 图示为两端分别作用有力偶矩 M_1、M_2 的简支梁。欲使挠曲线的拐点位于距 A 端的 $l/3$ 处,则 M_1 和 M_2 应有何种关系?

5-8 试求图示梁的约束反力,并画出剪力图和弯矩图。

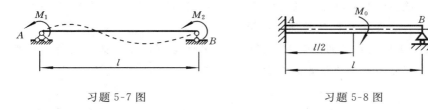

习题 5-7 图   习题 5-8 图

5-9 图示弯曲刚度为 EI 的简支梁与刚性平面之间的间距为 δ_0,加载后中间部分 EG 与刚性平面接触。试求荷载 F 与 l、δ_0、EI 之间的关系式。

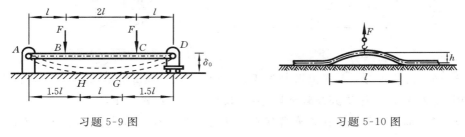

习题 5-9 图   习题 5-10 图

5-10 图示均质梁,置于水平刚性平台上。若有一竖直向上的力 F 将其提起,试求提起的高度 h。设梁的弯曲刚度 EI 为常数,梁的线重度为 q。

5-11 跨长为 l、刚度 EI 为常数的简支梁,其挠曲线方程为 $y(x)=\dfrac{M_0(x^3-x^2l)}{4lEI}$,试确定梁上外载。

5-12 图示电磁开关,由铜片 AB 与电磁铁 S 组成。为使端点 A 与触点 C 接触,试求电磁铁 S 所需吸力的最小值以及间距 a 的大小。已知铜片横截面的惯性矩 $I_z=0.18$ mm^4,弹性模量 $E=101$ GPa。

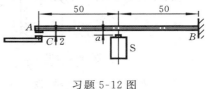

习题 5-12 图

5-13 试用积分法求图示各等直梁的最大剪力和弯矩,以及梁中点的挠度和转角。

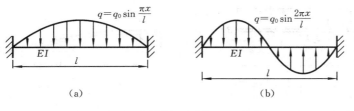

（a）   （b）

习题 5-13 图

5-14　悬臂梁 AB 在自由端受横力 F 作用，因其刚度不足，用一短梁加固，如图所示，试求梁 AB 在加固后的最大挠度。设二梁的弯曲刚度 EI 均为常数（提示：如将二梁分开，则二梁在点 C 处的挠度相等。）

5-15　由圆木锯成的矩形截面梁受力及尺寸如图所示。若要使梁的强度、刚度各为最大，则 h 与 b 的比值各为多少？

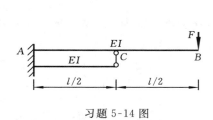
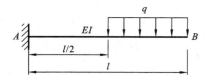

習題 5-14 图　　　　　　　　　　　　　習題 5-15 图

5-16　线重度为 q 的等直长杆置于光滑的台面上，如图所示，已知杆一端伸出台面的长度为 a，试求杆超出台面的长度 b。设杆的弯曲刚度为 EI。

5-17　试用叠加法求图示悬臂梁自由端的挠度。梁的荷载 q 和弯曲刚度 EI 均为常数。

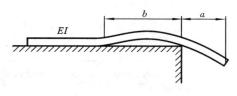
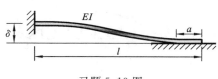

習題 5-16 图　　　　　　　　　　　　　習題 5-17 图

5-18　如图所示受载梁，跨中点 C 处有弹簧支承。若 EI、q 均为常数，弹簧刚度 $k = \beta EI/a^3$，β 为调节参数，欲使梁的最大弯矩值最小，则 β 应为多少？

5-19　线重度为 q 的等直悬臂梁，变形后其靠近自由端的部分落在水平平台上，如图所示。若图中的其他参数都已知，试求 a 之值。

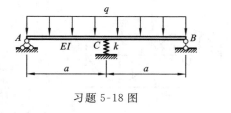

習題 5-18 图　　　　　　　　　　　　　習題 5-19 图

5-20　图示木质结构，其 $E = 10\ \text{GPa}$，试求点 H 的挠度。

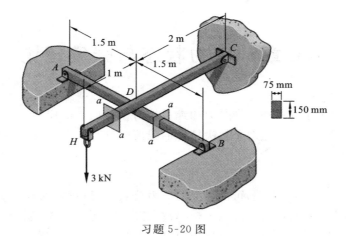

习题 5-20 图

第6章 应力状态与强度理论

前面各章研究了杆件在单向受力和纯剪切时横截面上的应力分布,以及材料的应力和应变之间的关系。这对于解决杆件的强度问题是十分必要的,这时杆件的强度条件为

$$\sigma_{\max} \leqslant [\sigma] \quad \text{或} \quad \tau_{\max} \leqslant [\tau]$$

上式中的最大工作应力(左端)可由相关的应力公式算得;材料的许用应力(右端)可由试验方法测出其极限应力并除以安全因数求得,没有也无须涉及材料失效(断裂或屈服)的原因。由受拉(压)杆件、对称弯曲梁和受扭圆轴的应力分析可知,同一截面上各点的应力一般是不同的,同一点不同方位截面(斜截面)上的应力一般也是不同的,如矩形截面梁对称弯曲时,梁危险点横截面上、下边缘各点的正应力最大,且处于单向受力状态,可按正应力强度条件进行计算;又如圆轴扭转时横截面周边的切应力最大,且处于纯剪切状态,可按切应力强度条件进行计算。但在一般情况下,构件内一点处的应力会十分复杂,图 6.1(a)所示的螺旋桨轴受拉伸和扭转的共同作用,过轴表层点 A 切取边长均为无穷小量的微立方体(简称**单元体**或**微体**),在其部分微面上既有正应力又有切应力作用(图 6.1(b)),要分析该点的强度,不能分别简单地按正应力或切应力建立强度条件,必须综合考虑正应力和切应力的影响。

本章的任务就是在确定结构上各点特别是危险点(应力最大的点)应力的基础上,根据结构破坏的特点,建立相应的理论来进行强度分析。首先要做的是分析该点的应力状态,旨在减少应力数目,以较简单的形式建立强度条件(强度理论)。

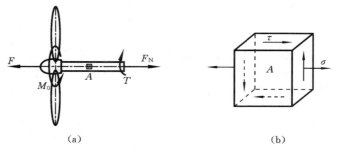

| (a) | (b) |

图 6.1

6.1 应力状态 主应力

受力构件内一点(微体)处不同方位微面上应力的集合,称为**一点处的应力状态**,

图 6.1(b)所示就是螺旋桨轴表层一点 A 的应力状态。一般而言，微体的 6 个微面都有 1 个正应力、2 个切应力(实际是面上的切应力沿两个坐标的分量)(图 6.2(a))，若不计体力(重力)，由微体的受力平衡可知，各相对微面上的正应力之值相等、方向相反；又因为相邻微面的切应力互等，所以就只有 3 个正应力(σ_x、σ_y、σ_z)和 3 对切应力($\tau_{xy} = \tau_{yx}$，$\tau_{xz} = \tau_{zx}$，$\tau_{yz} = \tau_{zy}$)共 6 个独立应力。切应力的第一下标表示其作用面，第二下标表示其方向(与坐标轴同向或反向)。

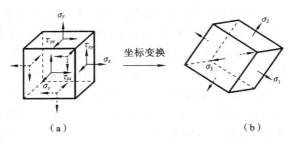

图 6.2

把图 6.2(a)所示的 6 个应力写成矩阵的形式，得到应力矩阵 $\boldsymbol{\sigma}$：

$$\boldsymbol{\sigma} = \begin{bmatrix} \sigma_x & \tau_{xy} & \tau_{xz} \\ \tau_{yx} & \sigma_y & \tau_{yz} \\ \tau_{zx} & \tau_{zy} & \sigma_z \end{bmatrix} \tag{6-1}$$

根据切应力互等可知，应力矩阵显然是对称的；对于一具体的结构，在确定的外力作用下，结构内任意一点的应力状态也是可以唯一确定的，故应力矩阵 $\boldsymbol{\sigma}$ 是实对称方阵。根据代数理论，应力矩阵可以通过正交变换(坐标系旋转)变成对角矩阵，其中的主对角元素正是应力矩阵的特征值(本征值)，即

$$\begin{vmatrix} \sigma_x - \lambda & \tau_{xy} & \tau_{xz} \\ \tau_{yx} & \sigma_y - \lambda & \tau_{yz} \\ \tau_{zx} & \tau_{zy} & \sigma_z - \lambda \end{vmatrix} = 0 \quad \Rightarrow \quad \lambda_1, \lambda_2, \lambda_3 (\lambda_1 \geqslant \lambda_2 \geqslant \lambda_3) \tag{6-2}$$

令 $\sigma_1 = \lambda_1$，$\sigma_2 = \lambda_2$，$\sigma_3 = \lambda_3$，应力矩阵经过正交变换(坐标系旋转)变成对角矩阵：

$$\begin{bmatrix} \sigma_x & \tau_{xy} & \tau_{xz} \\ \tau_{yx} & \sigma_y & \tau_{yz} \\ \tau_{zx} & \tau_{zy} & \sigma_z \end{bmatrix} \quad \Rightarrow \quad \begin{bmatrix} \sigma_1 & 0 & 0 \\ 0 & \sigma_2 & 0 \\ 0 & 0 & \sigma_3 \end{bmatrix} \tag{6-3}$$

式中：$(\sigma_1, \sigma_2, \sigma_3)$ 称为主应力，名称或许来源于主对角元素，它们是按代数值大小排列的，即 $\sigma_1 \geqslant \sigma_2 \geqslant \sigma_3$。注意主应力一定是 3 个，零值也算。

以上的变换具有明确的力学意义：对于一般的应力单元体(图 6.2(a))，总可以通过旋转微体(坐标变换/正交变换)找到一特殊方位，这个位置是客观存在的，使各微面上只有正应力，而没有切应力，这些微面称为主平面，其上的正应力称为主应力，

相应的微体称为主单元体(图 6.2(b))。实际上图 6.2(a)(b)所示的两单元体是同一微体，即同一点的应力状态，只是人们观察的角度不同而已。以主单元体为研究对象，显而易见的好处就是应力(正应力和切应力)的个数少了，只有 3 个主应力，便于后续强度理论的建立。故应力分析的主要工作就是确定主应力和主单元体。

　　图 6.2(a)所示的应力单元体是最一般的情况，每个微面都有正应力和切应力，属三向(三维)应力状态。而材料力学的研究对象是杆件的拉压弯扭，相应的应力状态要简单许多，如图 6.3(a)(b)(c)所示分别是拉杆、圆轴和梁微段表面一点 A 的应力状态。这 3 个应力单元体皆有一共性：有一微面(纸平面或 z 平面)及其对面(z 的负面)是没有应力的，称为平面应力状态。通常在结构的自由表面取点，该点的应力状态总是平面的。图 6.3(a)中的应力微体更特殊，它本身就是主单元体，且只有一个主应力不为零，称为单向(单轴)应力状态，是平面应力状态之特例。对于一般的平面应力状态，设其 z 平面(包括正面和负面)上的正应力、切应力都为零，可舍去式(6-1)中下标含 z 的应力项，简化应力矩阵(式(6-1))，注意 $\tau_{xy}=\tau_{yx}$，则

$$\boldsymbol{\sigma}=\begin{bmatrix} \sigma_x & \tau_{xy} \\ \tau_{yx} & \sigma_y \end{bmatrix}=\begin{bmatrix} \sigma_x & \tau_{xy} \\ \tau_{xy} & \sigma_y \end{bmatrix} \tag{6-4}$$

这样，平面应力状态只有 3 个待定的应力。本章主要研究平面应力状态。

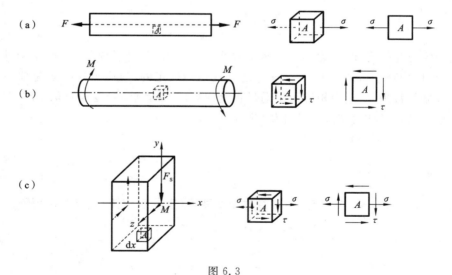

图 6.3

　　例 6.1　求图 6.3(b)所示纯剪微体的主应力。

　　解　此为平面应力问题，且有 $\sigma_x=\sigma_y=0$，$\tau_{xy}=\tau_{yx}=\tau$，其应力矩阵(式(6-4))更简单，有

$$\boldsymbol{\sigma}=\begin{bmatrix} \sigma_x & \tau_{xy} \\ \tau_{yx} & \sigma_y \end{bmatrix}=\begin{bmatrix} 0 & \tau \\ \tau & 0 \end{bmatrix}$$

求其特征值：

$$\det\begin{pmatrix} -\lambda & \tau \\ \tau & -\lambda \end{pmatrix} = \begin{vmatrix} -\lambda & \tau \\ \tau & -\lambda \end{vmatrix} = \lambda^2 - \tau^2 = (\lambda - \tau)(\lambda + \tau) = 0 \quad \Rightarrow \quad \lambda_1 = \tau, \lambda_2 = -\tau$$

得主应力：$(\sigma_1, \sigma_2, \sigma_3) = (\tau, 0, -\tau)$。当然还可根据矩阵的特征向量求出主平面方位（主单元体），有兴趣的读者可自行求解。

6.2 平面应力状态

本节将用力学的方法研究平面应力状态，并确定主应力和主单元体。所谓力学方法，就是用截面法、平衡条件和变形协调条件等来分析。首先研究斜截面上的应力，这是有实际意义的，从前几章可知，铸铁杆受压及铸铁圆轴受扭时，它们是在斜截面上破坏的。

1. 斜截面上的应力

在平面应力单元体上截取与 z 轴平行的任一斜截面 $e—f$（图 6.4(a)），它的方位由其外法线矢量 $\boldsymbol{n}$ 与 x 轴的夹角 α 确定，故称为 α 截面，α 的正向是以 x 轴逆时针旋转到外法线矢量 $\boldsymbol{n}$（图 6.4(b)）。正应力以拉应力为正、压应力为负；切应力以绕单元体内任一点有顺时针旋转的力矩为正，反之为负。设斜截面 $e—f$ 的面积为 $\mathrm{d}A$（厚度设为单位 1）。三角形微元体（图 6.4(c)）沿斜截面法向和切向力的平衡方程分别为

$$\sum F_n = 0 \quad \Rightarrow \quad \sigma_\alpha \mathrm{d}A - (\sigma_x \mathrm{d}A\cos\alpha)\cos\alpha - (\sigma_y \mathrm{d}A\sin\alpha)\sin\alpha + (\tau_{xy}\mathrm{d}A\cos\alpha)\sin\alpha$$
$$+ (\tau_{yx}\mathrm{d}A\sin\alpha)\cos\alpha = 0$$

$$\sum F_t = 0 \quad \Rightarrow \quad \tau_\alpha \mathrm{d}A - (\sigma_x \mathrm{d}A\cos\alpha)\sin\alpha + (\sigma_y \mathrm{d}A\sin\alpha)\cos\alpha - (\tau_{xy}\mathrm{d}A\cos\alpha)\cos\alpha$$
$$+ (\tau_{yx}\mathrm{d}A\sin\alpha)\sin\alpha = 0$$

利用切应力互等定理，即 $\tau_{yx} = \tau_{xy}$，经整理后得

$$\begin{cases} \sigma_\alpha = \sigma_x \cos^2\alpha + \sigma_y \sin^2\alpha - \tau_{xy}\sin 2\alpha \\ \tau_\alpha = (\sigma_x - \sigma_y)\sin\alpha\cos\alpha + \tau_{xy}\cos 2\alpha \end{cases} \tag{6-5a}$$

以 2α 为参量，式(6-5a)又可写成

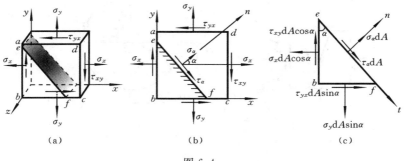

(a)　　　　　　　(b)　　　　　　　(c)

图 6.4

$$\begin{cases} \sigma_a = \dfrac{\sigma_x + \sigma_y}{2} + \dfrac{\sigma_x - \sigma_y}{2}\cos 2\alpha - \tau_{xy}\sin 2\alpha \\[3mm] \tau_a = \dfrac{\sigma_x - \sigma_y}{2}\sin 2\alpha + \tau_{xy}\cos 2\alpha \end{cases} \tag{6-5b}$$

应用式(6-5b)可求出任意斜截面上的应力分量。由此可得出两个重要结论：

(1) $$\sigma_a + \sigma_{a+90°} = \sigma_x + \sigma_y$$

(2) $$\tau_{a+90°} = -\tau_a$$

结论(1)表示任意两个相互垂直微面上的正应力之和保持不变；结论(2)表示任意两个相互垂直微面上的切应力在数值上相等，即切应力互等定理。

2. 应力圆

用三角公式可将式(6-5b)改写成

$$\begin{cases} \sigma_a - \dfrac{\sigma_x + \sigma_y}{2} = R\cos(2\alpha + 2\alpha_0) \\[3mm] \tau_a = R\sin(2\alpha + 2\alpha_0) \end{cases} \tag{6-5c}$$

其中，设 $\sigma_x > \sigma_y$，$\tau_{xy} > 0$，则

$$R^2 = \left(\frac{\sigma_x - \sigma_y}{2}\right)^2 + \tau_{xy}^2, \quad 2\alpha_0 = \arctan\frac{\tau_{xy}}{(\sigma_x - \sigma_y)/2}$$

式(6-5c)为在极坐标下圆的方程（与标准形式稍有不同），它的轨迹是以 2α 为极角（逆时针方向为正）、R 为半径、$(2\alpha + 2\alpha_0)_{\alpha=0} = 2\alpha_0$ 为起始角度（点 D）逆时针旋转而画成的（图 6.5(b)）。注意到极角恰为斜截面斜角 α 的两倍，而且旋向也相同。如果以 $\sigma(\sigma_a)$ 为横轴，以 $\tau(\tau_a)$ 为纵轴，则圆心点 C 落在横轴 $(\sigma_x + \sigma_y)/2$ 处，此圆称为**应力圆或莫尔(Mohr)应力圆**。事实上，对式(6-5b)取二次方后相加可得应力圆方程的一般形式

$$\left(\sigma_a - \frac{\sigma_x + \sigma_y}{2}\right)^2 + \tau_a^2 = \left(\frac{\sigma_x - \sigma_y}{2}\right)^2 + \tau_{xy}^2 \tag{6-6}$$

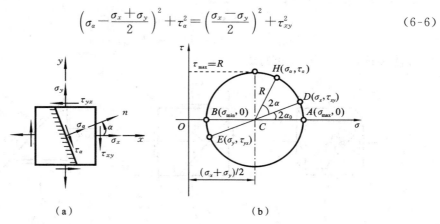

(a)   (b)

图 6.5

显然,如图 6.5(a)(b)所示,圆上任一点 H 的坐标代表平面单元体任一斜截面(截面 α)上的正应力 σ_α 和切应力 τ_α 的值,点 D 的坐标是 x 面($\alpha=0$)上的正应力 σ_x 和切应力 τ_{xy}。点 H 是点 D 沿圆周逆时针旋转 2α 圆心角得到的,所以应力圆上的点与截面 α 上的应力有一一对应的关系。

单元体夹角为 β 的任意两个斜截面上的应力(图 6.6(a)),对应于应力圆上圆心角之差为 2β 的圆周上的两个点(图 6.6(b))。

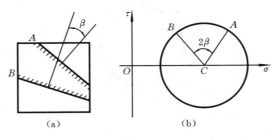

图 6.6

3. 主应力和主平面

从圆上点 D 顺时针旋转 $2\alpha_0$ 角到点 A,逆时针旋转 $180°-2\alpha_0$ 角到点 B(图 6.5(b)),得到应力圆与横轴的两个交点,注意,点 A、B 处的切应力为零,正应力分别取得最大值和最小值,即

$$\begin{cases} \sigma_{\max} \\ \sigma_{\min} \end{cases} = \frac{\sigma_x+\sigma_y}{2} \pm \sqrt{\left(\frac{\sigma_x-\sigma_y}{2}\right)^2+\tau_{xy}^2} \tag{6-7}$$

注意　$\sigma_{\max}+\sigma_{\min}=\sigma_x+\sigma_y$。如将平面应力单元体看成三维应力单元体的特例($\sigma_z=0$),并设 $\sigma_{\min}>0$,则主应力

$$(\sigma_1,\sigma_2,\sigma_3)=(\sigma_{\max},\sigma_{\min},0)$$

截面 x(点 D)(图 6.5(b))与 σ_1 所在平面(点 A)的夹角决定了主平面的方位,可得到

$$\alpha_0=-\frac{1}{2}\arctan\left(\frac{2\tau_{xy}}{\sigma_x-\sigma_y}\right) \tag{6-8}$$

式中:负号表示由点 D 顺时针旋转到点 A。应力圆的最高点和最低点有最大和最小切应力(横坐标都是 $(\sigma_x+\sigma_y)/2$),其数值(纵坐标)是应力圆的半径,即

$$\begin{cases} \tau_{\max} \\ \tau_{\min} \end{cases} = \pm\sqrt{\left(\frac{\sigma_x-\sigma_y}{2}\right)^2+\tau_{xy}^2} \tag{6-9}$$

它们所在平面与截面 x、主平面的夹角也不难求出。注意到 σ_1 所在平面与 $\tau_{\max}$ 所在平面的夹角为 $45°$。

从几何上看,如果知道单元体任意两平面上的应力,即圆上任意两点,就可以画出应力圆,因为圆心总在横轴上。有了应力圆,就可求出主应力、主平面方位和最大切应力等相关信息,这些对复杂应力状态下的强度分析相当重要。当然,采用解析的方法,如对斜截面上的正应力求极值,或令斜截面上的切应力为零(式(6-5)),也可求出主应力、最大切应力及它们所在平面的方位,但不如应力圆直观。当然也可以用代数的方法求出主应力(式(6-1)和式(6-2))。

例 6.2　画图(a)所示均匀受拉的平面应力微体之应力圆;进而分析图(b)所示受均匀张力 p 作用的平板内任意一点的应力状态。

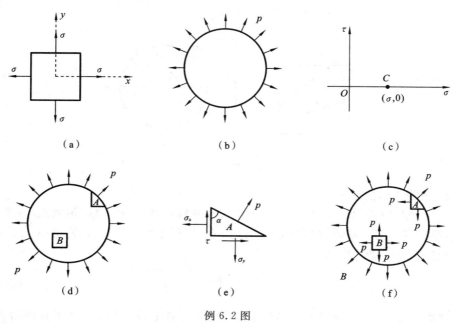

例 6.2 图

解　(1) 对于图(a),其应力圆半径为

$$R=\sqrt{\left(\frac{\sigma_x-\sigma_y}{2}\right)^2+\tau_{xy}^2}=\sqrt{\left(\frac{\sigma-\sigma}{2}\right)^2+0^2}=0 \tag{a}$$

故其应力圆缩成一点,如图(c)所示,说明任意斜截面皆为主平面。

(2) 在薄板边上任取一点 A,其应力状态如图(e)所示,由式(6-5b),有

$$\sigma_\alpha=\frac{\sigma_x+\sigma_y}{2}+\frac{\sigma_x-\sigma_y}{2}\cos2\alpha-\tau_{xy}\sin2\alpha=p \tag{b}$$

$$\tau_\alpha=\frac{\sigma_x-\sigma_y}{2}\sin2\alpha+\tau_{xy}\cos2\alpha=0 \tag{c}$$

考虑点 A 的任意性,即斜角 α 的任意性,式(b)(c)中各三角函数的系数必须为零,则有

$$p=\frac{\sigma_x+\sigma_y}{2},\quad \frac{\sigma_x-\sigma_y}{2}=\tau_{xy}=0 \quad\Rightarrow\quad \sigma_x=\sigma_y=p$$

由边及内,点 B 亦如此,即薄板内任意一点的主应力皆为($p,p,0$),任一微体皆为主

单元体。

例 6.3 已知平面单元体的应力状态如图(a)所示。求:(1) 图示 e—f 截面的应力;(2) 主应力及主平面方位;(3) 最大切应力。

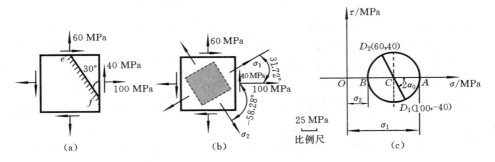

例 6.3 图

解 (1) e—f 截面的应力为

$$\sigma_{30°}=\frac{\sigma_x+\sigma_y}{2}+\frac{\sigma_x-\sigma_y}{2}\cos(2\times30°)-\tau_{xy}\sin(2\times30°)$$

$$=\frac{100+60}{2}+\frac{100-60}{2}\cos(2\times30°)-(-40)\sin(2\times30°)\ \text{MPa}=124.64\ \text{MPa}$$

$$\tau_{30°}=\frac{\sigma_x-\sigma_y}{2}\sin(2\times30°)+\tau_{xy}\cos(2\times30°)$$

$$=\frac{100-60}{2}\sin(2\times30°)+(-40)\cos(2\times30°)\ \text{MPa}=-2.68\ \text{MPa}$$

(2) 主应力为

$$\begin{cases}\sigma_{\max}\\\sigma_{\min}\end{cases}=\frac{\sigma_x+\sigma_y}{2}\pm\sqrt{\left(\frac{\sigma_x-\sigma_y}{2}\right)^2+\tau_{xy}^2}=\frac{100+60}{2}\pm\sqrt{\left(\frac{100-60}{2}\right)^2+(-40)^2}\ \text{MPa}$$

$$=\begin{cases}124.72\\35.28\end{cases}\text{MPa}$$

得

$$\sigma_1=124.72\ \text{MPa},\quad \sigma_2=35.28\ \text{MPa},\quad \sigma_3=0$$

用莫尔圆求主平面的方位。确定圆心坐标:

$$C\left(\frac{\sigma_x+\sigma_y}{2},0\right)=C\left(\frac{100+60}{2},0\right)=C(80,0)$$

起始点 D_1 的坐标(x 平面上的应力)为 $(\sigma_x,\tau_{xy})=(100,-40)$,在第四象限;以 $\overline{CD_1}$ 为半径画出应力圆(图(c)),从图中可求出 x 平面上与 σ_1 所在平面的夹角 α_0:

$$\tan2\alpha_0=\left|\frac{\tau_{xy}}{\sigma_x-(\sigma_1+\sigma_2)/2}\right|=\left|\frac{-40}{100-80}\right|=2\ \Rightarrow\ \alpha_0=31.72°$$

方向是由点 D_1 逆时针旋转到点 A,即主平面的方位,并可在原单元体上画出主单元体(图(b))。

(3) 最大切应力为

$$\tau_{\max}=\sqrt{\left(\frac{\sigma_x-\sigma_y}{2}\right)^2+\tau_{xy}^2}=\sqrt{\left(\frac{100-60}{2}\right)^2+(-40)^2}\ \text{MPa}=44.72\ \text{MPa}$$

解决这类问题,一般用式(6-7)计算 σ_1 等值;再用应力圆求出 α_0 的大小和转向,即主平面(主单元体)的方位,因为在应力圆上点 D_1 和点 A 的位置关系特别清楚。如果完全用几何作图方法,那就应该取适当的比例尺精确绘制应力圆,量取各相关值(图(c))。

例 6.4　图示的矩形截面简支梁,试分析任一横截面 Ⅰ—Ⅰ 上沿高度等距分布的 5 点 A、B、C、D、E 处的主应力及主方向,并进一步分析全梁的情况。

解　先画剪力图(图(b))和弯矩图(图(c)),易知在梁的左半段剪力为正值,弯矩单调增加。可确定截面 Ⅰ—Ⅰ 上各点处的应力状态(图(d))、应力圆(图(e)(f)和(g))和主应力及主方向(图(h))。

(1) 在点 A 和点 E(截面的上、下边缘点)处无切应力,其本身就是主单元体:

$$\begin{cases}\sigma_A\\\sigma_E\end{cases}=\mp\frac{M_1}{I}\left(\frac{h}{2}\right),\quad \tau_A=\tau_E=0$$

$A:\sigma_1=\sigma_2=0,\sigma_3=\sigma_A;\quad E:\sigma_1=\sigma_E,\sigma_2=\sigma_3=0$

应力圆如图(e)所示。

(2) 在点 B 和点 D(距中性轴等距的上、下点)处:

$$\begin{cases}\sigma_B\\\sigma_D\end{cases}=\mp\frac{M_1}{I}\left(\frac{h}{4}\right)=\mp\sigma,\quad \tau_B=\tau_D=\tau=\frac{F_S S_z^*}{I_z b}$$

$$B:\begin{cases}\sigma_1=\sigma_{B\max}\\\sigma_3=\sigma_{B\min}\end{cases}=-\frac{\sigma}{2}\pm\sqrt{\left(\frac{\sigma}{2}\right)^2+\tau^2},\sigma_2=0$$

$$D:\begin{cases}\sigma_1=\sigma_{D\max}\\\sigma_3=\sigma_{D\min}\end{cases}=\frac{\sigma}{2}\pm\sqrt{\left(\frac{\sigma}{2}\right)^2+\tau^2},\sigma_2=0$$

$$\tan 2\alpha_0=-\frac{2\tau}{\sigma},\quad \tan 2\alpha_0'=\frac{2\tau}{\sigma}\qquad\qquad(\text{a})$$

应力圆如图(f)所示。

(3) 在点 C(中性层上,纯剪)处:

$$\tau_C=\frac{F_S S_{z\max}^*}{I_z b},\quad \sigma_C=0\ \Rightarrow\ \sigma_1=\tau,\quad \sigma_2=0,\quad \sigma_3=-\tau$$

$$2\alpha_0=90°\ \Rightarrow\ \alpha_0=45°$$

应力圆如图(g)所示。

在截面 Ⅰ—Ⅰ 上,从上到下各点(A 至 E)σ_1 的方向(点 A 的 $\sigma_1=0$)是从竖直逐步变为水平的(图(h))。如果进一步考察 Ⅱ—Ⅱ 截面相应各点的应力状态,则由于

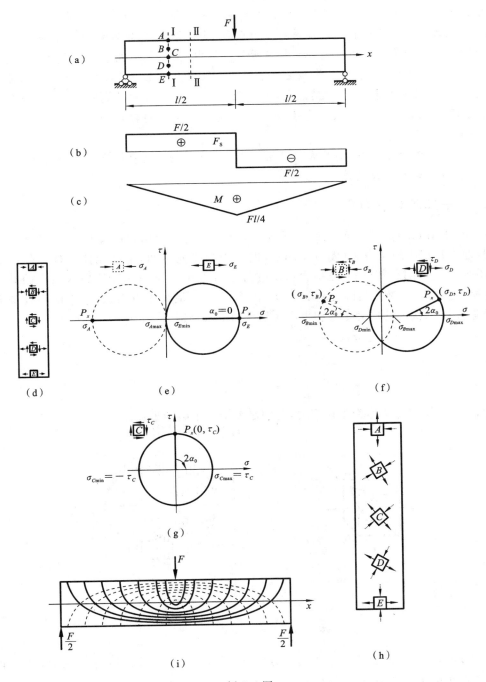

例 6.4 图

$M_{II} > M_I \Rightarrow |\alpha_0|_{II} < |\alpha_0|_I$，II—II 截面相应各点的第一主方向会更快变为水平方向；而梁的右半段正好相反。如果取多个截面，从相邻截面，依高到低以 σ_1 的方向为切线作曲线，即为主应力迹线，如图(i)所示。图中，实线代表主拉应力迹线，虚线代表主压应力迹线。由于各点处的主拉应力与主压应力相互垂直，所以，上述两组曲线相互正交。在梁的轴线(中性轴)上，如截面的点 C 处无正应力，所有迹线与梁轴 x 均成 $45°$ 夹角；而在梁的上、下边缘，由于该处弯曲切应力为零，因而主应力迹线与边缘相切或垂直。

在钢筋混凝土梁中，钢筋大致沿主拉应力迹线配置，以使钢筋承担拉应力，从而提高混凝土梁的承载能力。

6.3　三向应力圆简介

对于图 6.7(a)所示的三维主单元体，以三个主应力两两的差值为直径画三个圆，即为其相应的应力圆(图 6.7(b))，进一步的研究表明，主单元体上任一斜截面(图 6.7(a)的阴影部分)的正应力和切应力必与图 6.7(b)所示的阴影区域内的某一点相对应。从三维应力圆(图 6.7(b))中可以看出，最大正应力、最小正应力及最大切应力 τ_{max}、次大切应力 τ'_{max} 和再次大切应力 τ''_{max} 分别为

$$\begin{cases} \sigma_{max} = \sigma_1 \\ \sigma_{min} = \sigma_3 \\ \tau_{max} = \dfrac{\sigma_1 - \sigma_3}{2}, \tau'_{max} = \dfrac{\sigma_1 - \sigma_2}{2}, \tau''_{max} = \dfrac{\sigma_2 - \sigma_3}{2} \end{cases} \tag{6-10}$$

式中：三个切应力也称为主切应力，它们是图中三个圆的半径。

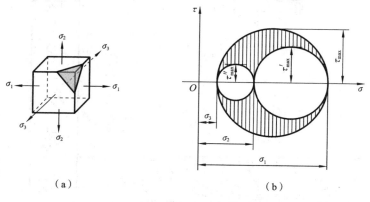

（a）　　　　　　　　　　　（b）

图 6.7

例 6.5　已知一点的单元体的应力状态如图(a)所示。试：(1) 求主应力；(2) 作三向应力圆；(3) 求最大切应力 τ_{max}。

解　(1) 求主应力。

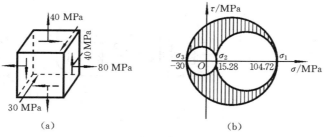

例 6.5 图

由图(a)所示的单元体可知前后面为主平面,其上主应力为一30 MPa。将上、下、左、右四个侧面的应力代入式(6-3)求得另外两个主应力大小为 104.72 MPa 和 15.28 MPa,按代数值大小排列得主应力为 $\sigma_1=104.72$ MPa,$\sigma_2=15.28$ MPa,$\sigma_3=-30$ MPa。

(2) 作三向应力圆。由上面三个主应力可作图(b)所示的三向应力圆。

(3) 最大切应力为

$$\tau_{\max}=\frac{\sigma_1-\sigma_3}{2}=\frac{104.72-(-30)}{2}\text{ MPa}=67.36\text{ MPa}$$

6.4　广义胡克定律

胡克定律(物理方程/本构关系)即应力与应变的关系,其重要性不言而喻。单轴拉压、纯剪切的胡克定律可依试验而建立,三向应力状态下要建立应力与应变的关系则必须采用分析的方法,仅依靠试验几乎不可能,故所谓"广义"。具体做法如下。考察一三维主单元体,对于各向同性线弹性体,其主应变与主应力同向。可将三向应力状态分解成三个单轴应力状态,如图 6.8 所示。根据叠加原理并结合单向拉伸的胡克定律及泊松效应,则每个方向的线应变可叠加而成:

$$\begin{cases} \varepsilon_1=\dfrac{\sigma_1}{E}-\mu\dfrac{\sigma_2}{E}-\mu\dfrac{\sigma_3}{E} \\[2mm] \varepsilon_2=-\mu\dfrac{\sigma_1}{E}+\dfrac{\sigma_2}{E}-\mu\dfrac{\sigma_3}{E} \\[2mm] \varepsilon_3=-\mu\dfrac{\sigma_1}{E}-\mu\dfrac{\sigma_2}{E}+\dfrac{\sigma_3}{E} \end{cases} \quad (6\text{-}11)$$

其中 ε_1、ε_2 和 ε_3 是主应变。将上式略改动,得

$$\begin{cases} \varepsilon_1=\dfrac{1}{E}\big[(1+\mu)\sigma_1-\mu(\sigma_1+\sigma_2+\sigma_3)\big] \\[2mm] \varepsilon_2=\dfrac{1}{E}\big[(1+\mu)\sigma_2-\mu(\sigma_1+\sigma_2+\sigma_3)\big] \\[2mm] \varepsilon_3=\dfrac{1}{E}\big[(1+\mu)\sigma_3-\mu(\sigma_1+\sigma_2+\sigma_3)\big] \end{cases}$$

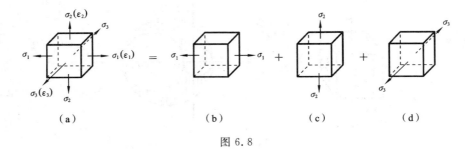

图 6.8

由于 $\sigma_1 \geqslant \sigma_2 \geqslant \sigma_3$，故 $\varepsilon_1 \geqslant \varepsilon_2 \geqslant \varepsilon_3$。式(6-11)实际上已建立了主应力与主应变之间的关系。但研究对象如果不是主单元体，即各微面还有切应力。依小变形条件，可以认为正应变与切应变互不耦合，各切应变之间也互不耦合，故可直接将式(6-11)改写，并应用剪切胡克定律，有

$$
\begin{cases}
\varepsilon_x = \dfrac{\sigma_x}{E} - \mu\,\dfrac{\sigma_y}{E} - \mu\,\dfrac{\sigma_z}{E} \\[2mm]
\varepsilon_y = -\mu\,\dfrac{\sigma_x}{E} + \dfrac{\sigma_y}{E} - \mu\,\dfrac{\sigma_z}{E} \\[2mm]
\varepsilon_z = -\mu\,\dfrac{\sigma_x}{E} - \mu\,\dfrac{\sigma_y}{E} + \dfrac{\sigma_z}{E} \\[2mm]
\gamma_{xy} = \dfrac{\tau_{xy}}{G} \\[2mm]
\gamma_{yz} = \dfrac{\tau_{yz}}{G} \\[2mm]
\gamma_{zx} = \dfrac{\tau_{zx}}{G}
\end{cases}
\tag{6-12}
$$

合并成矩阵形式，即得到一般应力状态下的广义胡克定律：

$$
\begin{bmatrix}
\varepsilon_x \\[1mm]
\varepsilon_y \\[1mm]
\varepsilon_z \\[1mm]
\gamma_{xy} \\[1mm]
\gamma_{yz} \\[1mm]
\gamma_{zx}
\end{bmatrix}
=
\begin{bmatrix}
\dfrac{1}{E} & \dfrac{-\mu}{E} & \dfrac{-\mu}{E} & 0 & 0 & 0 \\[2mm]
\dfrac{-\mu}{E} & \dfrac{1}{E} & \dfrac{-\mu}{E} & 0 & 0 & 0 \\[2mm]
\dfrac{-\mu}{E} & \dfrac{-\mu}{E} & \dfrac{1}{E} & 0 & 0 & 0 \\[2mm]
0 & 0 & 0 & \dfrac{1}{G} & 0 & 0 \\[2mm]
0 & 0 & 0 & 0 & \dfrac{1}{G} & 0 \\[2mm]
0 & 0 & 0 & 0 & 0 & \dfrac{1}{G}
\end{bmatrix}
\begin{bmatrix}
\sigma_x \\[1mm]
\sigma_y \\[1mm]
\sigma_z \\[1mm]
\tau_{xy} \\[1mm]
\tau_{yz} \\[1mm]
\tau_{zx}
\end{bmatrix}
\tag{6-13}
$$

分别定义应力向量 $\boldsymbol{\sigma}$、应变向量 $\boldsymbol{\varepsilon}$ 及弹性系数矩阵 $\boldsymbol{E}$ 之逆 $\boldsymbol{E}^{-1}$，有

$$\boldsymbol{\sigma} = \begin{bmatrix} \sigma_x \\ \sigma_y \\ \sigma_z \\ \tau_{xy} \\ \tau_{yz} \\ \tau_{zx} \end{bmatrix} \tag{6-14a}$$

$$\boldsymbol{\varepsilon} = \begin{bmatrix} \varepsilon_x \\ \varepsilon_y \\ \varepsilon_z \\ \gamma_{xy} \\ \gamma_{yz} \\ \gamma_{zx} \end{bmatrix} \tag{6-14b}$$

$$\boldsymbol{E}^{-1} = \begin{bmatrix} \dfrac{1}{E} & \dfrac{-\mu}{E} & \dfrac{-\mu}{E} & 0 & 0 & 0 \\[2mm] \dfrac{-\mu}{E} & \dfrac{1}{E} & \dfrac{-\mu}{E} & 0 & 0 & 0 \\[2mm] \dfrac{-\mu}{E} & \dfrac{-\mu}{E} & \dfrac{1}{E} & 0 & 0 & 0 \\[2mm] 0 & 0 & 0 & \dfrac{1}{G} & 0 & 0 \\[2mm] 0 & 0 & 0 & 0 & \dfrac{1}{G} & 0 \\[2mm] 0 & 0 & 0 & 0 & 0 & \dfrac{1}{G} \end{bmatrix} \tag{6-14c}$$

可见 $\boldsymbol{E}^{-1}$ 是对称正定方阵。广义胡克定律又可写成

$$\boldsymbol{\varepsilon} = \boldsymbol{E}^{-1} \boldsymbol{\sigma} \quad \text{或} \quad \boldsymbol{\sigma} = \boldsymbol{E} \boldsymbol{\varepsilon} \tag{6-15}$$

对于平面应力状态下的单元体，广义胡克定律更简单，有

$$\begin{cases} \varepsilon_x = \dfrac{1}{E}(\sigma_x - \mu\sigma_y) \\[2mm] \varepsilon_y = \dfrac{1}{E}(\sigma_y - \mu\sigma_x) \\[2mm] \varepsilon_z = -\dfrac{\mu}{E}(\sigma_x + \sigma_y) \\[2mm] \gamma_{xy} = \dfrac{\tau_{xy}}{G} \end{cases} \tag{6-16}$$

虽然 $\sigma_z = 0$（平面应力），但 $\varepsilon_z \neq 0$。由式(6-16)可解出应力：

$$\begin{cases} \sigma_x = \dfrac{E}{1-\mu^2}(\varepsilon_x + \mu\varepsilon_y) \\[3mm] \sigma_y = \dfrac{E}{1-\mu^2}(\varepsilon_y + \mu\varepsilon_x) \\[3mm] \tau_{xy} = G\gamma_{xy} = \dfrac{E}{2(1+\mu)}\gamma_{xy} \end{cases} \tag{6-17}$$

若实测出应变,便可依式(6-17)求出应力。

6.5 平面应力状态下的应变分析

针对工程中有些形状较复杂或应力难以确定的构件,可以通过测量构件表面的应变,然后利用广义胡克定律,计算出应力。前面说过,如在构件的自由表面选取微体(设为 Oxy 坐标面),它便是平面应力单元体(图 6.9,没有画出切应力),位于表面之微面便是一个主平面,因为自由表面上既无正应力(视为零值主应力),也无切应力。将该微体旋转 α 角,α 和 $\beta(\beta=90°+\alpha)$ 两个微斜面上的正应力为

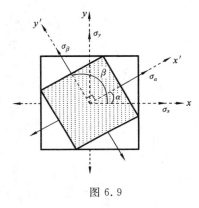

图 6.9

$$\begin{cases} \sigma_\alpha = \dfrac{\sigma_x+\sigma_y}{2} + \dfrac{\sigma_x-\sigma_y}{2}\cos 2\alpha - \tau_{xy}\sin 2\alpha \\[3mm] \sigma_\beta = \dfrac{\sigma_x+\sigma_y}{2} - \dfrac{\sigma_x-\sigma_y}{2}\cos 2\alpha + \tau_{xy}\sin 2\alpha \end{cases} \left(\beta=\alpha+\dfrac{\pi}{2}\right) \tag{6-18a}$$

在 x 和 y 两个垂直方向上应用胡克定律,有

$$\varepsilon_x = \frac{1}{E}(\sigma_x - \mu\sigma_y), \quad \varepsilon_y = \frac{1}{E}(\sigma_y - \mu\sigma_x), \quad \gamma_{xy} = \frac{\tau_{xy}}{G} = \frac{2(1+\mu)}{E}\tau_{xy} \Rightarrow$$

$$\frac{\varepsilon_x+\varepsilon_y}{2} = \frac{1}{E}\left(\frac{\sigma_x+\sigma_y}{2} - \mu\frac{\sigma_x+\sigma_y}{2}\right) \tag{6-18b}$$

$$\frac{\varepsilon_x-\varepsilon_y}{2} = \frac{1}{E}\left(\frac{\sigma_x-\sigma_y}{2} - \mu\frac{\sigma_y-\sigma_x}{2}\right) \tag{6-18c}$$

再在 x' 和 y' 两个垂直方向上应用胡克定律,得 x' 方向的线应变

$$\varepsilon_\alpha = \frac{1}{E}(\sigma_\alpha - \mu\sigma_\beta) \tag{6-18d}$$

将式(6-18a)代入式(6-18d),整理后再用式(6-18b)和式(6-18c)换掉其中的应力项(下式里两个[·]$/E$ 项),并注意到弹性系数的关系 $E/G=2(1+\mu)$(例 6.8 将证明之),有

$$\varepsilon_\alpha = \frac{1}{E}(\sigma_\alpha - \mu\sigma_\beta)$$

$$= \frac{1}{E}\left[\frac{\sigma_x+\sigma_y}{2} + \frac{\sigma_x-\sigma_y}{2}\cos 2\alpha - \tau_{xy}\sin 2\alpha - \mu\left(\frac{\sigma_x+\sigma_y}{2} - \frac{\sigma_x-\sigma_y}{2}\cos 2\alpha + \tau_{xy}\sin 2\alpha\right)\right]$$

$$= \frac{1}{E}\left[\frac{\sigma_x+\sigma_y}{2}-\mu\frac{\sigma_x+\sigma_y}{2}+\frac{\sigma_x-\sigma_y}{2}\cos2\alpha-\tau_{xy}\sin2\alpha-\mu\left(-\frac{\sigma_x-\sigma_y}{2}\cos2\alpha+\tau_{xy}\sin2\alpha\right)\right]$$

$$= \frac{1}{E}\left(\frac{\sigma_x+\sigma_y}{2}-\mu\frac{\sigma_x+\sigma_y}{2}\right)+\frac{1}{E}\left(\frac{\sigma_x-\sigma_y}{2}-\mu\frac{\sigma_y-\sigma_x}{2}\right)\cos2\alpha-\left[\frac{2(1+\mu)}{E}\right]\frac{\tau_{xy}}{2}\sin2\alpha$$

$$= \frac{\varepsilon_x+\varepsilon_y}{2}+\frac{\varepsilon_x-\varepsilon_y}{2}\cos2\alpha-\frac{\gamma_{xy}}{2}\sin2\alpha$$

即得斜方向的线应变为

$$\varepsilon_\alpha=\frac{\varepsilon_x+\varepsilon_y}{2}+\frac{\varepsilon_x-\varepsilon_y}{2}\cos2\alpha-\frac{\gamma_{xy}}{2}\sin2\alpha \tag{6-19}$$

比较式(6-19)与斜截面的正应力公式(式(6-5)),可见只要以 $\gamma_{xy}/2$ 代换平面应力状态分析中各式的 τ_{xy},应变分析也可以像平面应力分析一样用几何方法进行,也有相应的应变圆。预先测得该点的 ε_x、ε_y 和 γ_{xy} 后,可容易地得到极值线应变(**主应变**)(该微面上切应变为零)大小和方位:

$$\begin{cases}\varepsilon_{\max}\\ \varepsilon_{\min}\end{cases}=\frac{\varepsilon_x+\varepsilon_y}{2}\pm\sqrt{\left(\frac{\varepsilon_x-\varepsilon_y}{2}\right)^2+\left(\frac{\gamma_{xy}}{2}\right)^2} \tag{6-20}$$

$$\tan2\alpha_0=\frac{-\gamma_{xy}}{\varepsilon_x-\varepsilon_y} \tag{6-21}$$

再用胡克定律求出极值正应力,有

$$\begin{cases}\sigma_{\max}=\dfrac{E}{1-\mu^2}(\varepsilon_{\max}+\mu\varepsilon_{\min})\\[3mm] \sigma_{\min}=\dfrac{E}{1-\mu^2}(\varepsilon_{\min}+\mu\varepsilon_{\max})\end{cases} \tag{6-22}$$

这里斜方向的线应变公式(式(6-19))是用解析方法导出的,也可用几何方法——直接分析平面微体的形变得到。

切应变 γ_{xy}(角度的改变)较难测量,但根据式(6-19),测出 $\varepsilon_x(\varepsilon_{0°})$、$\varepsilon_y(\varepsilon_{90°})$ 后,选一斜方向 α_3 再多测一线应变 ε_{α_3},便可解出 γ_{xy}。为了便于计算,实际中常取的角度为 $\alpha_3=45°$,由式(6-19)得

$$\begin{cases}\varepsilon_x=\varepsilon_{0°}\\ \varepsilon_y=\varepsilon_{90°}\\ \gamma_{xy}=\varepsilon_{0°}+\varepsilon_{90°}-2\varepsilon_{45°}\end{cases} \tag{6-23}$$

例 6.6　用图示直角应变花(用 2 个或 3 个电阻应变片按设计好的角度装在共用基底上的测量装置)测得构件表面某点的应变 $\varepsilon_{0°}=0.45\times10^{-3}$,$\varepsilon_{45°}=0.15\times10^{-3}$,$\varepsilon_{90°}=-0.25\times10^{-3}$,材料的弹性模量为 $E=210\text{ GPa}$,泊松比 $\mu=0.28$,试求该点的主应力和最大切应力。

解　对于直角应变花,利用式(6-23)求出 γ_{xy}:

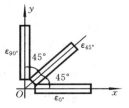

例 6.6 图

$$\gamma_{xy} = \varepsilon_{0°} + \varepsilon_{90°} - 2\varepsilon_{45°}$$

代入式(6-20)即可求极值线应变:

$$
\begin{cases}
\varepsilon_{\max} \\
\varepsilon_{\min}
\end{cases}
= \frac{\varepsilon_x + \varepsilon_y}{2} \pm \sqrt{\left(\frac{\varepsilon_x - \varepsilon_y}{2}\right)^2 + \left(\frac{\gamma_{xy}}{2}\right)^2} = \frac{\varepsilon_{0°} + \varepsilon_{90°}}{2} \pm \sqrt{\left(\frac{\varepsilon_{0°} - \varepsilon_{90°}}{2}\right)^2 + \left(\frac{\gamma_{xy}}{2}\right)^2}
$$

$$
= \frac{\varepsilon_{0°} + \varepsilon_{90°}}{2} \pm \sqrt{\left(\frac{\varepsilon_{0°} - \varepsilon_{90°}}{2}\right)^2 + \left(\frac{\varepsilon_{0°} + \varepsilon_{90°}}{2} - \varepsilon_{45°}\right)^2}
$$

$$
= \frac{0.45 \times 10^{-3} - 0.25 \times 10^{-3}}{2} \pm
$$

$$
\sqrt{\left(\frac{0.45 \times 10^{-3} + 0.25 \times 10^{-3}}{2}\right)^2 + \left(\frac{0.45 \times 10^{-3} - 0.25 \times 10^{-3}}{2} - 0.15 \times 10^{-3}\right)^2}
$$

$$
= \begin{cases} 0.453\,6 \times 10^{-3} \\ -0.253\,6 \times 10^{-3} \end{cases}
$$

求得极值正应力为

$$
\sigma_{\max} = \frac{E}{1 - \mu^2}(\varepsilon_{\max} + \mu\varepsilon_{\min})
$$

$$
= \frac{210 \times 10^9}{1 - 0.28^2} \times [0.453\,6 \times 10^{-3} + 0.28 \times (-0.253\,6 \times 10^{-3})] \text{ Pa}
$$

$$
= 87.2 \text{ MPa}
$$

$$
\sigma_{\min} = \frac{E}{1 - \mu^2}(\varepsilon_{\min} + \mu\varepsilon_{\max})
$$

$$
= \frac{210 \times 10^9}{1 - 0.28^2} \times [-0.253\,6 \times 10^{-3} + 0.28 \times (0.453\,6 \times 10^{-3})] \text{ Pa}
$$

$$
= -28.8 \text{ MPa}
$$

得主应力为

$$(\sigma_1, \sigma_2, \sigma_3) = (87.2 \text{ MPa}, 0, -28.8 \text{ MPa})$$

最大切应力为

$$\tau_{\max} = \frac{\sigma_1 - \sigma_3}{2} = \frac{87.2 - (-28.8)}{2} \text{ MPa} = 58 \text{ MPa}$$

例 6.7 如图(a)所示,直径 $d = 30$ mm 的圆轴受扭力偶矩 M_0 的作用,材料的弹性模量 $E = 210$ GPa,$\mu = 0.28$,实测圆轴表面点 A 与母线成 $-45°$ 方向的线应变 $\varepsilon_{-45°} = 0.21 \times 10^{-3}$。试求点 A 的主应力、主平面方位及 M_0 的值。

解 点 A 的单元体如图(b)所示,$\pm 45°$ 为两个主平面方位,图(b)中虚线所示的就是主单元体,三个主应力为 $\sigma_1 = \tau$、$\sigma_2 = 0$、$\sigma_3 = -\tau$。由式(6-11)求得

$$\varepsilon_{-45°} = \varepsilon_1 = \frac{1}{E}(\sigma_1 - \mu\sigma_3) = \frac{(1+\mu)}{E}\tau \quad \Rightarrow \quad \tau = \frac{E}{1+\mu}\varepsilon_{-45°} = \frac{210 \times 10^9}{1 + 0.28} \times 2.1 \times 10^{-4} \text{ Pa}$$

$$= 34.45 \text{ MPa}$$

所以点 A 的主应力为

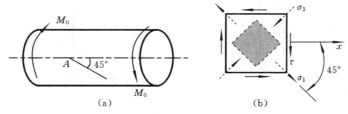

例 6.7 图

$$\sigma_1 = 34.45 \text{ MPa}, \quad \sigma_2 = 0, \sigma_3 = -34.45 \text{ MPa}$$

由扭转切应力公式 $\tau = T/W_p$ 求得扭力偶矩为

$$M_0 = T = W_p \tau = \frac{\pi d^3}{16} \tau = \frac{0.03^3 \pi}{16} \times (34.45 \times 10^6) \text{ N} \cdot \text{m} = 182.63 \text{ N} \cdot \text{m}$$

6.6 应变能密度 畸变能密度

在三向应力的作用下,微体将发生形状和体积的改变。对于图 6.10 所示的主单元体,其变形前、后的体积分别为

$$dV = dx dy dz,$$

$$dV_1 = (1+\varepsilon_1) dx \cdot (1+\varepsilon_2) dy \cdot (1+\varepsilon_3) dz$$
$$= (1+\varepsilon_1)(1+\varepsilon_2)(1+\varepsilon_3) dV$$

展开并略去高阶微量后可得

$$dV_1 = (1+\varepsilon_1+\varepsilon_2+\varepsilon_3) dV$$

微体体积的变化率,称为**体积应变**,用 θ 表示,利用上面的关系和式(6-11)可得

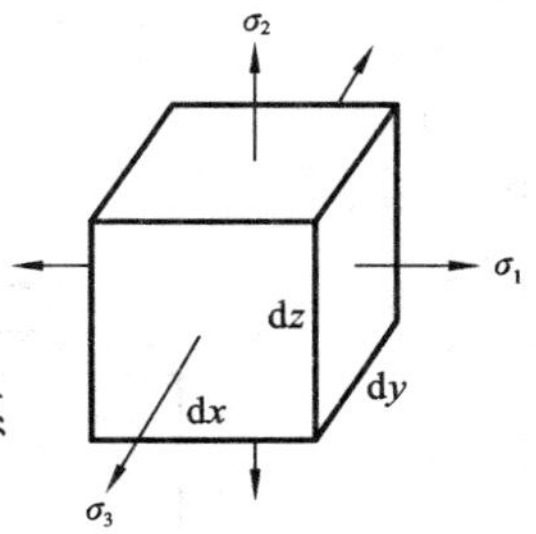

图 6.10

$$\theta = \frac{dV_1 - dV}{dV} = \varepsilon_1 + \varepsilon_2 + \varepsilon_3 = 3 \cdot \frac{1-2\mu}{E} \cdot \frac{\sigma_1 + \sigma_2 + \sigma_3}{3}$$

$$= \frac{3(1-2\mu)}{E} \sigma_m \tag{6-24}$$

其中平均主应力 $\sigma_m = (\sigma_1 + \sigma_2 + \sigma_3)/3$。由式(6-24)知,若 $\sigma_m = 0$ 或 $\mu \to 0.5$,则体积应变 $\theta = 0$,即体积不变,如受扭圆轴的体积就是不变的。

弹性体因变形而储存了能量,这种能量称为**应变能(变形能/弹性势能)**。对于图 6.11(a)所示单向应力状态的微体,设其各微边长为 δx、δy 和 δz,微体体积为 $\delta V = \delta x \delta y \delta z$。为方便分析,不妨将微体的左面固定(图 6.11(b)),假设右面受应力合力 $F = \sigma(\delta y \delta z)$(相对于微体它可视为外力)的作用,并逐步产生微位移 $d\Delta = d\varepsilon(\delta x)$,所做之微功为 δW,根据能量守恒定律,它全部转化为微体的微应变能 δU,即

$$\delta U = \delta W = \int_0^\Delta F d\Delta = \int_0^\Delta F d\varepsilon(\delta x) = \int_0^\varepsilon \sigma(\delta y \delta z) d\varepsilon(\delta x) = \left(\int_0^\varepsilon \sigma d\varepsilon \right) \delta x \delta y \delta z$$

$$= \left(\int_0^\varepsilon \sigma d\varepsilon \right) \delta V$$

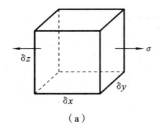 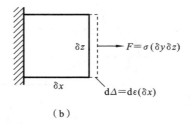

（a） （b）

图 6.11

对于线弹性体,将胡克定律 $\sigma=E\varepsilon$ 应用于上式,得单向应力状态下的应变能密度:

$$u = \frac{\delta U}{\delta V} = \int_0^\varepsilon \sigma \mathrm{d}\varepsilon = \int_0^\varepsilon E\varepsilon \, \mathrm{d}\varepsilon = \frac{1}{2}E\varepsilon^2 = \frac{1}{2}\sigma\varepsilon = \frac{\sigma^2}{2E} \tag{6-25}$$

对于纯剪切微体(图 6.12(a)),有 $\tau=G\gamma$。采用同样的做法亦可得到其应变能密度:

$$\delta U = \delta W = \int_0^\Delta F \mathrm{d}\Delta = \int_0^\Delta F \mathrm{d}\gamma(\delta x) = \int_0^\gamma \tau(\delta y \delta z) \mathrm{d}\gamma(\delta x)$$

$$= \left(\int_0^\gamma \tau \mathrm{d}\gamma\right)\delta x \delta y \delta z = \left(\int_0^\gamma \tau \mathrm{d}\gamma\right)\delta V$$

$$u = \frac{\delta U}{\delta V} = \int_0^\gamma \tau \mathrm{d}\gamma = \int_0^\gamma G\gamma \mathrm{d}\gamma = \frac{1}{2}G\gamma^2 = \frac{1}{2}\tau\gamma = \frac{\tau^2}{2G} \tag{6-26}$$

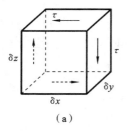 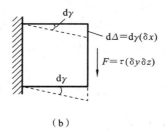

（a） （b）

图 6.12

在三向应力状态下(图 6.13(a)),仍可以利用外力功求应变能,且应变能只与外力的终值有关,与加载次序无关。设单元体的 3 个主应力 σ_1、σ_2、σ_3 由零按同一比例缓慢地增加到终值,则 3 个主应变 ε_1、ε_2、ε_3 也按同一比例增加到终值。因此三向应力状态下单元体的应变能密度为

$$u = \frac{1}{2}(\sigma_1\varepsilon_1 + \sigma_2\varepsilon_2 + \sigma_3\varepsilon_3) \tag{6-27}$$

将式(6-11)代入式(6-27),得

$$u = \frac{1}{2E}[\sigma_1^2 + \sigma_2^2 + \sigma_3^2 - 2\mu(\sigma_1\sigma_2 + \sigma_2\sigma_3 + \sigma_3\sigma_1)] \tag{6-28a}$$

或

$$u=\frac{1}{2}\begin{bmatrix}\sigma_1\\\sigma_2\\\sigma_3\end{bmatrix}^{\mathrm{T}}\begin{bmatrix}\dfrac{1}{E}&\dfrac{-\mu}{E}&\dfrac{-\mu}{E}\\[2mm]\dfrac{-\mu}{E}&\dfrac{1}{E}&\dfrac{-\mu}{E}\\[2mm]\dfrac{-\mu}{E}&\dfrac{-\mu}{E}&\dfrac{1}{E}\end{bmatrix}\begin{bmatrix}\sigma_1\\\sigma_2\\\sigma_3\end{bmatrix}\qquad(6\text{-}28\mathrm{b})$$

　　注意到应变能密度是主应力的齐二次函数。将主单元体(图 6.13(a))分解成两种应力状态,其一称为**球分解**(图 6.13(b)),相应的应力称为球应力,其二为**偏分解**(图 6.13(c)),相应的应力称为应力偏量。

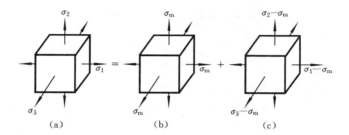

图 6.13

　　图 6.13(b)所示的单元体在三向等值拉应力 σ_{m} 作用下,只有体积改变(均匀膨胀)而无形状改变。应用式(6-28a)得其应变能密度 u_{V}(称为**体积改变能密度**)为

$$u_{\mathrm{V}}=\frac{1}{2E}[\sigma_{\mathrm{m}}^2+\sigma_{\mathrm{m}}^2+\sigma_{\mathrm{m}}^2-2\mu(\sigma_{\mathrm{m}}\sigma_{\mathrm{m}}+\sigma_{\mathrm{m}}\sigma_{\mathrm{m}}+\sigma_{\mathrm{m}}\sigma_{\mathrm{m}})]=\frac{3(1-2\mu)}{2E}\sigma_{\mathrm{m}}^2=\frac{1-2\mu}{6E}(\sigma_1+\sigma_2+\sigma_3)^2$$

$$(6\text{-}29)$$

　　对于图 6.13(c),注意到其平均应力为零,由式(6-24)可知,其体积应变为零,只有形状改变。将其 3 个主应力 $\sigma_1-\sigma_{\mathrm{m}}$、$\sigma_2-\sigma_{\mathrm{m}}$ 和 $\sigma_3-\sigma_{\mathrm{m}}$ 代入式(6-28a),可得相应的应变能密度 u_{d}(称为**畸变能密度**,也称为**形状改变能密度**)为

$$u_{\mathrm{d}}=\frac{1+\mu}{6E}[(\sigma_1-\sigma_2)^2+(\sigma_2-\sigma_3)^2+(\sigma_3-\sigma_1)^2]\qquad(6\text{-}30)$$

或写为

$$u_{\mathrm{d}}=\frac{2(1+\mu)}{3E}\left[\left(\frac{\sigma_1-\sigma_2}{2}\right)^2+\left(\frac{\sigma_2-\sigma_3}{2}\right)^2+\left(\frac{\sigma_3-\sigma_1}{2}\right)^2\right]$$

　　结合三向应力圆(图 6.7)可知,式中各平方项分别为各主切应力,即畸变能密度与 3 个主切应力密切相关。畸变能密度在 6.7 节强度理论中有重要应用。

　　对于一般线弹性三向应力单元体,其应变能密度可用 6 个应力分量和对应的应变分量来表示,在小变形条件下,线应变和切应变可认为几乎互不耦合,且各切应变也几乎不耦合,则应变能密度为

$$u=\frac{1}{2}(\sigma_x\varepsilon_x+\sigma_y\varepsilon_y+\sigma_z\varepsilon_z+\tau_{xy}\gamma_{xy}+\tau_{yz}\gamma_{yz}+\tau_{zx}\gamma_{zx})\qquad(6\text{-}31\mathrm{a})$$

用应变向量、应力向量和弹性系数矩阵(式(6-14))改写式(6-31a),得

$$u=\frac{1}{2}\pmb{\varepsilon}^{\mathrm{T}}\pmb{\sigma}=\frac{1}{2}\pmb{\varepsilon}^{\mathrm{T}}\pmb{E}\pmb{\varepsilon}=\frac{1}{2}\pmb{\sigma}^{\mathrm{T}}\pmb{\varepsilon}=\frac{1}{2}\pmb{\sigma}^{\mathrm{T}}\pmb{E}^{-1}\pmb{\sigma} \tag{6-31b}$$

例 6.8　试采用图示微体,以纯剪切为例,求各向同性材料的弹性模量 E、剪切模量 G 和泊松比 μ 之间的关系。

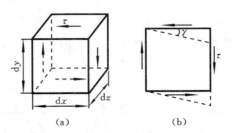

例 6.8 图

解　纯剪切条件下微体的应变能密度为

$$u=\frac{\mathrm{d}U}{\mathrm{d}V}=\frac{1}{2}\cdot\frac{(\tau\mathrm{d}y\mathrm{d}z)\cdot\gamma\mathrm{d}x}{\mathrm{d}x\mathrm{d}y\mathrm{d}z}=\frac{1}{2}\tau\gamma=\frac{\tau^2}{2G} \tag{a}$$

在纯剪切状态下的主应力 $\sigma_1=\tau,\sigma_2=0,\sigma_3=-\tau$,由式(6-28a)可得应变能密度为

$$u=\frac{1}{2E}\big[\tau^2+0^2+(-\tau)^2-2\mu(-\tau^2)\big]=\frac{2(1+\mu)\tau^2}{2E} \tag{b}$$

对于同一微体,由上面两个不同途径得到的应变能密度应相等,由此得到三个弹性常数之间的关系为

$$\frac{\tau^2}{2G}=\frac{2(1+\mu)\tau^2}{2E}\quad\Rightarrow\quad G=\frac{E}{2(1+\mu)}$$

例 6.9　受均布荷载作用的矩形截面悬臂梁如图所示,试求梁所存储的应变能。

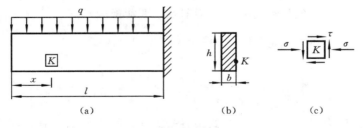

例 6.9 图

解　由第 4 章知梁的弯曲正应力和切应力分别为

$$\sigma=\frac{My}{I_z},\qquad\tau=\frac{F_{\mathrm{s}}}{2I_z}\Big(\frac{h^2}{4}-y^2\Big)$$

梁上一点 K(在中性轴之下)的应力状态如图(c)所示,属平面应力状态,则式(6-31a)中带下标"z"的应力、应变都为零,因此可计算梁的应变能密度,即

$$u = \frac{\mathrm{d}U}{\mathrm{d}V} = \frac{1}{2}(\sigma_x \varepsilon_x + \tau_{xy} \gamma_{xy}) = \frac{1}{2}\left(\frac{\sigma^2}{E} + \frac{\tau^2}{G}\right)$$

将梁的正应力和切应力代入上式,并在梁的体积上积分,求得应变能为

$$U = \int_V u \, \mathrm{d}V = \int_V \frac{1}{2}\left(\frac{\sigma^2}{E} + \frac{\tau^2}{G}\right)\mathrm{d}V = \int_L \mathrm{d}x \int_A \left[\frac{1}{2E}\left(\frac{My}{I_z}\right)^2 + \frac{1}{2G}\left(\frac{F_S S_z^*}{I_z b}\right)^2\right]\mathrm{d}A$$

上式中第一个积分项对应弯曲应变能:

$$\int_L \mathrm{d}x \int_A \frac{1}{2E}\left(\frac{My}{I_z}\right)^2 \mathrm{d}A = \int_L \frac{M^2}{2E}\mathrm{d}x \, \frac{1}{I_z^2}\int_A y^2 \mathrm{d}A = \int_L \frac{M^2}{2EI_z}\mathrm{d}x$$

第二个积分项对应剪切应变能:

$$\int_L \mathrm{d}x \int_A \frac{1}{2G}\left(\frac{F_S S_z^*}{I_z b}\right)^2 \mathrm{d}A = \int_L \frac{F_S^2}{2GA}\mathrm{d}x\left(\frac{A}{(I_z b)^2}\right)\int_A (S_z^*)^2 \mathrm{d}A = \int_L \frac{k_S F_S^2}{2GA}\mathrm{d}x$$

式中:k_S 为梁的**剪切形状系数**,即

$$k_S = \frac{A}{(I_z b)^2}\int_A (S_z^*)^2 \mathrm{d}A \tag{a}$$

梁的总应变能又可写为

$$U = \int_L \frac{M^2}{2EI_z}\mathrm{d}x + \int_L \frac{k_S F_S^2}{2GA}\mathrm{d}x \tag{b}$$

式(a)中:

$$\int_A (S_z^*)^2 \mathrm{d}A = b\int_A (S_z^*)^2 \mathrm{d}y = b\int_A \left[\frac{b}{2}\left(\frac{h^2}{4} - y^2\right)\right]^2 \mathrm{d}y = \frac{b^3}{4}\int_{-0.5h}^{0.5h}\left(\frac{h^2}{4} - y^2\right)^2 \mathrm{d}y$$

$$= \frac{b^3}{4}\int_{-0.5h}^{0.5h}\left[\left(\frac{h^2}{4}\right)^2 - 2 \cdot \frac{h^2}{4}y^2 + y^4\right]\mathrm{d}y = \frac{b^3}{4} \cdot \frac{8h^5}{240} = \frac{b^3 h^5}{120}$$

将上式的结果代入式(a),得矩形截面的剪切形状系数:

$$k_S = \left(\frac{A}{(I_z b)^2}\right)\int_A (S_z^*)^2 \mathrm{d}A = \frac{hb}{(bh^3/12)^2 b^2} \cdot \frac{b^3 h^5}{120} = \frac{12^2}{120} = \frac{6}{5} = 1.2 \tag{c}$$

如果梁的切应力均匀分布,即 $\tau = F_S/A$,则相应的剪切应变能为

$$\int_V \frac{\tau^2}{2G}\mathrm{d}V = \int_V \frac{1}{2G}\left(\frac{F_S}{A}\right)^2 \mathrm{d}V = \int_L \frac{F_S^2}{2GA}\mathrm{d}x$$

这时,剪切形状系数 $k_S = 1$。

　　将梁截面上的弯矩 $M(x) = -qx^2/2$、剪力 $F_S(x) = -qx$ 和钢材弹性常数关系式 $E/G = 2.5$(泊松比取 0.25),及式(a)代入式(b),得梁的应变能为

$$U = \int_L \frac{M^2}{2EI_z}\mathrm{d}x + \int_L \frac{k_S F_S^2}{2GA}\mathrm{d}x = \int_0^l \frac{1}{2EI_z}\left(-\frac{1}{2}qx^2\right)^2 \mathrm{d}x + \int_0^l k_S \frac{(-qx)^2 \mathrm{d}x}{2GA}$$

$$= \frac{q^2 l^5}{40EI_z} + \frac{k_S q^2 l^3}{6GA} = \frac{q^2 l^5}{40EI_z}\left[1 + \frac{40k_S}{6}\left(\frac{EI_z}{GAl^2}\right)\right] = \frac{q^2 l^5}{40EI_z}\left[1 + \frac{5}{3}\left(\frac{h}{l}\right)^2\right] \approx \frac{q^2 l^5}{40EI_z}$$

　　对于细长梁($l \gg h$),上式括号里的第二项远小于 1,可略去。因此,当计算细长梁的应变能时,可略去剪切应变能,只计算梁的弯曲应变能;而对于短粗梁、薄壁梁以

及用剪切模量 G 远小于弹性模量 E 的材料(如复合材料)制成的梁,则剪力对应变能的影响不能忽略。

6.7　强度理论　相当应力

当材料处于单向应力状态时,其强度极限可用试验测定。当构件的受载比较复杂或形状比较复杂时,构件内的危险点一般处于复杂(二向或三向)应力状态。通过前面的应力分析可知,过一点可以求得复杂应力状态下的三个主应力 σ_1、σ_2、σ_3,到底哪个主应力或哪几个主应力的组合是材料破坏的原因,几乎不可能用试验来测定。因此,为了建立复杂应力状态下材料的强度条件,需要深入研究导致材料破坏的规律。回顾材料在拉伸、压缩及扭转等试验中发生的破坏现象,不难发现材料破坏的基本形式有两种:一种是在没有明显的塑性变形情况下突然发生断裂,称为**脆性断裂**,如铸铁试样在拉伸时沿横截面的断裂和铸铁圆杆在扭转时沿斜截面的断裂;另一种是材料产生显著的塑性变形而使构件丧失正常的工作能力,称为**屈服失效(塑性屈服)**,如低碳钢试样在拉伸、压缩或扭转,且其应力达到屈服极限时都会发生显著的塑性变形。长期以来,人们根据对材料破坏现象的分析与研究,曾提出过不少关于材料破坏原因的假说,这些假说如果被实践所验证,就成为强度理论。常用的强度理论大致分为两类,一类是针对脆性断裂的理论,另一类是针对塑性屈服失效的理论。

第一类强度理论是以脆性断裂为破坏标志的,其中包括最大拉应力理论和最大伸长线应变理论。早在 17 世纪,这一类理论就已出现,因为当时的主要建筑材料是砖、石、铸铁等脆性材料,所以人们观察到的破坏现象多为脆断。经过不断的发展与完善,这类理论明确了材料的脆性断裂只有在以拉伸为主的情况下才可能发生。

第二类强度理论是以出现屈服失效或发生显著的塑性变形为破坏标志的,其中包括最大切应力理论和畸变能密度理论。这些理论是从 19 世纪以来,随着在工程实践中大量使用像低碳钢一类的塑性材料,人们对材料的塑性变形有了较多的认识和研究之后,才逐步发展起来的。

1. 最大拉应力理论(第一强度理论)

该理论认为,材料发生脆性断裂的主要原因是最大拉应力达到极限值。不论材料在何种应力状态下,只要构件内危险点的最大拉应力达到该材料单向拉伸破坏试验所测得的强度极限 σ_b,就会引起断裂破坏。其断裂条件为

$$\sigma_1 = \sigma_b \quad (\sigma_1 > 0) \quad (\sigma_b \text{ 为单向拉伸时的测量值})$$

将单向拉伸的强度极限 σ_b 除以安全因数得到许用应力 $[\sigma]$。于是按第一强度理论建立的强度条件是

$$\sigma_1 \leqslant [\sigma] \tag{6-32}$$

试验表明,脆性材料在二向或三向拉伸断裂时,最大拉应力理论与一些金属的试验结果很接近;若存在压应力,则只要最大压应力不超过最大拉应力,该理论同样适

用；它也适用于塑性材料在三向（或接近三向）等拉应力状态下的断裂破坏。

2. 最大伸长线应变理论（第二强度理论）

该理论认为，材料发生脆性断裂的主要原因是最大伸长线应变达到极限值，亦即不论材料在何种应力状态下，只要危险点的最大伸长线应变 ε_1 达到该材料单向拉伸断裂破坏时的极限值 ε_{1u}，就会引起断裂破坏。其断裂条件为

$$\varepsilon_1 = \varepsilon_{1u} \quad (\varepsilon_1 > 0) \tag{6-33}$$

设材料在破坏时可近似看成线弹性的，应用胡克定律得

$$\varepsilon_1 = \frac{1}{E}[\sigma_1 - \mu(\sigma_2 + \sigma_3)], \quad \varepsilon_{1u} = \frac{\sigma_b}{E} \quad (\sigma_b \text{ 单向拉伸时的测量值})$$

综合得

$$\sigma_1 - \mu(\sigma_2 + \sigma_3) = \sigma_b$$

考虑安全因数后，得到相应的强度条件：

$$\sigma_1 - \mu(\sigma_2 + \sigma_3) \leqslant [\sigma] \tag{6-34}$$

第二强度理论可以较好地解释岩石等脆性材料在单向位伸时沿纵向开裂的脆性断裂现象。它在形式上考虑了主应力 σ_2 和 σ_3 的影响，似乎比第一强度理论更完善。但有时并不一定合理，如在两向或三向受拉时，按此理论材料反而比单向受拉时不易断裂，显然与实际情况不符。

3. 最大切应力理论（第三强度理论）

该理论认为，材料塑性屈服失效的主要原因是最大切应力达到极限值，即不论材料在何种应力状态下，只要危险点的最大切应力达到单向拉伸时的屈服切应力 τ_s，就会引起材料的塑性屈服失效。其失效条件是

$$\tau_{max} = \tau_s \tag{6-35}$$

复杂应力状态下和在单向拉伸屈服时的极限切应力为

$$\tau_{max} = \frac{\sigma_1 - \sigma_3}{2}, \quad \tau_s = \frac{\sigma_s}{2} \quad (\sigma_s \text{ 为单向拉伸时的测量值})$$

综合得

$$\sigma_1 - \sigma_3 = \sigma_s$$

考虑安全因数后，相应的强度条件是

$$\sigma_1 - \sigma_3 \leqslant [\sigma] \tag{6-36}$$

最大切应力理论又称为 Tresca **屈服条件**，它适用于塑性材料（除三向等拉应力状态）的屈服失效，不足之处是忽略了 σ_2 的影响，但该强度条件形式简单，且偏于安全，应用很广泛。

4. 畸变能密度理论（第四强度理论）

该理论认为，材料发生塑性屈服失效的主要原因是畸变能密度达到其极限值，即不论材料在哪种应力状态下，当危险点的畸变能密度达到该材料在单向拉伸屈服时的极限值 u_{du} 时，材料就会发生塑性屈服失效。其失效条件是

$$u_d = u_{du} \tag{6-37}$$

分别将复杂应力状态下的畸变能密度公式(6-30)(在屈服时使用该式严格地说是有误差的,只有当材料发生屈服变形而塑性变形不太大时,其误差才可忽略不计)及单向拉伸屈服时畸变能密度的极限值

$$u_d = \frac{1+\mu}{6E}\left[(\sigma_1-\sigma_2)^2+(\sigma_2-\sigma_3)^2+(\sigma_3-\sigma_1)^2\right]$$

$$u_{du} = \frac{1+\mu}{6E}(2\sigma_s^2) \quad (\sigma_s \text{ 为单向拉伸时的测量值})$$

代入式(6-37)得

$$\sqrt{\frac{1}{2}\left[(\sigma_1-\sigma_2)^2+(\sigma_2-\sigma_3)^2+(\sigma_3-\sigma_1)^2\right]} = \sigma_s$$

考虑安全因数后,相应的强度条件是

$$\sqrt{\frac{1}{2}\left[(\sigma_1-\sigma_2)^2+(\sigma_2-\sigma_3)^2+(\sigma_3-\sigma_1)^2\right]} \leqslant [\sigma] \tag{6-38}$$

畸变能密度理论又称 Mises **屈服条件**。它的适用范围与最大切应力理论的相同,但它比后者更接近一些特例试验结果。

5. 莫尔(Mohr)强度理论

该理论并不简单地假设材料的破坏是某一因素达到其极限值而引起的,而是以各种应力状态下材料的破坏试验结果为依据,建立起来的带有一定经验性的强度理论。该理论形式上与第三强度理论类似,其强度条件为

$$\sigma_1 - \frac{[\sigma_t]}{[\sigma_c]}\sigma_3 \leqslant [\sigma_t] \tag{6-39}$$

式中:$[\sigma_t]$、$[\sigma_c]$分别为材料的许用拉应力和许用压应力。当$[\sigma_t]=[\sigma_c]$时,式(6-39)就变为第三强度理论;当$[\sigma_t] \ll [\sigma_c]$时,式(6-39)就变为第一强度理论。所以莫尔强度理论适用于脆性材料的断裂和低塑性材料的屈服。

将以上强度理论下的强度条件写成统一的形式:

$$\sigma_r \leqslant [\sigma] \tag{6-40}$$

式中:σ_r 称为**相当应力/等效应力**,它并不是结构的真实应力,而是三个真实主应力的函数。所以式(6-40)也称为**主应力强度条件**。σ_r 在不同的强度理论下有不同的形式,即

$$\begin{cases} \sigma_{r1} = \sigma_1 \\ \sigma_{r2} = \sigma_1 - \mu(\sigma_2+\sigma_3) \\ \sigma_{r3} = \sigma_1 - \sigma_3 \\ \sigma_{r4} = \sqrt{\dfrac{1}{2}\left[(\sigma_1-\sigma_2)^2+(\sigma_2-\sigma_3)^2+(\sigma_3-\sigma_1)^2\right]} \\ \sigma_{rM} = \sigma_1 - \dfrac{[\sigma_t]}{[\sigma_c]}\sigma_3 \end{cases} \tag{6-41}$$

式中：σ_{r3} 也称为 Tresca 应力；σ_{r4} 称为 Mises 应力。

例 6.10　试推导塑性材料发生屈服失效时的许用切应力 $[\tau]$ 和许用正应力 $[\sigma]$ 之间的关系。

解　在纯剪切状态下，一方面，由 Tresca 屈服条件，有

$$\sigma_{r3}=\sigma_1-\sigma_3=2\tau\leqslant[\sigma]$$

即

$$\tau\leqslant 0.5[\sigma] \tag{a}$$

另一方面，按剪切强度条件，有

$$\tau\leqslant[\tau] \tag{b}$$

比较上面两个强度条件得

$$[\tau]=0.5[\sigma] \tag{c}$$

如按 Mises 屈服条件，有

$$\sigma_{r4}=\sqrt{\frac{1}{2}\left[(\sigma_1-\sigma_2)^2+(\sigma_2-\sigma_3)^2+(\sigma_3-\sigma_1)^2\right]}$$

$$=\sqrt{\frac{1}{2}\left[(\tau-0)^2+(0+\tau)^2+(-\tau-\tau)^2\right]}=\sqrt{3}\tau\leqslant[\sigma] \tag{d}$$

比较式（b）和式（d）得

$$[\tau]=\frac{1}{\sqrt{3}}[\sigma]=0.577[\sigma]\approx 0.6[\sigma] \tag{e}$$

因此，对塑性材料可取 $[\tau]=(0.5\sim 0.6)[\sigma]$。

例 6.11　图示钢制圆柱形薄壁容器受均布内压 $p=3.6$ MPa 的作用，其平均直径 $D=500$ mm，材料的许用应力 $[\sigma]=160$ MPa。试确定容器的最小壁厚 t。

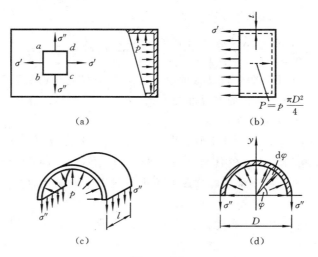

例 6.11 图

解　用横截面截取容器的右半部分(图(b))。因 t 很小,横截面面积可用 πDt 计算。由右半部分容器在轴线方向的静力平衡解得横截面上的轴向应力为

$$p\frac{\pi D^2}{4}-\sigma'\cdot\pi Dt=0 \quad\Rightarrow\quad \sigma'=\frac{pD}{4t} \tag{a}$$

用相距 l 的两个横截面截出一段,再用纵向对称面将其截为上、下两部分,由于壁厚 t 很小,可近似地认为在截开的两个狭长矩形截面($l\times t$)上的正应力 σ'' 是均匀分布的(如果 $t\leqslant D/20$,这种近似就足够精确)。由上半部分在 y 方向的静力平衡方程(图(d))解得纵向截面上的应力为

$$2\sigma''lt-\int_0^\pi pl\frac{D}{2}\sin\varphi\,\mathrm{d}\varphi=0 \quad\Rightarrow\quad \sigma''=\frac{pD}{2t} \tag{b}$$

由对称性可知,上述纵横截面上均无切应力,所以它们都是主平面,而 σ' 和 σ'' 均为主应力。容器的外表面是自由表面,既无正应力也无切应力,容器内表面无切应力只有均匀压力 p。由式(a)和式(b)可知,p 相对 σ' 和 σ'' 可以忽略不计。因此,用两个横截面和两个纵截面从容器壁上截出一个单元体 $abcd$(图(a)),其主应力为

$$\sigma_1=\frac{pD}{2t}, \quad \sigma_2=\frac{pD}{4t}, \quad \sigma_3\approx 0$$

如果容器的破坏形式为屈服失效,则在此平面应力状态下应按第三或第四强度理论确定其壁厚。先按第三强度理论确定壁厚,有

$$\sigma_{r3}=\sigma_1-\sigma_3=\frac{pD}{2t}\leqslant[\sigma] \quad\Rightarrow\quad t\geqslant\frac{pD}{2[\sigma]}=\frac{3.6\times10^6\times0.5}{2\times160\times10^6}\,\mathrm{m}=0.005\,63\,\mathrm{m}=5.63\,\mathrm{mm}$$

上式与由第一强度理论得到的公式无异。再按第四强度理论确定壁厚,有

$$\sigma_{r4}=\sqrt{\frac{1}{2}\big[(\sigma_1-\sigma_2)^2+(\sigma_2-\sigma_3)^2+(\sigma_3-\sigma_1)^2\big]}=\frac{\sqrt{3}\,pD}{4t}\leqslant[\sigma]$$

$$\Rightarrow\quad t\geqslant\frac{\sqrt{3}\,pD}{4[\sigma]}=\frac{\sqrt{3}\times3.6\times10^6\times0.5}{4\times160\times10^6}\,\mathrm{m}=0.004\,87\,\mathrm{m}=4.87\,\mathrm{mm}$$

由此可见,按第三强度理论设计的壁厚较之第四强度理论的要厚,故更安全。注意到两个依不同理论所设计的壁厚相差超过 10%。在实际工作中,到底根据哪个强度理论进行设计,取决于行业规范。

例 6.12　一两端密封的圆柱形压力容器,圆筒部分由壁厚为 t、宽为 b 的塑条滚压成螺旋状并熔接而成。圆筒的内直径为 D,且 $t\ll D$,如图(a)所示。容器承受的内压的压强为 p,若熔接部分承受的拉应力不得超过塑条中最大拉应力的 80%,则塑条的许用宽度 b 应为多少?

解　本例显然是圆柱形薄壁压力容器的强度问题。由例 6.11 已求得薄壁上的主应力为

$$\sigma_1=\frac{pD}{2t}, \quad \sigma_2=\frac{pD}{4t}, \quad \sigma_3\approx 0$$

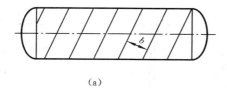

例 6.12 图

由图(b)可得塑条熔接缝方位角 θ 的正弦和余弦分别为

$$\sin\theta=\frac{b}{\pi D}, \quad \cos\theta=\frac{\sqrt{(\pi D)^2-b^2}}{\pi D}$$

熔接缝(斜截面)拉应力 σ_θ 应满足的条件为

$$\sigma_\theta=\sigma_1\sin^2\theta+\sigma_2\cos^2\theta\leqslant 0.8\sigma_1$$

将 σ_1、σ_2 和 $\sin\theta$、$\cos\theta$ 的值代入上式,经整理后得

$$b^2\leqslant 0.6(\pi D)^2, \quad b\leqslant 2.43D$$

例 6.13　工字钢简支梁由钢板焊接而成,荷载和横截面尺寸如图(a)(b)(c)所示。(1)试分别绘出截面 C(图(a))上 a 和 b 两点处(图(c))的应力圆,并求出这两点处的主应力;(2)若梁的许用应力 $[\sigma]=160$ MPa,试分别用第三和第四强度理论分析梁的强度。

解　(1)首先画梁的剪力图(图(d))和弯矩图(图(e)),得

$$M_{\max}=M_C=80 \text{ kN·m}, \quad F_{S\max}=F_{SC}=200 \text{ kN}(\text{点 } C \text{ 的左截面})$$

可知截面 C 是内力最大之截面,故是危险截面。而截面上的点 a 是焊接点,截面最下缘点 b 是最大正应力之点,另外,中性轴处切应力最大之点,都可能是危险点,必须分析其强度。对于图(f)所示的平面应力(实线)微体,$\sigma_x=\sigma$,$\sigma_y=0$,$\tau_x=\tau_y=\tau$,其第三和第四强度理论的相当应力(Tresca 应力和 Mises 应力)可分别写为

$$\sigma_{r3}=\sigma_1-\sigma_3=2\sqrt{\left(\frac{\sigma_x}{2}\right)^2+\tau_x^2}=\sqrt{\sigma_x^2+4\tau_x^2}=\sqrt{\sigma^2+4\tau^2} \tag{a}$$

$$\sigma_{r4}=\sqrt{\frac{1}{2}\left[(\sigma_1-\sigma_2)^2+(\sigma_2-\sigma_3)^2+(\sigma_3-\sigma_1)^2\right]}=\sqrt{\frac{1}{2}\left[\sigma_1^2+(-\sigma_3)^2+(\sigma_3-\sigma_1)^2\right]}$$

$$=\sqrt{\frac{1}{2}\left\{\left[\frac{\sigma_x}{2}+\sqrt{\left(\frac{\sigma_x}{2}\right)^2+\tau_x^2}\right]^2+\left[\frac{\sigma_x}{2}-\sqrt{\left(\frac{\sigma_x}{2}\right)^2+\tau_x^2}\right]^2+4\left(\frac{\sigma_x}{2}\right)^2+4\tau_x^2\right\}}$$

$$=\sqrt{\sigma_x^2+3\tau_x^2}=\sqrt{\sigma^2+3\tau^2} \tag{b}$$

注意到当 $\tau=0$ 或单向应力状态时,有

$$\sigma_{r1}=\sigma_{r2}=\sigma_{r3}=\sigma_{r4}=\sigma \tag{c}$$

(2)点 a 的应力和强度。先求截面的惯性矩、部分面积(下缘的面积)的静矩:

$$I_z=\left[\frac{1}{12}\times(270+15+15)^3\times 120-\frac{1}{12}\times 270^3\times(120-9)\right] \text{mm}^4=88\times 10^{-6} \text{ m}^4$$

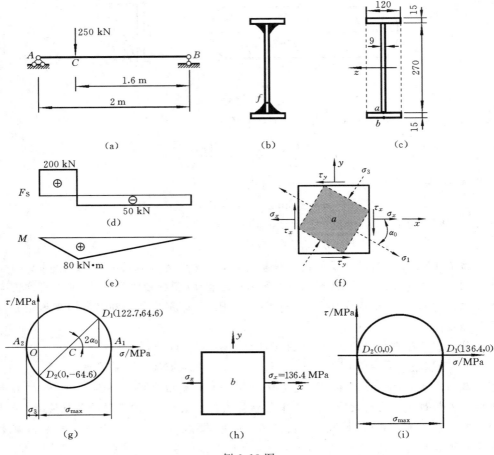

例 6.13 图

$$S_{za}^* = (120 \times 15) \times \left(\frac{270}{2} + \frac{15}{2}\right) \text{ mm}^3 = 256 \times 10^{-6} \text{ m}^3$$

$$\sigma_a = \frac{M_C}{I_z} y_a = \frac{80 \times 10^3}{88 \times 10^{-6}} \times \left(\frac{0.27}{2}\right) \text{ Pa} = 122.7 \text{ MPa}$$

$$\tau_a = \frac{F_{SC} S_{za}^*}{I_z d} = \frac{(200 \times 10^3) \times (256 \times 10^{-6})}{(88 \times 10^{-6}) \times (9 \times 10^{-3})} \text{ Pa} = 64.6 \text{ MPa}$$

运用 Tresca 屈服条件和 Mises 屈服条件,且将[σ]放大 5%,有

$$\sigma_{r3} = \sqrt{\sigma_x^2 + 4\tau_x^2} = \sqrt{\sigma_a^2 + 4\tau_a^2} = \sqrt{122.7^2 + 4 \times (64.6)^2} \text{ MPa}$$
$$= 178.2 \text{ MPa} > 1.05[\sigma] = 168 \text{ MPa} \quad (\text{强度不足})$$

$$\sigma_{r4} = \sqrt{\sigma_x^2 + 3\tau_x^2} = \sqrt{(\sigma_a)^2 + 3(\tau_a)^2} = \sqrt{122.7^2 + 3 \times (64.6)^2} \text{ MPa}$$
$$= 166.1 \text{ MPa} < 1.05[\sigma] = 168 \text{ MPa} \quad (\text{强度够})$$

可见 Tresca 应力比 Mises 应力略大,故前者略保守。

绘出点 a 处单元体的 x、y 两方向上的应力,如图(f)所示。在绘出坐标轴及选定适当的比例尺后,根据单元体上的应力值即可绘出相应的应力圆(图(g))。由图(g)可见,应力圆与 σ 轴的两交点 A_1、A_2 的横坐标分别代表点 a 处的两个主应力 σ_1 和 σ_3 ($\sigma_3 < 0$),由式(6-3)或用应力圆的几何关系可求得:

$$\sigma_1 = \sigma_{\max} = \frac{\sigma_x}{2} + \sqrt{\left(\frac{\sigma_x}{2}\right)^2 + \tau_x^2} = \left[\frac{122.7}{2} + \sqrt{\left(\frac{122.7}{2}\right)^2 + 64.6^2}\right] \text{MPa} = 150.4 \text{ MPa}$$

$$\sigma_3 = \sigma_{\min} = \frac{\sigma_x}{2} - \sqrt{\left(\frac{\sigma_x}{2}\right)^2 + \tau_x^2} = \left[\frac{122.7}{2} - \sqrt{\left(\frac{122.7}{2}\right)^2 + 64.6^2}\right] \text{MPa} = -27.7 \text{ MPa}$$

$$\alpha_0 = -\frac{1}{2}\arctan\left(\frac{2\tau_{xy}}{\sigma_x - \sigma_y}\right) = -\frac{1}{2}\arctan\left(\frac{2 \times 64.4}{122.7 - 0}\right) = -23.2°$$

故由 x 平面至 σ_1 所在截面的夹角 α_0 应为 $-23.2°$,负号表示由应力圆的点 D_1 顺时针旋转到点 A_1(图(g))。虚线所围深色区域是主单元体(图(f))。

(3)计算截面 C 上点 b 处(截面的最下处,无切应力,y_b 是截面高的一半)的应力并分析强度:

$$\sigma_b = \frac{M_C}{I_z}y_b = \frac{80 \times 10^3}{88 \times 10^{-6}} \times \left(\frac{0.27}{2} + 0.15\right) \text{Pa} = 136.4 \text{ MPa}, \quad \tau_b = 0$$

$$\sigma_{r3} = \sigma_{r4} = \sigma = 136.4 \text{ MPa} < [\sigma] = 160 \text{ MPa} \quad (\text{强度够})$$

这样,可以绘出点 b 处所取单元体各面上的应力,如图(h)所示,它本身就是主单元体。其相应的应力圆如图(i)所示。由此圆可见,点 b 处的三个主应力分别为 $\sigma_1 = \sigma_x = 136.4$ MPa,$\sigma_2 = \sigma_3 = 0$。σ_1 所在截面就是 x 平面,亦即梁的横截面 C。

(4)在中性轴 z 上,无正应力:

$$S_{z\max}^* = \left[(120 \times 15) \times \left(\frac{270}{2} + \frac{15}{2}\right) + \left(9 \times \frac{270}{2}\right) \times \frac{270}{2 \times 2}\right] \text{mm}^3$$

$$= 338\,512.5 \text{ mm}^3 = 339 \times 10^{-6} \text{ m}^3$$

最大切应力为

$$\tau_{\max} = \frac{F_{S\max}S_{z\max}^*}{I_z d} = \frac{(200 \times 10^3) \times (339 \times 10^{-6})}{(88 \times 10^{-6}) \times (9 \times 10^{-3})} \text{Pa} = 85.3 \text{ MPa}$$

如按第三强度理论,则强度不足,即

$$\tau_{\max} > 1.05[\tau]' = 1.05\left(\frac{[\sigma]}{2}\right) = 1.05 \times \left(\frac{160 \times 10^6}{2}\right) \text{Pa} = 84 \text{ MPa}$$

如按第四强度理论,则强度够,即

$$\tau_{\max} < [\tau] = \frac{[\sigma]}{\sqrt{3}} = \frac{160 \times 10^6}{\sqrt{3}} \text{Pa} = 92.4 \text{ MPa}$$

式中:强度指标 $[\tau]'$、$[\tau]$ 分别源自第三和第四强度理论。可再次看到 Tresca 应力略大于 Mises 应力,或者说按第四强度理论设计的结果具有相对更好的经济性,故后者广泛应用于航空航天领域,因为飞机等飞行器对结构的自重有着异乎寻常的控制要求。

思 考 题

6-1 什么是一点的应力状态？什么是平面应力状态？试列举平面应力状态的实例。

6-2 什么是主平面、主应力？

6-3 极值切应力所在面上有无正应力？

6-4 什么是单向、二向和三向应力状态？

6-5 一个应力圆所代表的是一个点的应力状态，还是许多个点的应力状态？

6-6 广义胡克定律在什么条件下成立？各向同性材料的主应力与主应变在大小和方向上有什么关系？

6-7 应变能密度是否等于体积改变能密度与畸变能密度之和？

6-8 纯剪切状态下的微体是否有体积改变？圆轴扭转时，其体积有无变化？

6-9 应力状态对材料的破坏形式有什么影响？三向拉伸和三向压缩时材料的破坏形式如何？

6-10 将沸水迅速倒入厚玻璃杯中，杯内、外壁的受力情况如何？若玻璃杯破裂，裂缝是从内壁，还是从外壁开始的？

习 题

6-1 图示一等直圆截面杆，直径 $D=100$ mm，承受扭力偶矩 $M_0=7$ kN·m 及轴向拉力 $F=50$ kN 的作用，试用单元体表示杆表面点 A 的应力状态。

6-2 圆截面直杆受力如图所示，试用单元体表示点 A 的应力状态。已知 $F=39.3$ N，$M=125.6$ N·m，$D=20$ mm，杆长 $l=1$ m。

6-3 图示短木柱受轴向压力作用。已知木柱的木纹方向和轴线夹角为 $30°$，木材顺纹方向的抗剪能力最弱，许用切应力 $[\tau]=1$ MPa，木柱的横截面面积 $A=10$ mm^2。试求许用压力 F。

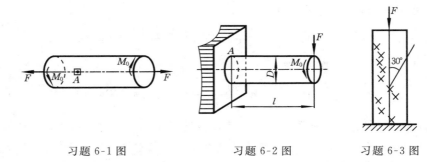

习题 6-1 图   习题 6-2 图   习题 6-3 图

6-4　薄壁圆筒压力容器的平均直径 $D=0.8$ m,壁厚 $t=20$ mm,许用应力 $[\sigma]=$ 120 MPa,分别按第三和第四强度理论确定容器的许用内压 $[p]$。

6-5　试求图示各单元体中面 a—b 上的应力(单位 MPa)。

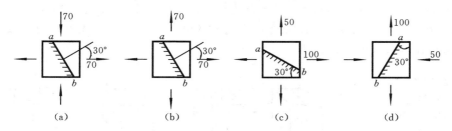

习题 6-5 图

6-6　各单元体的受力如图所示,试求:(1) 主应力大小及方向并在原单元体图上绘出主单元体;(2) 最大切应力(单位 MPa)。

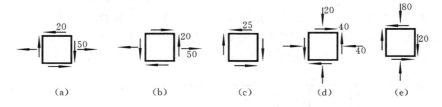

习题 6-6 图

6-7　图中过一点的两个截面上应力大小与方向已知,试确定该点的主应力及方向,并画出主单元体图。

6-8　图示由一受力物体边缘截得一棱柱形单元体,前、后面(与纸面平行)上均无应力作用,在面 A—C 和面 B—C 上应力均为 15 MPa,面 A—B 上应力为零,试求: (1) 面 A—C 和面 B—C 上的切应力 τ_α 和 τ_β;(2) 单元体主应力大小和方向。

6-9　图示一边长为 10 mm 的立方钢块,无间隙地放在刚体槽内,钢材弹性模量 $E=200$ GPa,泊松比 $\mu=0.3$。设 $F=6$ kN,试计算钢块各侧面上的应力和钢块沿槽沟方向的应变(不计摩擦)。

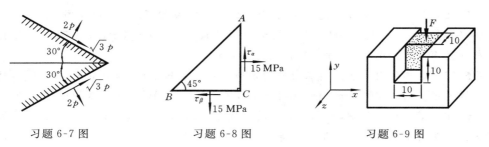

习题 6-7 图　　　　　　习题 6-8 图　　　　　　习题 6-9 图

6-10 图示立方块 $ABCD$ 尺寸为 $70 \text{ mm} \times 70 \text{ mm} \times 70 \text{ mm}$,通过专用压力机在其四个面上作用均布压力。已知 $F=50 \text{ kN}$,材料的弹性模量 $E=200 \text{ GPa}$,泊松比 $\mu=0.3$,试求立方块的体积应变 θ。

6-11 已知图示各单元体的应力状态(应力单位为 MPa),试求:(1) 主应力及最大切应力;(2) 体积应变 θ;(3) 应变能密度 u 及畸变能密度 u_d。设材料的弹性模量 $E=200 \text{ GPa}$,泊松比 $\mu=0.3$。

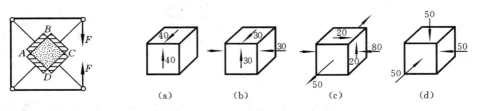

习题 6-10 图   习题 6-11 图

6-12 试利用应变能密度分别写出受拉杆微段和受扭圆轴微段的应变能。

6-13 试求各截面的剪切形状系数 k_S。(1)长钢板的截面尺寸为 $100 \text{ mm} \times 10 \text{ mm}$,用三块或四块钢板制成以下截面形状的薄壁钢梁(图(a)(b)(c)(d));(2)薄壁圆截面(厚度为 10 mm,平均直径为 100 mm)(图(e))。

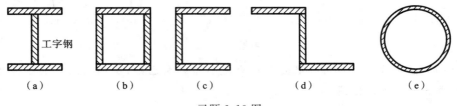

习题 6-13 图

6-14 一直径为 25 mm 的实心钢球,承受静水压力,压强为 $p=14 \text{ MPa}$,已知钢材的弹性模量 $E=210 \text{ GPa}$,泊松比 $\mu=0.3$,试求其体积减小量。

6-15 某压缩空气瓶受内压作用,测得外壁某点处周向应变 $\varepsilon_1=0.820 \times 10^{-3}$,轴向应变 $\varepsilon_2=0.210 \times 10^{-3}$,材料的弹性模量 $E=210 \text{ GPa}$,泊松比 $\mu=0.28$,试求该点主应力 σ_1 和 σ_2 之值。

6-16 如图所示,列车通过钢桥时,在钢桥横梁的点 A 用应变仪测得 $\varepsilon_x=0.4 \times 10^{-3}$,$\varepsilon_y=-0.12 \times 10^{-3}$,已知钢梁的弹性模量 $E=200 \text{ GPa}$,泊松比 $\mu=0.3$。试求点 A 的 $x—x$ 及 $y—y$ 方向的正应力。

6-17 在构件内某点周围取出一图示微元体。已知 $\sigma=30 \text{ MPa}$,$\tau=15 \text{ MPa}$,材料的弹性模量 $E=200 \text{ GPa}$,泊松比 $\mu=0.3$,试求对角线 AC 的长度改变量 Δl_{AC}。

6-18 图示应变花中,三个应变片的角度分别为 $\alpha_1=0°$、$\alpha_2=120°$、$\alpha_3=240°$。试证明主应变大小及方向可按下式计算:

$$\begin{cases}\varepsilon_{\max} \\ \varepsilon_{\min}\end{cases} = \frac{\varepsilon_{0°} + \varepsilon_{120°} + \varepsilon_{240°}}{3} \pm \frac{\sqrt{2}}{3}\sqrt{(\varepsilon_{0°} - \varepsilon_{120°})^2 + (\varepsilon_{120°} - \varepsilon_{240°})^2 + (\varepsilon_{240°} - \varepsilon_{0°})^2}$$

$$\tan 2\alpha_0 = \frac{\sqrt{3}(\varepsilon_{240°} - \varepsilon_{120°})}{2\varepsilon_{0°} - \varepsilon_{240°} - \varepsilon_{120°}}$$

6-19　在图示梁的中性层上某点 K 处,沿与轴线成 45°方向用电阻片测得应变 $\varepsilon = -0.260 \times 10^{-3}$。材料的弹性模量 $E = 210\,\mathrm{GPa}$,泊松比 $\mu = 0.28$,试求梁上的荷载 F。

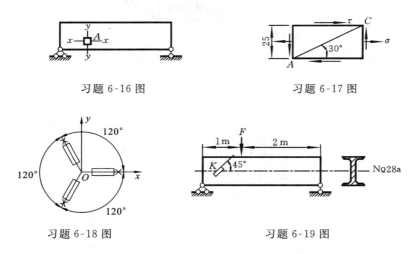

习题 6-16 图　　　　　　　　　　习题 6-17 图

习题 6-18 图　　　　　　　　　　习题 6-19 图

6-20　在图示工字梁腹板的点 A 贴三片电阻片,分别与轴线成 0°、45°和 90°。当荷载增加 15 kN 时,问每个电阻片测出的应变增量应是多少?已知弹性模量 $E = 210\,\mathrm{GPa}$,泊松比 $\mu = 0.28$。

6-21　求图示各单元体的主应力,以及它们的相当应力,单位均为 MPa。设泊松比 $\mu = 0.3$。

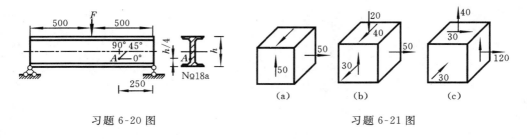

习题 6-20 图　　　　　　　　　　习题 6-21 图

6-22　如图所示薄壁圆筒试验装置,壁厚 $t = 2\,\mathrm{mm}$,平均直径 $D = 100\,\mathrm{mm}$。在轴压 F 和内压 p 组合试验时,加载过程中要求二向主应力保持 $\sigma_1/\sigma_2 = 4$ 的定比。试确定 F 与 p 应保持的关系。

6-23 已知火车轮与图示钢轨接触点处钢轨的主应力为 -800 MPa、-900 MPa、$-1\,100$ MPa,若$[\sigma]=300$ MPa,试校核其强度。

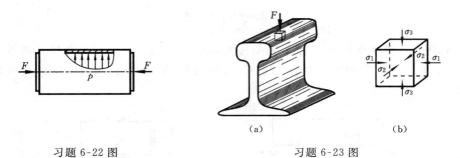

(a)　　　　　　　　　(b)

习题 6-22 图　　　　　　　　习题 6-23 图

第 7 章　组合变形杆的强度

在工程实际中,构件在外力的作用下常常发生两种或两种以上的基本变形。图 7.1 所示的机架立柱在外力 F 的作用下将同时产生轴向拉伸和弯曲变形;图 7.2 所示的传动轴在传动带张力 F_1、F_2 和力偶矩 M_0 的作用下将同时产生弯曲和扭转变形。构件同时产生两种或两种以上基本变形的情况称为**组合变形**。对于组合变形杆,在线弹性、小变形条件下,可先将构件上的外载分解成产生基本变形的简单荷载,分别计算每种基本变形对应的应力等,然后利用叠加原理,综合考虑各基本变形的组合情况,确定构件的危险截面、危险点的位置及危险点的应力状态,并据此进行强度分析。

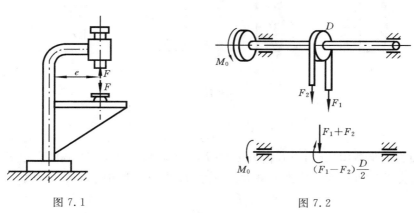

图 7.1   图 7.2

7.1　弯曲与拉伸(压缩)的组合　截面核心

弯曲与拉伸(压缩)的组合变形是工程中常见的情况。例如起重吊车的横梁、台钻与压力机的立柱等的变形。这种组合变形又分为两种情况,一种是既有横向力又有轴向力作用下的拉(压)弯组合变形;另一种是由偏心拉(压)引起的组合变形。

1. 横向力与轴向力同时作用时的拉(压)弯组合变形

考虑图 7.3(a)所示的矩形截面杆。杆件在自由端受轴向力 F_1 和纵向对称面内受横力 F_2 的共同作用。F_1 使杆产生轴向拉伸变形,各横截面的轴力相同,即 $F_N = F_1$。由 F_N 引起的横截面上的正应力均匀分布(图 7.3(b));横力 F_2 使杆发生平面弯曲变形,距左端 x 的横截面上的弯矩 $M_z(x) = F_2(l-x)$,由此引起的弯曲正应力分布如图 7.3(c)所示。所以该横截面上任一点的正应力为两者的代数和(图 7.3(d)):

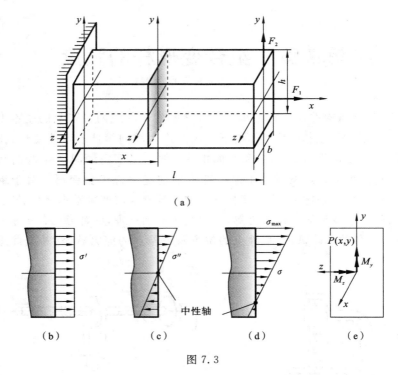

图 7.3

$$\sigma = \sigma' + \sigma'' = \frac{F_N}{A} + \frac{M_z y}{I_z} \qquad (7\text{-}1)$$

固定端面为危险截面,其内力有轴力 $F_N = F_1$,弯矩 $M_{z\max} = F_2 l$。截面上边缘各点和下边缘各点分别有最大压应力和最大拉应力,且都处于单向应力状态,其强度条件为

$$\sigma_{\max} = \frac{F_N}{A} + \frac{M_{z\max}}{W_z} \leqslant [\sigma] \qquad (7\text{-}2)$$

若横截面内还有另一方向的弯矩 M_y(图 7.3(e)),则横截面上任一点 P 的正应力为

$$\sigma = \frac{F_N}{A} + \frac{M_z y}{I_z} + \frac{M_y z}{I_y} \qquad (7\text{-}3)$$

例 7.1　简易起重机如图(a)所示,横梁 AB 为工字钢结构,若最大吊重 $F = 10$ kN,材料的许用应力为 $[\sigma] = 100$ MPa。试选择工字钢的型号。

解　取横梁 AB 为研究对象(图(b)),由 $\sum M_A = 0$ 可求得钢梁的轴向荷载,在数值上就是梁在 AC 段的轴力,即

$$F_N = \frac{3F}{2\tan 30°} = \frac{3 \times 10 \times 10^3}{2\tan 30°} \text{ N} = 26 \text{ kN(压)}$$

作梁的轴力图和弯矩图(图(c)(d)),可见内力的最大值在 C 的左邻面取得,故该截

面是危险截面；其上的内力为：轴力 F_N $=-26$ kN，弯矩 $M=-10$ kN·m。危险点为截面的下边缘各点，强度条件为

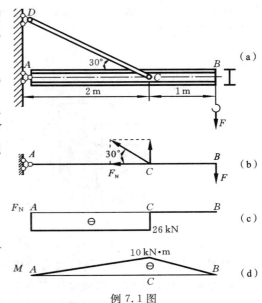

$$\sigma_{\max}=\frac{F_N}{A}+\frac{M}{W}\leqslant[\sigma]\qquad (a)$$

式中：各量均取其数值。选择工字钢型号时，其截面面积 A 和弯曲截面系数 W 没有确定的关系，只好先仅根据弯曲强度进行初选，即

$$W_z\geqslant\frac{M}{[\sigma]}=\frac{10\times10^3}{100\times10^6}\ \mathrm{m}^3$$
$$=0.1\times10^{-3}\ \mathrm{m}^3=100\times10^3\ \mathrm{mm}^3$$

查附录 B 的工字钢型钢表，应选№14 工字钢，有

$$W_z=102\times10^3\ \mathrm{mm}^3,\quad A=21.5\ \mathrm{cm}^2$$

例 7.1 图

初选后进行强度校核，有

$$\sigma_{\max}=\frac{F_N}{A}+\frac{M}{W}=\left(\frac{26\times10^3}{21.5\times10^{-4}}+\frac{10\times10^3}{102\times10^{-6}}\right)\mathrm{Pa}=110\ \mathrm{MPa}>[\sigma]\ (强度不够)$$

重选№16 工字钢，其 $W_z=141\times10^3\ \mathrm{mm}^3$，$A=26.1\ \mathrm{cm}^2$，代入强度条件（式(a)），有

$$\sigma_{\max}=\frac{F_N}{A}+\frac{M}{W}=\left(\frac{26\times10^3}{26.1\times10^{-4}}+\frac{10\times10^3}{141\times10^{-6}}\right)\mathrm{Pa}=80.9\ \mathrm{MPa}<[\sigma]\ (强度够)$$

所以应选№16 工字钢。

2. 偏心拉伸与压缩

图 7.4(a)所示为顶端受轴向偏心压力的矩形截面杆。设 y、z 轴为横截面的对称轴，杆的轴线为 x 轴。压力作用点 E 的坐标为 (y_F,z_F)。将压力 F 向截面形心简化，得到一轴向压力 F、xy 平面内的力偶矩 $F\cdot y_F$ 和 xz 平面内的力偶矩 $F\cdot z_F$。任意横截面（图(b)）上的内力有轴力 $F_N=F$（压）、弯矩 $M_z=-F\cdot y_F$ 和 $M_y=F\cdot z_F$，要注意弯矩的方向。故横截面内任一点的正应力可写为

$$\sigma(y,z)=-\left(\frac{F}{A}+\frac{-M_zy}{I_z}+\frac{M_yz}{I_y}\right)=-\frac{F}{A}\left(1+\frac{y_Fy}{i_z^2}+\frac{z_Fz}{i_y^2}\right)\qquad (7\text{-}4)$$

式中：i_z 和 i_y 分别是横截面对 z 轴和 y 轴的惯性半径，即

$$i_z=\sqrt{\frac{I_z}{A}},\quad i_y=\sqrt{\frac{I_y}{A}}\qquad (7\text{-}5)$$

令式(7-4)为零，可得到中性轴的方程：

$$1+\frac{y_F}{i_z^2}y_0+\frac{z_F}{i_y^2}z_0=0\qquad (7\text{-}6)$$

其中,(y_0,z_0)为中性轴上各点坐标。它是一条不过原点的斜直线(图 7.4(b)),在 y、z 轴上的截距分别为

$$a_y=-\frac{i_z^2}{y_F}, \quad a_z=-\frac{i_y^2}{z_F} \tag{7-7}$$

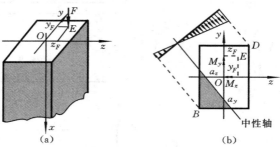

图 7.4

如图 7.4(b)所示,中性轴将截面分成两部分。阴影部分是拉应力区;另一部分是压应力区。最大拉应力和最大压应力发生在离中性轴最远的点 B 和点 D。显然,外力的偏心距(y_F,z_F)越大,中性轴离截面形心越近。若让中性轴位于截面边缘并与之相切,比如相切于截面的点 B(图 7.4(b)),则整个横截面上将只有压应力而无拉应力。因此,如要使横截面上只存在压应力,则必须对偏心压力作用点位置(y_F,z_F)加以限制,使其落在截面形心附近的某一区域内,此区域称为**截面核心**。因为工程结构中的一些承压杆件多由脆性材料(砖、混凝土等)制成,其抗压强度远大于抗拉强度,为避免在横截面上出现拉应力,必须使压力 F 作用在截面核心之内。

例 7.2　图示矩形截面杆受轴向拉力 $F=12$ kN 的作用,材料的许用应力$[\sigma]=100$ MPa。求切口的容许深度 x。已知 $b=5$ mm,$h=40$ mm。

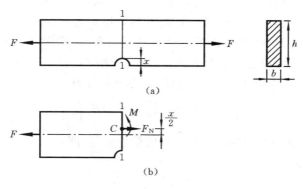

例 7.2 图

解　切口处截面1—1最小,为危险截面,其内力有轴力 $F_N=F$、弯矩 $M=F\cdot x/2$(图(b))。在截面的下边缘各点,有最大拉应力:

$$\sigma_{\max} = \frac{F}{A} + \frac{F \cdot x/2}{W}$$

其中，　　　　　　　　$A = b(h-x), \quad W = b(h-x)^2/6$

由强度条件 $\sigma_{\max} \leqslant [\sigma]$，得

$$\frac{F}{b(h-x)} + \frac{3Fx}{b(h-x)^2} \leqslant [\sigma]$$

将 $b = 5$ mm，$h = 40$ mm，$F = 12$ kN，$[\sigma] = 100$ MPa 代入上式经整理得到关于 x 的方程并求解：

$$x^2 - 128x + 640 \geqslant 0 \quad \Rightarrow \quad x_1 \leqslant 5.21 \text{ mm}, \quad x_2 \geqslant 123 \text{ mm（舍去）}$$

所以切口的容许深度为 5.21 mm。

例 7.3　图示为用 4 个相同铆钉连接的托架，连接为搭接。已知竖直力 $F = 16$ kN，铆钉的直径 $d = 20$ mm，$a = 40$ mm，$e = 80$ mm。试求受力最大的铆钉剪切面上的切应力。

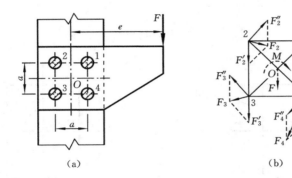

例 7.3 图

解　以图（a）所示 4 个铆钉为顶点依次连线构成以点 O 为形心的正方形，将 F 向该形心点简化，得到一个通过点 O 的力 F 和绕点 O 的力偶矩 $M = Fe$（图（b））。由于铆钉组的每个铆钉的材料和直径都相同，仅传递力时，工程上假设每个铆钉所受之力也相同，以 $F'_i(i=1,2,3,4)$ 代表由荷载 F 导致的单个铆钉的受力（图（b）），即有

$$F'_1 = F'_2 = F'_3 = F'_4 = \frac{F}{4} = \frac{16 \times 10^3}{4} \text{ N} = 4 \text{ kN} \tag{a}$$

而由力偶矩 M 导致的单个铆钉的受力 $F''_i(i=1,2,3,4)$ 则与该铆钉截面中心到正方形形心点 O（转动中心）的距离 r_i 成正比，且方向垂直于该形心与点 O 的连线，即

$$\frac{F''_1}{F''_2} = \frac{r_1}{r_2}, \quad \frac{F''_1}{F''_3} = \frac{r_1}{r_3}, \cdots \tag{b}$$

如图（a）和（b）所示，有

$$r_1 = r_2 = r_3 = r_4 = \frac{\sqrt{2}}{2}a \tag{c}$$

将式(c)代入式(b),有

$$F''_1 = F''_2 = F''_3 = F''_4 \tag{d}$$

根据合力关系 $\sum F''_i r_i = M$,有

$$M = F''_1 r_1 + F''_2 r_2 + F''_3 r_3 + F''_4 r_4 = 4F''_1 \cdot \frac{\sqrt{2}}{2} a \tag{e}$$

再将式(c)和式(d)代入上式,则可得

$$F''_1 = F''_2 = F''_3 = F''_4 = \frac{M}{2\sqrt{2}a} = \frac{Fe}{2\sqrt{2}a} = \frac{80 \times 16 \times 10^3}{2\sqrt{2} \times 40} \text{ N} = 11.3 \text{ kN} \tag{f}$$

求得 F'_i 和 F''_i 后,将两者进行矢量合成(图(b)),可求得每一铆钉所受之力 F_i,即总剪力之值。经比较,铆钉1和铆钉4的受力最大,其值为 $F_1 = F_4 = 14.4$ kN。该铆钉剪切面上的切应力为

$$\tau = \frac{F_\text{S}}{A} = \frac{F_1}{\frac{\pi}{4}d^2} = \frac{14.4 \times 10^3}{\frac{\pi}{4}(20 \times 10^{-3})^2} \text{ Pa} = 45.8 \text{ MPa}$$

例7.4　试求边长分别为 $2b$ 和 $2h$ 的矩形截面的截面核心。

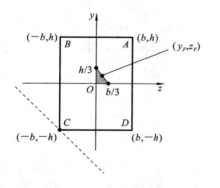 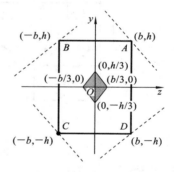

例 7.4 图

解　矩形截面中 y、z 两对称轴为截面的形心主惯性轴。此类截面的中性轴方程为

$$1 + \frac{y_F}{i_z^2}y_0 + \frac{z_F}{i_y^2}z_0 = 0$$

为使截面上只有压应力,中性轴是不能过截面的,临界状况是让中性轴与截面的周边重合。因此先让中性轴(图中虚线)过截面左下角点 C,即固定中性轴的坐标 $(y_0, z_0) = (y_C, z_C) = (-b, -h)$,可得到关于压力的偏心作用点 (y_F, z_F)(视为动点)的直线方程

$$1 + \frac{y_C}{i_z^2}y_F + \frac{z_C}{i_y^2}z_F = 0 \quad \Rightarrow \quad \frac{y_F}{-i_z^2/y_C} + \frac{z_F}{-i_y^2/z_C} = 1 \quad \Rightarrow \quad \frac{y_F}{-i_z^2/(-h)} + \frac{z_F}{-i_y^2/(-b)} = 1$$

$$\Rightarrow \quad \frac{y_F}{i_z^2/h}+\frac{z_F}{i_y^2/b}=1$$

由上式可分别算得该直线在坐标轴 y、z 上的截距（图(b)）：

$$\frac{i_z^2}{h}=\frac{2b\,(2h)^3}{12(2b\times2h)h}=\frac{h}{3},\quad \frac{i_y^2}{h}=\frac{2h\,(2b)^3}{12(2b\times2h)b}=\frac{b}{3}$$

同样，再让中性轴过截面上其他 3 个角点 A、B 和 D，可得到压力的偏心作用点 (y_F,z_F) 在其他象限的轨迹直线，它们所围区域便是截面核心（图(b)）。

例 7.5　试求图示半径为 R 的圆截面的截面核心。

解　y、z 两对称轴为圆截面的形心主惯性轴，截面的惯性半径之平方为

$$i_z^2=i_y^2=\frac{I_z}{A}=\frac{\pi(2R)^4/64}{\pi R^2}=\frac{R^2}{4}\quad \text{(a)}$$

让中性轴（图中虚线）切于圆周的点 C，该点坐标为

$$y_C=z_C=\frac{R}{\sqrt{2}}\quad\quad\text{(b)}$$

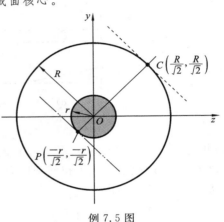

例 7.5 图

将式（a）、式（b）代入中性轴方程（式 (7-6)）可导出压力的偏心作用点 (y_F,z_F)（视为动点）的轨迹曲线过点 P 的直线方程（图中双点画线），即

$$1+\frac{y_C}{i_y^2}y_F+\frac{z_C}{i_z^2}z_F=0 \quad\Rightarrow\quad 1+\frac{R/\sqrt{2}}{R^2/4}y_F+\frac{R/\sqrt{2}}{R^2/4}z_F=0 \quad\Rightarrow$$

$$\frac{y_F\left(\dfrac{-R/4}{\sqrt{2}}\right)}{(R/4)^2}+\frac{z_F\left(\dfrac{-R/4}{\sqrt{2}}\right)}{(R/4)^2}=1\quad\quad\text{(c)}$$

如让 $r=R/4$，该直线方程又可写为

$$\frac{y_F\left(\dfrac{-r}{\sqrt{2}}\right)}{r^2}+\frac{z_F\left(\dfrac{-r}{\sqrt{2}}\right)}{r^2}=1 \quad\Rightarrow\quad \frac{y_F y_P}{r^2}+\frac{z_F z_P}{r^2}=1,\quad y_P=z_P=\frac{-r}{\sqrt{2}}$$

这个直线是以形心为圆心、半径为 $r=R/4$ 的圆过点 P 的切线，该圆所围区域即为截面核心（图中阴影部分）。

7.2　弯曲与扭转的组合

机械设备中的传动轴、曲柄轴等，大多处于弯曲和扭转的组合变形状态。图 7.5 (a)所示为一直角曲拐。由 AB 段的扭矩图和弯矩图（图 7.5(c)(d)）可知，危险截面为固定端截面 A，其内力有弯矩 $M=Fl$ 和扭矩 $T=Fa$。由弯曲正应力分布规律可

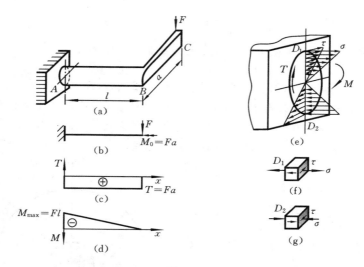

图 7.5

知,截面 A 的上、下两点 D_1 和 D_2 有最大拉应力和最大压应力。由扭转切应力分布规律可知,圆周线上有最大扭转切应力。所以危险点为 D_1 和 D_2,它们均处于平面应力状态(图(f)(g)),其中,

$$\sigma = \frac{M}{W_z} \qquad (7\text{-}8a)$$

$$\tau = \frac{T}{W_p} \qquad (7\text{-}8b)$$

可求得主应力为

$$\sigma_1 = \sigma_{max} = \frac{\sigma}{2} + \sqrt{\left(\frac{\sigma}{2}\right)^2 + \tau^2}, \quad \sigma_2 = 0, \quad \sigma_3 = \sigma_{min} = \frac{\sigma}{2} - \sqrt{\left(\frac{\sigma}{2}\right)^2 + \tau^2}$$

应用第三强度理论,并结合上式,有

$$\sigma_{r3} = \sigma_1 - \sigma_3 = \sqrt{\sigma^2 + 4\tau^2} \leqslant [\sigma] \qquad (7\text{-}9a)$$

圆截面对任意直径轴的弯曲截面系数 W 都相等,即 $W = W_z = W_y = \pi d^3/32$,对于圆截面,$W_p = 2W$,将式(7-8)代入式(7-9a),得

$$\sigma_{r3} = \sqrt{\sigma^2 + 4\tau^2} = \sqrt{\left(\frac{M}{W_z}\right)^2 + 4\left(\frac{T}{W_p}\right)^2} = \frac{\sqrt{M^2 + T^2}}{W} \leqslant [\sigma] \qquad (7\text{-}9b)$$

应用第四强度理论,依以上同样的做法,亦可得

$$\sigma_{r4} = \sqrt{\frac{1}{2}\left[(\sigma_1 - \sigma_2)^2 + (\sigma_2 - \sigma_3)^2 + (\sigma_3 - \sigma_1)^2\right]} = \sqrt{\sigma^2 + 3\tau^2} \leqslant [\sigma] \qquad (7\text{-}10a)$$

$$\sigma_{r4} = \sqrt{\sigma^2 + 3\tau^2} = \sqrt{\left(\frac{M}{W_z}\right)^2 + 3\left(\frac{T}{W_p}\right)^2} = \frac{\sqrt{M^2 + 0.75T^2}}{W} \leqslant [\sigma] \qquad (7\text{-}10b)$$

如果截面上还有轴力 F_N,即构件产生拉伸(压缩)+弯曲+扭转的组合变形,由

于轴力产生的正应力为 F_N/A，因此截面上最大正应力应为 $\sigma=F_N/A+M/W$，切应力仍为 $\tau=T/W_p$，式(7-9b)和式(7-10b)变为

$$\sigma_{r3}=\sqrt{\sigma^2+4\tau^2}=\sqrt{\left(\frac{F_N}{A}+\frac{M}{W_z}\right)^2+4\left(\frac{T}{W_p}\right)^2}\leqslant[\sigma] \tag{7-11}$$

$$\sigma_{r4}=\sqrt{\sigma^2+3\tau^2}=\sqrt{\left(\frac{F_N}{A}+\frac{M}{W_z}\right)^2+3\left(\frac{T}{W_p}\right)^2}\leqslant[\sigma] \tag{7-12}$$

例 7.6　钢制实心圆轴如图(a)所示，齿轮 C 的节圆直径 $D_1=60$ mm，其上作用有竖直切向力 $F_1=4$ kN，径向力 $F_2=1.5$ kN；齿轮 D 的节圆直径 $D_2=160$ mm，其上作用有竖直切向力 $F_3=1.5$ kN，径向力 $F_4=0.56$ kN。材料的许用应力 $[\sigma]=100$ MPa，试按第三强度理论确定该轴的直径 d。

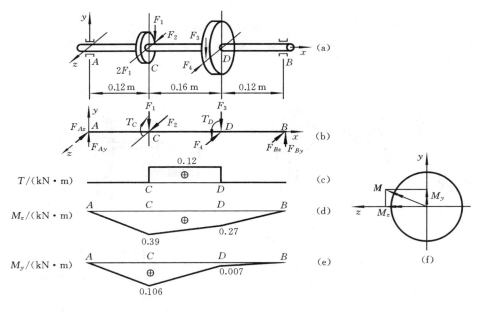

例 7.6 图

解　将作用在两个齿轮上的切向力向其轮心简化为集中力和集中力偶矩(图(b))，故可得使轴产生扭转和在 xy、xz 两个纵向对称面内发生弯曲的三组外力。然后分别作出轴的扭矩图以及在 xy 和 xz 两纵向对称面内的弯矩图，如图(c)(d)和(e)所示。

由于通过圆轴轴线的任一平面都是纵向对称平面，因此当轴上的外力位于相互垂直的两纵向对称平面内时，可将其引起的同一横截面上的弯矩按矢量和求得总弯矩，并用总弯矩来计算该横截面上的正应力。由轴的两个弯矩图(图(c)(d))可知，横截面 C 上的总弯矩最大。

按矢量和求得的截面 C 上的总弯矩 M_C(图(f))为

$$M_C = \sqrt{M_{yC}^2 + M_{zC}^2} = \sqrt{106^2 + 390^2}\ \text{N·m} = 404\ \text{N·m}$$

在 CD 段内各横截面上的扭矩均相同,故截面 C 是危险截面,其扭矩为

$$T_C = F_1 \times \frac{D_1}{2} = 4000 \times \frac{0.06}{2}\ \text{N·m} = 120\ \text{N·m}$$

于是,由第三强度理论,有

$$\sigma_{r3} = \frac{\sqrt{M_C^2 + T_C^2}}{W} \leqslant [\sigma]$$

对于实心圆轴,$W = \pi d^3/32$,由此可按上式确定轴的直径:

$$d \geqslant \left(\frac{32\sqrt{M_C^2 + T_C^2}}{[\sigma]\pi}\right)^{1/3} = \left(\frac{32\sqrt{404^2 + 120^2}}{\pi(100 \times 10^6)}\right)^{1/3}\ \text{m} = 0.043\ \text{m} = 43\ \text{mm}$$

例 7.7 手摇铰车如图(a)所示,假设铰车钢轴的直径 $d = 25$ mm,许用应力 $[\sigma] = 80$ MPa,试按第四强度理论确定铰车的最大起吊重量 P。设常力 F 在起吊过程中总是垂直于摇臂。

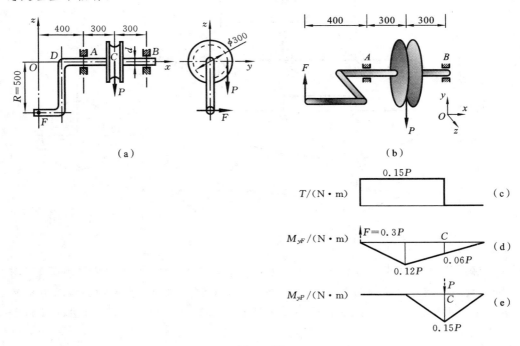

例 7.7 图

解 先求内力。由钢轴的平衡条件 $\sum M_x = 0$,求得 $F = 0.3P$,并画扭矩图(图(c))。

经分析,摇臂处在水平位置且力 F 向上的工况(图(b))是钢轴受弯曲荷载最大之工况,因为这时 F 与 P 导致的弯矩(M_{yF} 与 M_{yP})同向(图(d)(e)),其值可直接叠

加,而非矢量相加。由内力图可以看出,截面 C 是危险截面,按第四强度理论进行强度分析,可求得 P,即

$$\sigma_{r4} = \frac{\sqrt{M_C^2 + 0.75 T_C^2}}{W} = \frac{\sqrt{(0.06P + 0.15P)^2 + 0.75(0.15P)^2}}{\pi(0.025)^3/32} \leqslant [\sigma]$$

$$= 80 \text{ MPa} \quad \Rightarrow \quad P \leqslant 497 \text{ N}$$

7.3　非对称弯曲　弯曲正应力普遍公式

当梁不具有纵向对称平面,或者梁虽具有纵向对称平面,但外力的作用平面与该平面间有一夹角,即发生非对称弯曲时,梁横截面上的弯曲应力就不能按对称弯曲的正应力公式进行计算。下面将导出非对称弯曲梁横截面上的正应力公式。

1. 非对称纯弯曲梁正应力的普遍公式

为了考察非对称纯弯曲的一般情况,设梁的任一横截面如图 7.6 所示,其中 x 轴沿梁的轴线,y、z 轴分别是横截面上任意一对相互垂直的形心轴。截面上的弯矩 M 在 y、z 轴上的分量 M_y、M_z 均用矢量表示。

试验表明,对于非对称纯弯曲梁,平面假设依然成立,且同样可以认为横截面上各点均为单向应力状态。设横截面的中性轴为 n—n(其位置尚未确定),与对称弯曲梁正应力的推导类似,在距中性轴 n—n 为 η(图 7.6)的任一点处的正应力为

$$\sigma = E \cdot \frac{\eta}{\rho} \tag{7-12}$$

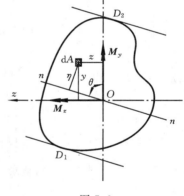

图 7.6

式中:E 为材料的弹性模量;$1/\rho$ 为梁变形后中性层的曲率。式(7-12)表明,非对称纯弯曲梁横截面上任一点处的正应力与该点到中性轴的距离成正比,而横截面上的法向内力元素 σdA 构成一空间平行力系,因此,只有三个内力分量。由静力学关系可得

$$\int_A \sigma dA = F_N = 0 \tag{7-13}$$

$$\int_A z \sigma dA = M_y \tag{7-14}$$

$$\int_A y \sigma dA = -M_z \tag{7-15}$$

将式(7-12)代入式(7-13),得

$$F_N = \frac{E}{\rho} \int_A \eta dA = 0 \tag{7-16}$$

显然,式(7-16)中的 E/ρ 值不可能为零,因此必有

$$\int_A \eta dA = 0 \tag{7-17}$$

由式(7-17)可见,在非对称纯弯曲时,中性轴 n—n 仍然通过横截面的形心(图 7.6)。若中性轴 n—n 与 y 轴间的夹角为 θ,则由图可见,截面上任一点(dA)到中性轴 n—n 的距离为

$$\eta=\left[y-z\tan\left(\frac{\pi}{2}-\theta\right)\right]\sin\theta=y\sin\theta-z\cos\theta \tag{7-18}$$

将式(7-18)代入式(7-12),得

$$\sigma=\frac{E}{\rho}(y\sin\theta-z\cos\theta) \tag{7-19}$$

将式(7-19)代入式(7-14)、式(7-15),求 M_y 和 M_z,根据截面惯性矩、惯性积的定义,可得

$$\begin{cases} M_y=\int_A\sigma z\,dA=\frac{E}{\rho}\int_A(y\sin\theta-z\cos\theta)z\,dA \\[2mm] \quad=\frac{E}{\rho}\left[\left(\int_A yz\,dA\right)\sin\theta-\left(\int_A z^2\,dA\right)\cos\theta\right]=E\left(I_{yz}\frac{\sin\theta}{\rho}-I_y\frac{\cos\theta}{\rho}\right) \\[2mm] -M_z=\int_A\sigma y\,dA=\frac{E}{\rho}\int_A(y\sin\theta-z\cos\theta)y\,dA \\[2mm] \quad=\frac{E}{\rho}\left[\left(\int_A y^2\,dA\right)\sin\theta-\left(\int_A zy\,dA\right)\cos\theta\right]=E\left(I_z\frac{\sin\theta}{\rho}-I_{yz}\frac{\cos\theta}{\rho}\right) \end{cases} \tag{7-20}$$

求解式(7-20),得

$$\begin{cases} \dfrac{E}{\rho}\cos\theta=-\dfrac{M_yI_z+M_zI_{yz}}{I_yI_z-I_{yz}^2} \\[3mm] \dfrac{E}{\rho}\sin\theta=-\dfrac{M_zI_y+M_yI_{yz}}{I_yI_z-I_{yz}^2} \end{cases} \tag{7-21}$$

将式(7-21)代入式(7-19),整理后即得非对称纯弯曲梁横截面上任一点处正应力的普遍表达式:

$$\sigma=\frac{M_y(zI_z-yI_{yz})-M_z(yI_y-zI_{yz})}{I_yI_z-I_{yz}^2} \tag{7-22}$$

式中:M_y 和 M_z 分别为弯矩矢量 M 在 y 轴和 z 轴上的分量;I_y、I_z 和 I_{yz} 依次为横截面对 y 轴和 z 轴的惯性矩及对两轴的惯性积;y 和 z 是横截面上任一点的坐标。

式(7-22)也称为**广义弯曲正应力公式**。若令式(7-22)为零($\sigma=0$),即可解出中性轴与 y 轴间的夹角 θ,有

$$\tan\theta=\frac{M_zI_y+M_yI_{yz}}{M_yI_z+M_zI_{yz}} \tag{7-23}$$

中性轴位置确定之后,横截面上的最大拉应力和最大压应力将发生在距中性轴最远的点处,如图 7.6 中的点 D_1 和点 D_2 处,其位置可根据平行于中性轴且分别与横截面周边相切的两直线而定,将相切点坐标(y,z)分别代入广义弯曲正应力公式(7-22),即可得横截面上最大拉应力和最大压应力。如对于具有棱角的横截面,其

最大拉、压应力发生在距中性轴最远的截面棱角处。

确定了梁危险截面上的最大拉应力 σ_{tmax} 和最大压应力 σ_{cmax} 之后,由于这两点处于单向应力状态,于是,可根据正应力强度条件对其进行强度计算。

对于跨长与截面高度之比较大的细长梁,广义弯曲正应力公式(7-22)也可推广至计算非对称横力弯曲梁横截面上的正应力,这也与对称弯曲类似。

2. 广义弯曲正应力公式的讨论

不论梁是否具有纵向对称平面,或外力是否作用在纵向对称平面内,广义弯曲正应力公式(7-22)都是适用的。现分别讨论。

(1)梁具有纵向对称平面,且外力作用在该对称平面内。

这时 $M_y=0$,$M_z=M$,$I_{yz}=0$,将它们代入广义弯曲正应力公式(7-22),即得

$$\sigma=-\frac{M}{I_z}y \qquad\qquad (7\text{-}24)$$

式(7-24)即为对称弯曲情况下梁横截面上任一点处的正应力公式。式中的负号是因为图 7.6 中的 $M_z=M$ 的方向与设中性轴 n—n 的上方任一点处的应力(σdA)为拉应力相抵触。

在对称弯曲的讨论中已知,梁的挠曲线必定是外力作用平面(梁的纵向对称面)内的一条平面曲线,这一类弯曲即为平面弯曲。

(2)梁不具有纵向对称平面,但外力作用于(或平行于)梁的形心主惯性平面。

如图 7.7 所示的 Z 字形截面梁,图中 y、z 轴为横截面的形心主惯性轴,弯矩 $M=M_z$ 位于形心主惯性平面(平面 xy)内。将 $M_y=0$、$M_z=M$、$I_{yz}=0$ 代入广义弯曲正应力公式(7-22),同样可得

$$\sigma=-\frac{M}{I_z}y \qquad\qquad (7\text{-}25)$$

式(7-25)表明,只要外力作用于(或平行于)梁的形心主惯性平面,对称弯曲时的正应力公式仍然适用。而由式(7-23)可得

$$\tan\theta=\infty, \quad 即 \quad \theta=90°$$

这说明中性轴垂直于弯矩所在平面,在图 7.7 上看,中性轴(z 轴)与矢量 $\boldsymbol{M}$ 的方向重合,即梁弯曲变形后的挠曲线也是外力作用平面内的平面曲线,属于平面弯曲的范畴。

(3)梁具有纵向对称平面,但外力的作用平面与纵向对称平面间有一个夹角。

图 7.8 所示矩形截面梁的弯矩 M 与 y 轴间的夹角为 φ,将 $M_y=M\cos\varphi$、$M_z=M\sin\varphi$、$I_{yz}=0$ 代入广义弯曲正应力公式(7-22),可得

$$\sigma=\frac{M\cos\varphi}{I_y}z-\frac{M\sin\varphi}{I_z}y \qquad\qquad (7\text{-}26)$$

此时,横截面上任一点处的正应力,可视为两相互垂直平面内对称弯曲情况下正应力的叠加(代数和)。应该注意,在此情况下,确定中性轴与 y 轴夹角的式(7-23)变为

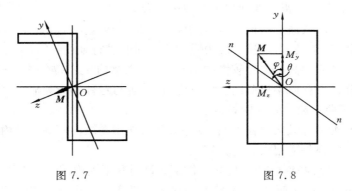

图 7.7　　　　　　　　　　　　　图 7.8

$$\tan\theta=\frac{M_z}{M_y}\cdot\frac{I_y}{I_z}=\frac{I_y}{I_z}\tan\varphi \tag{7-27}$$

　　显然,对于矩形截面等,$I_y\neq I_z$,因而 $\theta\neq\varphi$,说明中性轴不再垂直于弯矩所在平面,即当梁弯曲变形后,其挠曲线不在外力作用的平面内,属于**斜弯曲**;如果 $I_y=I_z$(如圆截面或正方形截面),则有 $\theta=\varphi$,属**平面弯曲**。

　　例 7.8　图示跨长为 $l=4$ m 的简支梁由 №32a 工字钢制成。作用在跨中点处的横力 $F=33$ kN,其作用线与横截面竖直对称轴间的夹角为 $\varphi=15°$,且通过截面的形心(图(a))。已知钢的许用应力 $[\sigma]=160$ MPa。试校核梁的强度。

　　解　由于工字钢截面的 y、z 轴均为形心主惯性轴,$I_{yz}=0$,于是式(7-22)可简化为

$$\sigma=\frac{M_y z I_z-M_z y I_y}{I_y I_z}=\frac{M_y z}{I_y}-\frac{M_z y}{I_z} \tag{a}$$

　　显然,式(a)为两相互垂直对称弯曲的梁横截面上任一点处的正应力表达式。计算梁危险截面上危险点处的最大正应力,该点是危险截面上距坐标轴 y、z 最远的点,即

$$\sigma_{\max}=\frac{M_{y\max}}{W_y}+\frac{M_{z\max}}{W_z} \tag{b}$$

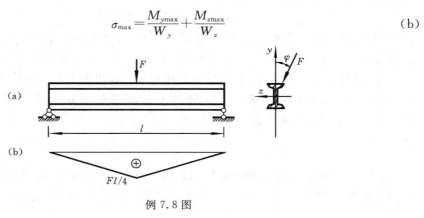

例 7.8 图

梁危险截面(跨中)上的弯矩值(图(b))为

$$M_{max}=\frac{Fl}{4}=\frac{1}{4}\times33\times10^3\times4 \text{ N·m}=33 \text{ kN·m} \tag{c}$$

其在两形心主惯性轴平面 xz 和 xy 内的分量分别为

$$M_{ymax}=M_{max}\sin\varphi=33 \sin15° \text{ kN·m}=8.54 \text{ kN·m}$$

$$M_{zmax}=M_{max}\cos\varphi=33 \cos15° \text{ kN·m}=31.9 \text{ kN·m}$$

从型钢表中查得№32a 工字钢的弯曲截面系数为

$$W_z=692\times10^3 \text{ mm}^3=692\times10^{-6} \text{ m}^3, \quad W_y=70.8\times10^3 \text{ mm}^3=70.8\times10^{-6} \text{ m}^3$$

将以上数据代入式(b),得危险点处的正应力为

$$\sigma_{max}=\left(\frac{8\,540}{70.8\times10^{-6}}+\frac{31\,900}{692\times10^{-6}}\right) \text{ Pa}=167 \text{ MPa}>[\sigma] \quad (但误差小于5\%)$$

可见,梁的弯曲正应力强度刚够。

如力 F 作用线与 y 轴重合,即 $\varphi=0$,则最大正应力仅为

$$\sigma_{max}=\frac{M_{max}}{W_z}=\frac{33\,000}{692\times10^{-6}} \text{ Pa}=47.7 \text{ MPa}$$

可见,对于工字钢梁,当外力偏离 y 轴一很小角度时,就会使最大正应力增加很多。对于这一类截面的梁,由于横截面对两个形心主惯性轴的弯曲截面系数相差较大,因此应该注意使外力尽可能作用在梁的形心主惯性平面 xy 内,以避免发生斜弯曲从而产生过大的正应力。

例 7.9　一由 Z 形型钢制成的两端外伸梁承受均布荷载,如图(a)所示,已知梁截面对形心轴 y、z 的惯性矩和惯性积分别为 $I_y=283\times10^{-8} \text{ m}^4$、$I_z=1\,930\times10^{-8} \text{ m}^4$ 和 $I_{yz}=532\times10^{-8} \text{ m}^4$;钢材的许用应力 $[\sigma]=160$ MPa。试求许用均布荷载 $[q]$。

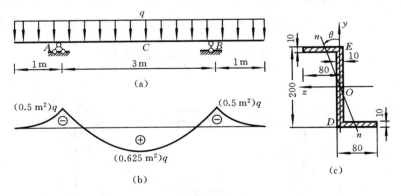

例 7.9 图

解　根据梁的正应力强度条件计算许用均布荷载,为求得绝对值最大的弯矩,作弯矩图(图(b))。可见跨中截面 C 处的弯矩绝对值最大,其值为

$$M_{max}=(0.625 \text{ m}^2)q$$

由于均布荷载作用在平面 xy 内,故 $M_y=0$,而 $M_{z\max}=M_{\max}=(0.625\ \text{m}^2)q$。将 I_y、I_z 和 I_{yz} 值分别代入式(7-23),便可求出中性轴与 y 轴间的夹角 θ 值:

$$\tan\theta=\frac{M_z I_y}{M_z I_{yz}}=\frac{I_y}{I_{yz}}=\frac{283\times10^{-8}}{532\times10^{-8}}=0.531\ 95$$

由此得

$$\theta=28°$$

即中性轴位置如图(c)中轴 n—n 所示。中性轴确定后,作两条直线与中性轴平行,分别与截面周边相切于点 D、E,它们即为截面上的危险点。点 D、E 处正应力的绝对值相等。由图(c)所示尺寸得点 E 的坐标为

$$y_E=100\ \text{mm},\quad z_E=-5\ \text{mm}$$

按式(7-22),求得梁横截面上的最大正应力,并代入强度条件,有

$$\sigma_{\max}=\sigma_E=\frac{M_{\max}(y_E I_y-z_E I_{yz})}{I_y I_z-I_{yz}^2}\leqslant[\sigma]$$

将有关数值代入上式,得

$$\sigma_{\max}=\frac{0.625q(0.1\times283\times10^{-8}+5\times10^{-3}\times532\times10^{-8})}{283\times10^{-8}\times1\ 930\times10^{-8}-(532\times10^{-8})^2}\ \text{Pa}\leqslant160\ \text{MPa}$$

从而解得梁的许用均布荷载为

$$[q]=21.7\ \text{kN/m}$$

7.4　开口薄壁梁的切应力　剪切中心

前面已讨论了闭口薄壁(对称截面)梁的弯曲切应力,在此基础上,本节将进一步研究开口薄壁(非对称截面)梁的弯曲切应力。

以图 7.9(a)所示的槽形薄壁(壁厚为 δ)悬臂梁为例,由于整个截面可看成狭长

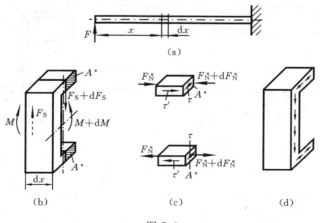

(a)

(b)　　　　　　　(c)　　　　　　　(d)

图 7.9

矩形的变形,故可应用矩形截面上弯曲切应力的分析方法,假设切应力沿壁厚不变且其方向平行于截面的周边。为确定切应力的方向,从梁上截取微段 $\mathrm{d}x$,其左、右截面上的内力如图(b)所示,在腹板(截面的竖直部分)上切应力的方向与剪力相同;在上翼缘或下翼缘切取局部(图(c)),注意到由于翼缘很薄,故可认为其上的正应力 σ 沿翼缘厚度不变,且其值与翼缘中线上的正应力相同。由平衡条件,可得

$$\tau'\delta\,\mathrm{d}x = \mathrm{d}F_N^* = \int_{A^*}(\mathrm{d}\sigma)\mathrm{d}A = \int_{A^*}\left(\frac{\mathrm{d}M}{\mathrm{d}x}\frac{y}{I}\mathrm{d}x\right)\mathrm{d}A$$

$$= \frac{F_S}{I}\left(\int_{A^*}y\,\mathrm{d}A\right)\mathrm{d}x \quad\Rightarrow\quad \tau' = \frac{F_S S_z^*}{I\delta}$$

与矩形截面弯曲切应力的计算公式(4-21)类似,其中 S_z^* 为局部截面面积 A^* 对中性轴的静矩。根据切应力互等,可得上翼缘或下翼缘切应力 $\tau = \tau_1$,方向如图 7.9(c)所示。整个截面上的切应力的方向如图 7.9(d)所示。

例 7.10　一槽形薄壁梁承受方向平行于腹板的横力 F 作用,其截面尺寸如图(a)所示。试分析梁横截面之腹板和翼缘上切应力 τ_1、τ_2 的变化规律,并确定横截面上剪力作用线的位置(剪切中心)。

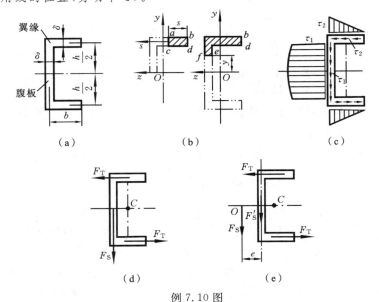

例 7.10 图

解　设梁横截面上的剪力向下。先分析腹板部分切应力 τ_1 的变化规律。槽形截面可看成狭长矩形的变形,故可由式(4-21)计算 τ_1。由图(b),距中性轴 y 以上部分截面的静矩为

$$S_z^* = \int_{A^*}y\,\mathrm{d}A = \frac{b\delta h}{2} + \frac{\delta}{2}\left(\frac{h^2}{4} - y^2\right)$$

则　　　　　　$\tau_1 = \dfrac{F_{\mathrm{S}}S_z^*}{I_z\delta} = \dfrac{F_{\mathrm{S}}}{I_z\delta}\left[\dfrac{b\delta h}{2} + \dfrac{\delta}{2}\left(\dfrac{h^2}{4} - y^2\right)\right] = \dfrac{F_{\mathrm{S}}}{2I_z}\left(bh + \dfrac{h^2}{4} - y^2\right)$　　　(a)

可见，τ_1 沿腹板高度也是按抛物线规律变化的（图(c)）。其中 I_z 为整个截面对中性轴的惯性矩。

　　令式(a)中的 $y = 0$（在中性轴上），即可得切应力的最大值。

　　再分析梁横截面翼缘部分的切应力 τ_1。根据本节的分析，截取翼缘上部分截面 $abcd$（图(b)），面积为 δs，它对 z 轴的静矩为

$$S_z^* = \int_{A^*} y\mathrm{d}A = \dfrac{h\delta s}{2}$$

式中：s 为局部动坐标（$b \geqslant s \geqslant 0$）；$y$ 为翼缘中线到 z 轴的距离。于是有

$$\tau_2 = \dfrac{F_{\mathrm{S}}S_z^*}{I_z\delta} = \dfrac{F_{\mathrm{S}}}{I_z\delta}\dfrac{h\delta s}{2} = \dfrac{F_{\mathrm{S}}hs}{2I_z} \qquad\qquad (\mathrm{b})$$

可见，τ_2 沿翼缘长度是按线性规律变化的（图(c)）。

　　为确定横截面上剪力作用线的位置，须求出由切向内力元素 $\tau_1\mathrm{d}A$、$\tau_2\mathrm{d}A$ 和它们分别组成的竖直合力（不妨记为 F_{S}'）和水平合力 F_{T}（图(d)）。为此，先求 F_{S}'，由式(a)可得

$$F_{\mathrm{S}}' = \int_{-h/2}^{h/2} \tau_1\delta\mathrm{d}y = \dfrac{F_{\mathrm{S}}}{I_z}\int_{-h/2}^{h/2}\left[\dfrac{b\delta h}{2} + \dfrac{\delta}{2}\left(\dfrac{h^2}{4} - y^2\right)\right]\mathrm{d}y$$

$$= \dfrac{F_{\mathrm{S}}}{I_z}\left(\dfrac{\delta h^3}{12} + \dfrac{b\delta h^2}{2}\right) \approx F_{\mathrm{S}} \quad (I_z \approx \delta h^3/12 + b\delta h^2/2) \qquad (\mathrm{c})$$

式中：$\delta\mathrm{d}y$ 为横截面腹板部分的微面元。可见截面上的剪力主要由腹板承担。对于工字形薄壁截面也是如此。

　　再求横截面翼缘部分由切向内力元素 $\tau_2\mathrm{d}A$ 组成的合力 F_{T}。从式(b)可得

$$F_{\mathrm{T}} = \int_0^b \tau_2\delta\mathrm{d}s = \dfrac{F_{\mathrm{S}}}{I_z}\int_0^b \dfrac{hs}{2}\delta\mathrm{d}s = \dfrac{F_{\mathrm{S}}h\delta b^2}{4I_z} \qquad\qquad (\mathrm{d})$$

式中：$\delta\mathrm{d}s$ 为横截面翼缘部分的微面元。上、下缘的 F_{T} 指向如图(d)所示。

　　由以上分析可知，横截面上的剪力共有三部分，即一个 F_{S} 和两个 F_{T}。其合力的作用线位置即为梁横截面上剪力的作用线位置。由平面力系合成原理可知，上述合力的大小和方向均与 $F_{\mathrm{S}}(F_{\mathrm{S}}')$ 相同，但其作用线则与 F_{S} 相隔一段距离 e（图(e)），并且 $F_{\mathrm{S}}e = F_{\mathrm{T}}h$，使截面只有主矢 F_{S}，而无主矩。于是，由式(c)、式(d)可得

$$e = \dfrac{F_{\mathrm{T}}h}{F_{\mathrm{S}}} = \dfrac{h}{F_{\mathrm{S}}}\left(\dfrac{F_{\mathrm{S}}b^2h\delta}{4I_z}\right) = \dfrac{b^2h^2\delta}{4I_z} \qquad\qquad (\mathrm{e})$$

　　由此即确定了横截面上剪力 F_{S} 的作用线位置。这一位置称为截面的剪切中心（shear center）或剪心，也称**弯曲中心**。由式(e)可以看出，**剪心是截面的几何性质**。

　　研究剪心的位置，对于分析开口薄壁梁的强度和刚度具有重要意义。例如图7.10 所示槽形薄壁梁，当在截面形心 C 处施加横力 F 时，梁不仅发生弯曲变形，而且

发生扭转变形(图 7.10(b)),这是因为 F 不通过截面剪心。若将 F 作用到截面的剪心 O 处,则外力 F 与梁内任一截面上的剪力 F_s(其作用点就在剪心)、弯矩 M 位于梁的同一纵向平面内(图 7.10(c)),梁只产生弯曲变形。由此可见,只有当外力作用线通过截面剪心时,梁才仅发生平面弯曲变形而不发生扭转变形。因此,为了避免使抗扭性能较差的梁(如开口薄壁梁)发生扭转变形,应尽量避免外力偏离剪心。

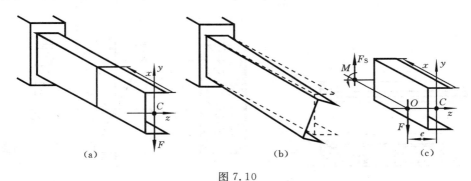

图 7.10

表 7-1 列出了几种常见薄壁截面剪心的位置。

表 7-1　几种常见截面的剪心位置

截面形状				
剪切中心 O 的位置	$e=\dfrac{b^2h^2\delta}{4I}$	$e=r_0$	$e=\left(\dfrac{4}{\pi}-1\right)r_0$	两个狭长矩形中线的交点	与形心重合

7.5 复合梁的强度

由两种或两种以上材料构成的梁称为**复合梁(组合梁)**。例如,用两种不同金属组成的双金属梁(图 7.11(a))、由面板与芯材组成的夹层梁(图 7.11(b))以及钢筋混凝土梁等,均为复合梁。本节以两种材料组成的矩形截面梁为例,研究其在对称弯曲时的应力。

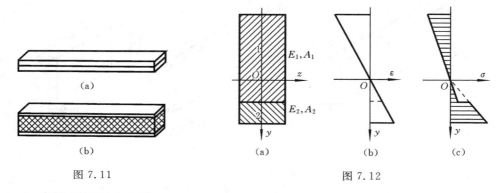

图 7.11   图 7.12

1. 复合梁的基本方程

考虑图 7.12(a)所示复合梁,材料 1 与材料 2 的弹性模量分别为 E_1 与 E_2,相应的横截面分别简称为截面 1 与截面 2,其面积分别为 A_1 与 A_2。梁在纵向对称面内承受纯弯曲作用力,横截面上的弯矩为 M。当复合梁各部分连接紧密,在弯曲变形过程中无相对错动时,复合梁为一整体梁。试验表明,平面假设与单向受力假设仍然成立。

首先研究复合梁的变形。为此,沿截面对称轴与中性轴分别建立 y 轴和 z 轴,并用 $1/\rho$ 表示中性层的曲率,则根据平面假设,横截面上 y 处的纵向正应变沿截面高度的线性变化(图 7.12(b))为

$$\varepsilon = \frac{y}{\rho}$$

当梁的变形处于线弹性范围时,根据单向应力状态的胡克定律,截面 1 和截面 2 上的弯曲正应力分别为

$$\begin{cases} \sigma_1 = \dfrac{E_1 y}{\rho} \\[2mm] \sigma_2 = \dfrac{E_2 y}{\rho} \end{cases} \tag{7-28}$$

即弯曲正应力沿截面 1 与截面 2 分区线性变化(图 7.12(c)),而在该两截面的交界处,正应力则发生突变。这是因为复合梁非匀质,虽然其纵向正应变沿截面高度连续变化,但在不同材料的交界处,弯曲正应力必然发生突变。

由于横截面上不存在轴力,仅存在弯矩 M,故其静力学关系为

$$\int_{A_1} \sigma_1 \, dA_1 + \int_{A_2} \sigma_2 \, dA_2 = F_N = 0 \tag{7-29}$$

$$\int_{A_1} y\sigma_1 \, dA_1 + \int_{A_2} y\sigma_2 \, dA_2 = M \tag{7-30}$$

将式(7-28)代入式(7-29),得

$$E_1 \int_{A_1} y \, dA_1 + E_2 \int_{A_2} y \, dA_2 = 0 \tag{7-31}$$

由式(7-31)可确定中性轴的位置。将式(7-28)代入式(7-30),得

$$\frac{E_1}{\rho} \int_{A_1} y^2 \, dA_1 + \frac{E_2}{\rho} \int_{A_2} y^2 \, dA_2 = M$$

由此得中性层的曲率为

$$\frac{1}{\rho} = \frac{M}{E_1 I_1 + E_2 I_2} \tag{7-32}$$

式中:I_1 和 I_2 分别是截面 1 和截面 2 对中性轴 z 的惯性矩。

最后,将式(7-32)代入式(7-28),可得截面 1 和截面 2 上的弯曲正应力分别为

$$\begin{cases} \sigma_1 = \dfrac{M E_1 y}{E_1 I_1 + E_2 I_2} \\[2mm] \sigma_2 = \dfrac{M E_2 y}{E_1 I_1 + E_2 I_2} \end{cases} \tag{7-33}$$

2. 转换截面法

转换截面法是以式(7-31)和式(7-33)为依据,将由多种材料构成的截面转换为单一材料构成的**等效截面**,然后采用分析匀质材料梁的方法进行求解。下面以例题讨论之。

例 7.11　一上部为木材、下部为钢板的复合梁,其横截面如图(a)所示,在纵向对称面内(平面 xy)作用有正值弯矩 $M = 30$ kN·m。若木材和钢的弹性模量分别为 $E_1 = 10$ GPa、$E_2 = 200$ GPa,试用转换截面法求木材和钢板横截面上的最大正应力。

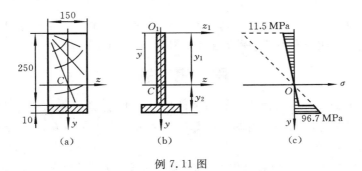

例 7.11 图

解　选钢(材料 2)为基本材料,将式(7-31)和式(7-32)分别改写为

$$\frac{E_1}{E_2}\int_{A_1}y\mathrm{d}A_1+\int_{A_2}y\mathrm{d}A_2=\int_{A_1}y(n\mathrm{d}A_1)+\int_{A_2}y\mathrm{d}A_2=0 \tag{a}$$

$$\frac{1}{\rho}=\frac{M}{E_1I_1+E_2I_2}=\frac{M}{E_2\left(\dfrac{E_1}{E_2}I_1+I_2\right)}=\frac{M}{E_2(nI_1+I_2)}=\frac{M}{E_2\overline{I}_z} \tag{b}$$

式中:$n=E_1/E_2=10/200=0.05$,称为模量比;$\overline{I}_z=nI_1+I_2$。由以上可知,这实际上是使由材料 2(钢)所构成的截面 2 保持不变,而将截面 1 的宽度乘以 n,即将实际截面变换成仅由材料 2 所构成的截面(图(b)),显然,该截面的水平形心轴与实际截面的中性轴重合,对中性轴 z 的惯性矩等于 $\overline{I}_z$,而其弯曲刚度则为 $E_2\overline{I}_z$。可见,在中性轴位置与弯曲刚度方面,图(b)所示截面与实际截面完全等效,因而称其为实际截面的等效截面或相当截面。

确定等效截面的中性轴(形心坐标)及对该轴的惯性矩,有

$$\overline{y}=y_1=\frac{250\times0.05\times150\times\dfrac{250}{2}+10\times150\times\left(250+\dfrac{10}{2}\right)}{250\times0.05\times150+10\times150}\ \mathrm{mm}$$

$$=0.183\ \mathrm{m}$$

$$\overline{I}_z=\left[\frac{0.05\times150\times250^3}{12}+0.05\times150\times250\times(183-125)^2\right.$$

$$\left.+\frac{150\times10^3}{12}+150\times10\times(183-255)^2\right]\mathrm{mm}^4$$

$$=2.39\times10^{-5}\ \mathrm{m}^4$$

中性轴位置与惯性矩 $\overline{I}_z$ 确定后,由式(7-33)和式(b)即可求出截面 1(木材)和截面 2(钢)上的最大弯曲正应力,有

$$\sigma_{1,\max}=n\frac{M}{\overline{I}_z}y_1=0.05\times\frac{30\times10^3}{2.39\times10^{-5}}\times0.183\ \mathrm{Pa}=11.5\ \mathrm{MPa}$$

$$\sigma_{2,\max}=\frac{M}{\overline{I}_z}y_2=\frac{30\times10^3}{2.39\times10^{-5}}\times(0.260-0.183)\ \mathrm{Pa}=96.7\ \mathrm{MPa}$$

图(c)是横截面上的正应力分布。基本材料的选择是任意的。若选择材料 1 为基本材料,而将截面 2 进行转换,则所得结果必相同,读者可自行验证。

思 考 题

7-1 矩形截面杆有双向弯曲和拉伸的组合变形时,危险点位于何处?

7-2 圆轴有弯扭组合变形时,横截面上存在哪些内力? 危险点处于什么样的应力状态?

7-3 圆轴在 M_y、M_z 的共同作用下,最大弯曲正应力发生在横截面上的哪一点?

7-4 分析偏心拉伸与压缩时,横截面上的 y、z 轴应如何选取?

7-5 截面核心与荷载有什么样的关系?

习　题

7-1　图示为用绳索起吊钢质储气罐,罐长为 4 m,直径为 1 m,壁厚为 6 mm,内压力为 0.36 MPa。设罐体沿轴线的重度(含气体)为 1.5 kN/m,$[\sigma]=$ 35 MPa。试按第三和第四强度理论对 A、B 两点进行强度校核。

7-2　如图所示,悬臂木梁上的荷载 $F_1=800$ N,$F_2=1\,650$ N,木材的许用应力 $[\sigma]=10$ MPa,设矩形截面的 $h=2b$,试确定截面尺寸。

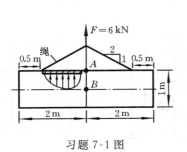

习题 7-1 图

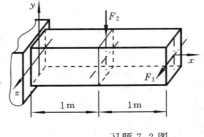

习题 7-2 图

7-3　图示起重托架,其 $[\sigma]=140$ MPa。若 $a=3$ m,$b=1$ m,$F=60$ kN,试为横梁 AD 选择一对槽钢。

7-4　图示斜梁 AB 的横截面为 100 mm×100 mm 的正方形,若 $F=3$ kN,作梁的轴力图、弯矩图,并求梁的最大拉应力和最大压应力。

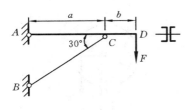

习题 7-3 图

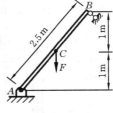

习题 7-4 图

7-5　在图示正方形截面短柱的中部开一槽,其面积为原面积的一半,问最大压应力增大几倍?

7-6　对于图示矩形截面钢杆,用应变片测得上、下表面的轴向线应变分别为 $\varepsilon_a=1\times10^{-3}$,$\varepsilon_b=-0.4\times10^{-3}$,材料的弹性模量 $E=210$ GPa。(1)试画出横截面上正应力的分布图;(2)试确定拉力 F 和偏心距 e。

7-7　材料为灰铸铁的框架受压力状况如图所示,材料的许用拉应力 $[\sigma_t]=30$ MPa,许用压应力 $[\sigma_c]=80$ MPa,试校核框架立柱的强度。

7-8　求图示各截面的截面核心。

7-9　手摇铰车如图所示,若钢轴的最大起吊重量 $P=1\,000$ N,许用应力 $[\sigma]=$

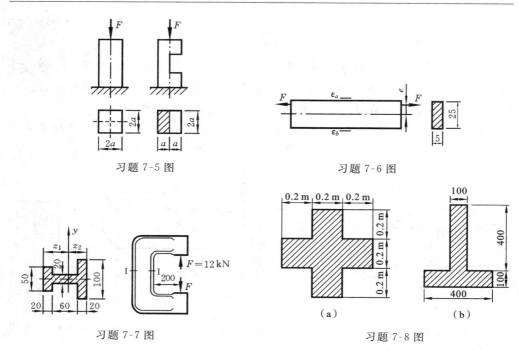

习题 7-5 图　　　　　　　　　　　习题 7-6 图

习题 7-7 图　　　　　　　　　　　习题 7-8 图

100 MPa。设力 F 在起吊过程中总是垂直于摇臂,且保持不变,试按第三强度理论确定铰车钢轴的直径 d。

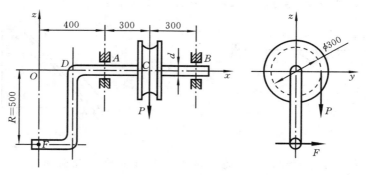

习题 7-9 图

7-10 图示为一精密磨床的砂轮轴,已知电动机功率 $P=3$ kW,转速 $n=1\,400$ r/m,转子重力 $P_{转}=101$ N。砂轮直径 $D=250$ mm,砂轮重力 $P_{轮}=275$ N,砂轮的磨削力 $F_y:F_z=3:1$,轴的直径 $d=50$ mm,其许用应力 $[\sigma]=60$ MPa,试用第三强度理论校核轴的强度。

7-11 图示电动机功率 $P=16$ kW,转速 $n=110$ r/min;传动轴直径 $d=80$ mm,其许用应力 $[\sigma]=70$ MPa。电动机轴上装着带轮,其直径 $D=1$ m,带轮重力为 2 kN。若传动带紧边的张力是松边的 3 倍,试用第三强度理论计算轴的许用外伸长度 l。

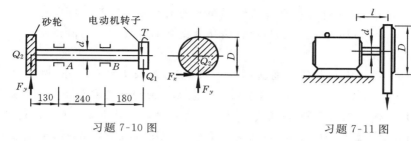

习题 7-10 图　　　　　　　　　　　习题 7-11 图

7-12 图示传动轴,带轮 1 和带轮 2 上的传动带沿竖直方向,带轮 3 上的传动带沿水平方向。带轮 1 和带轮 2 的直径为 300 mm,带轮 3 的直径为 450 mm。轴的直径为 60 mm,若带的张力 $F_1=F_2=1.5$ kN,轴的许用应力 $[\sigma]=80$ MPa,试用第三强度理论校核轴的强度。

7-13 图示钢制圆截面梁直径为 d,许用应力为 $[\sigma]$,对下列几种受力情况分别指出危险点的位置,画出危险点处单元体的应力状态图,并按最大切应力理论建立相应的强度条件。(1) 只有 F 和 M_x 作用;(2) 只有 M_y、M_z 和 M_x 作用;(3) M_y、M_z、F 和 M_x 同时作用。

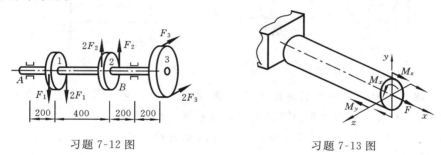

习题 7-12 图　　　　　　　　　　　习题 7-13 图

7-14 图示水轮机主轴输出功率 $P=37\,500$ kW,主轴转速 $n=150$ r/m,外径 $D=750$ mm,内径 $d=340$ mm,$[\sigma]=80$ MPa,主轴自重 $P_1=285$ kN,转轮自重 $P_2=390$ kN,运转时的轴向推力 $F_x=4\,500$ kN,试按畸变能密度理论校核主轴强度。

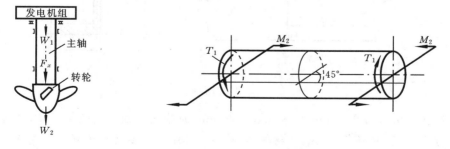

习题 7-14 图　　　　　　　　　　　习题 7-15 图

7-15 图示直径 $d=30$ mm 的圆轴承受扭转力矩 T_1 及水平面内的力偶矩 M_2

的联合作用,现测得圆轴表面沿轴线方向和与轴线成 $45°$ 方向的线应变分别为 $\varepsilon_x=5\times10^{-4}$、$\varepsilon_{45°}=4.26\times10^{-4}$,已知材料的弹性模量 $E=210$ GPa,泊松比 $\mu=0.28$,试求 T_1 和 M_2 的值。

7-16 图示飞机起落架的折轴为管状截面,外径 $D=80$ mm,内径 $d=70$ mm,$\sigma=100$ MPa,设 $F=1$ kN,$F_y=4$ kN,试按最大切应力理论校核折轴的强度。

7-17 图示直角曲拐,C 端受竖直集中力 F 作用。已知 $a=160$ mm,杆 AB 直径 $D=40$ mm,长度 $l=200$ mm,弹性模量 $E=200$ GPa,泊松比 $\mu=0.3$,实验测得点 D 沿 $45°$ 方向的线应变 $\varepsilon_{45°}=0.265\times10^{-3}$。(1) 试求力 F 的大小;(2)若杆 AB 的 $[\sigma]=140$ MPa,试按最大切应力理论校核其强度。

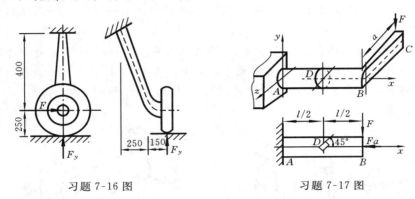

习题 7-16 图　　　　　　　　　　习题 7-17 图

7-18 图示一 Z 形型钢制成的简支梁,在跨中受一横力作用,已知梁截面对相互垂直形心轴 y、z 的惯性矩和惯性积分别为 $I_y=1.83\times10^{-4}$ m^4、$I_z=5.75\times10^{-4}$ m^4 和 $I_{yz}=2.59\times10^{-4}$ m^4,钢材的 $[\sigma]=80$ MPa,试校核梁的正应力强度。

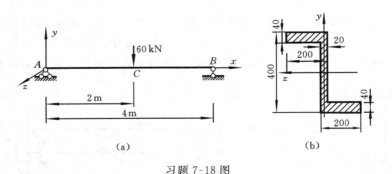

习题 7-18 图

7-19 图示由 200 mm×200 mm×20 mm 的等边角钢制成的简支梁,在跨中受一横力 F 作用,跨长 $l=4$ m,若材料的 $[\sigma]=80$ MPa,试按梁的正应力强度条件求出 F 的许可值;进而再求出梁最大弯矩所在截面上点 A、点 B、点 C 处的正应力。(提示:将弯矩 M 沿截面的形心主轴分解。)

7-20　图示钢筋混凝土梁的横截面上作用有正弯矩 $M=120$ kN·m,钢筋和混凝土的弹性模量分别为 $E_s=200$ GPa、$E_c=25$ GPa,钢筋的直径 $d=25$ mm。试求钢筋横截面上的最大拉应力及混凝土受压区的最大压应力。(提示:由于混凝土的抗拉强度很低,工程上均假设混凝土仅承受压应力而不承受拉应力,因此转换截面仅包括混凝土的受压区域。)

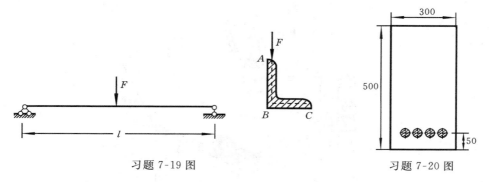

习题 7-19 图　　　　　　　　　　　　习题 7-20 图

7-21　图示用钢板加固的木梁上作用有横力 $F=10$ kN,钢和木材的弹性模量分别为 $E_s=200$ GPa、$E_w=10$ GPa。试求钢板和木梁横截面上的最大正应力及截面 C 的挠度。

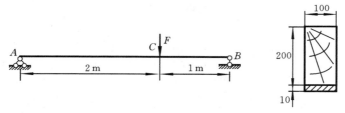

习题 7-21 图

7-22　试求图示各截面的剪心。

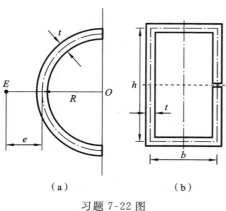

（a）　　　　　　　　（b）

习题 7-22 图

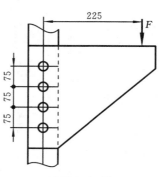

习题 7-23 图

7-23 图示铆接钢板托架,连接方式为搭接。已知外力 $F=35$ kN,四个铆钉的直径均为 $d=20$ mm。若铆钉的许用切应力 $[\tau]=100$ MPa,试校核铆钉的剪切强度。(提示:每个铆钉的竖直方向受力均相同;水平方向受力成比例。)

7-24 试分析图示结构指定截面上 A、B 两点的应力状态;并求该截面危险点的 Tresca 应力和 Mises 应力。

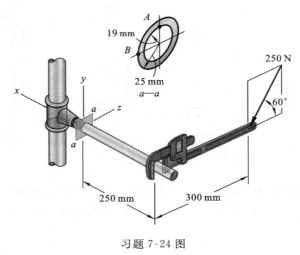

习题 7-24 图

第8章 能 量 法

当作用于弹性体的外力由零逐渐增至最终值时,弹性体的变形也由零逐渐增大到最终值,在此过程中,外力将做一定量的功。若不考虑能量以热或其他形式损耗,根据能量守恒定律,外力所做之功(简称为外力功)全部转化为弹性体的应变能(变形能/弹性势能),即**功能原理**。本章将介绍能量法的基本原理,重点是基于能量原理的结构分析方法。

8.1 杆件的应变能 克拉贝隆原理

图 8.1(a)所示梁的荷载由零缓慢地增加到 F,力 F 作用点的位移相应地由零逐渐增至 δ,可以用积分法求出外力所做的功 W。在线弹性范围内,位移与外力成正比,即 $F=k\delta$,所以外力功等于图 8.1(b)中阴影部分(三角形)的面积,即

$$W = \int_0^\delta F\mathrm{d}\delta = \int_0^\delta k\delta\mathrm{d}\delta = \frac{1}{2}k\delta^2 = \frac{1}{2}F\delta \qquad (8\text{-}1)$$

若将式(8-1)中的 F 理解为**广义力**(力或力偶),δ 理解为**广义位移**(线位移或角位移),也称为 F 的**相应位移**,则式(8-1)对轴向拉压、扭转等基本变形也适用。若不计其他能量的耗散,根据能量守恒定律,梁中的**应变能 U** 与**外力功 W** 在数值上相等,即

$$U = W = \frac{1}{2}F\delta$$

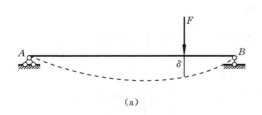

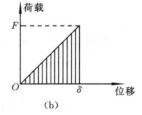

(a)   (b)

图 8.1

应变能是一个状态量,其大小只取决于荷载和变形的终值,与加载的途径、先后次序等无关。一般来说,设弹性体上的一组广义力按比例由零增至各自的终值 F_1、F_2、…、F_n,在线弹性条件下,其相应位移也由零按同一比例增大到各自的终值 δ_1、δ_2、…、δ_n,则存储在弹性体内的应变能的大小为

$$U = W = \sum_{i=1}^{n} \frac{1}{2} F_i \delta_i \qquad (8\text{-}2)$$

式(8-2)是法国力学家 Clapeyron 在 19 世纪中叶提出的计算弹性体应变能的公式，称为**克拉贝隆原理**。

对于轴向受拉杆件中的微段 $\mathrm{d}x$(图 8.2(a))，其微伸长量为

$$\mathrm{d}\delta = \frac{F_N(x)\,\mathrm{d}x}{EA} \qquad (8\text{-}3)$$

轴力 $F_N(x)$ 在微段 $\mathrm{d}x$ 上做的功转化为微段的应变能，即

$$\mathrm{d}U = \frac{1}{2} F_N(x)\,\mathrm{d}\delta = \frac{F_N^2(x)\,\mathrm{d}x}{2EA}$$

整个杆件(跨度为 L)的应变能为

$$U = \int_L \frac{F_N^2(x)\,\mathrm{d}x}{2EA} = \int_L \frac{EA}{2} \left(\frac{\mathrm{d}\delta}{\mathrm{d}x}\right)^2 \mathrm{d}x \qquad (8\text{-}4a)$$

若轴力 F_N 为常量，且等于外力 F，则有

$$U = \frac{F^2 L}{2EA} = \frac{1}{2} F\delta = W \qquad (8\text{-}4b)$$

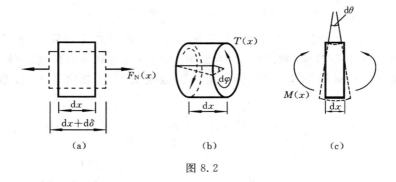

图 8.2

对于图 8.2(b)(c)所示圆轴的扭转变形、梁的平面弯曲变形，分别有

$$\mathrm{d}\varphi = \frac{T(x)\,\mathrm{d}x}{GI_p} \qquad (8\text{-}5)$$

$$U = \int_L \frac{1}{2} T(x)\,\mathrm{d}\varphi = \int_L \frac{T^2(x)\,\mathrm{d}x}{2GI_p} = \int_L \frac{GI_p}{2} \left(\frac{\mathrm{d}\varphi}{\mathrm{d}x}\right)^2 \mathrm{d}x \qquad (8\text{-}6)$$

$$\mathrm{d}\theta = \frac{M(x)\,\mathrm{d}x}{EI} \qquad (8\text{-}7)$$

$$U = \int_L \frac{1}{2} M(x)\,\mathrm{d}\theta = \int_L \frac{M^2(x)\,\mathrm{d}x}{2EI} = \int_L \frac{EI}{2} (y'')^2 \mathrm{d}x \qquad (8\text{-}8)$$

在式(8-8)中，略去了剪力做的功(剪切应变能)，因为对于细长梁，剪切应变能与弯曲应变能相比是高阶小量(例 6.9)。

以上是用内力功来计算应变能的方法,当然也可以用应变能密度来计算应变能(例6.9)。从式(8-4)、式(8-6)和式(8-8)中可看出,应变能是内力(F_N,T,M)或变形(δ,φ,y'')的**齐二次函数**,所以应变能一般是不能叠加的。但如果构件上的一种荷载在另一种荷载引起的位移上不做功,则两者同时作用时的应变能等于此两种荷载单独作用时的应变能之和。设圆截面杆同时受轴向拉(压)、扭转和弯曲荷载的作用,杆件各横截面上的内力(略去剪力影响)有:轴力 $F_N(x)$、扭矩 $T(x)$ 和弯矩 $M(x)$。在小变形条件下,杆件的各基本变形可认为是互不耦合的,即每一种内力只在与之相应的变形上做功,所以整个杆件的应变能可写为

$$U = \int_L \frac{F_N^2(x)\mathrm{d}x}{2EA} + \int_L \frac{T^2(x)\mathrm{d}x}{2GI_p} + \int_L \frac{M^2(x)\mathrm{d}x}{2EI} \tag{8-9}$$

例 8.1　图示悬臂梁的自由端 A 有横力 F 和力偶 m 作用,EI 是常数。试求梁的应变能。

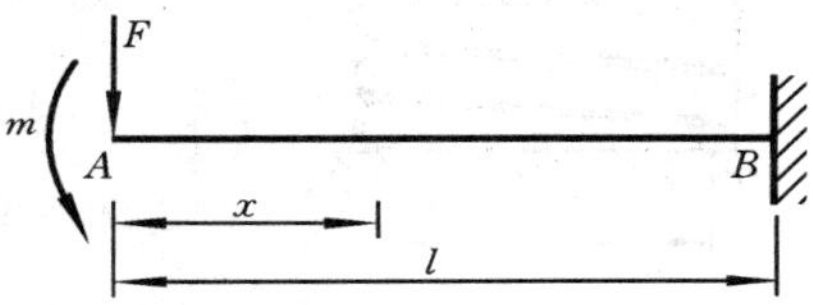

解　首先用外力功计算应变能。可查附录 C 得到梁 A 端的挠度 y_A 和转角 θ_A 分别为

$$y_A = \frac{Fl^3}{3EI} + \frac{ml^2}{2EI} \tag{a}$$

$$\theta_A = \frac{Fl^2}{2EI} + \frac{ml}{EI} \tag{b}$$

例 8.1 图

式中:y_A、θ_A 的方向与对应荷载的方向一致时,其符号为正,反之为负。

将以上两式代入式(8-2),可求得梁的应变能为

$$U = \frac{1}{2}Fy_A + \frac{1}{2}m\theta_A = \frac{F^2 l^3}{6EI} + \frac{Fml^2}{2EI} + \frac{m^2 l}{2EI}$$

再按内力功来计算应变能,但不计剪力做的功。梁的弯矩方程为

$$M(x) = -(m + Fx)$$

代入式(8-8),得

$$U = \int_0^l \frac{[-(m+Fx)]^2 \mathrm{d}x}{2EI} = \frac{F^2 l^3}{6EI} + \frac{Fml^2}{2EI} + \frac{m^2 l}{2EI} \tag{c}$$

两种算法的结果一致。用外力功计算应变能,需要先确定各外力的相应位移(式(a)(b)),不如用内力功计算简单。注意到式(c)中有关于 F 和 m 的交叉乘积项,说明应变能的计算是不能叠加的。分别对应变能(式(c))求偏导数,有

$$\frac{\partial U}{\partial F} = \frac{Fl^3}{3EI} + \frac{ml^2}{2EI} = y_A$$

$$\frac{\partial U}{\partial m} = \frac{Fl^2}{2EI} + \frac{ml}{EI} = \theta_A$$

这就是著名的卡氏第二定理(详见8.2节):应变能对任一广义力的偏导数,就等于该力的相应位移。注意该定理只能用于线弹性结构。

例8.2　图示由弹簧丝绕 n 圈形成的圆柱形密圈螺旋弹簧,沿弹簧轴线承受压力 F 作用。设弹簧的平均直径为 D,弹簧丝的直径为 d,剪切模量为 G。试计算弹簧沿其轴线的压缩变形 δ。

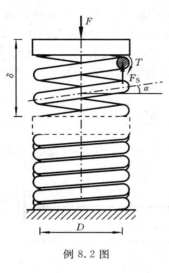

例 8.2 图

解　所谓密圈螺旋弹簧,是指弹簧丝的斜角 $\alpha <$ 5°(分析时可视为零度)且 $D \gg d$ 的圆柱形螺旋弹簧。在轴向压力 F 的作用下,弹簧将被压缩。用截面法可求得弹簧丝横截面上的剪力 F_S 及扭矩 T 分别为

$$F_S = F, \quad T = \frac{FD}{2}$$

由于是密圈螺旋弹簧,弹簧丝的总长度 $s \approx n\pi D$,弹簧丝截面的极惯性矩 $I_p = \pi d^4 / 32$,则由式(8-6)可知,弹簧的应变能(略去剪力影响)为

$$U = \frac{1}{2} \int_0^{n\pi D} \frac{T^2}{GI_p} \mathrm{d}s = \frac{n\pi D T^2}{2GI_p} = \frac{4F^2 D^3 n}{Gd^4}$$

设弹簧的轴向变形为 δ,由功能原理(式(8-1)),有

$$\frac{1}{2} F\delta = U = \frac{4F^2 D^3 n}{Gd^4}$$

于是可求得轴向变形为

$$\delta = \frac{8FD^3 n}{Gd^4}$$

在实际工程中,还要根据弹簧的斜角 α、直径比 D/d 对以上结果进行修正,具体数据可查阅相关的机械工程手册。

例8.3　置于水平位置的两铰接弹性杆的参数如图(a)所示,竖直力 F 作用于点 C,使该点产生微小位移 δ。试计算结构的应变能。

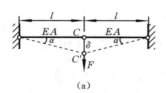
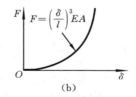

(a)　　　　　　　　　　　(b)

例 8.3 图

解　结构具有对称性,设两杆的轴力均为 F_N,两杆在受力时均伸长 Δl,由胡克定律求得弹性杆的变形(伸长)为

$$\Delta l = \frac{F_N l}{EA} \tag{a}$$

由图(a)的几何关系,并结合式(a),可得轴力 F_N 与位移 δ 的关系:

$$\delta=\sqrt{(l+\Delta l)^2-l^2}=\sqrt{2l\Delta l+(\Delta l)^2}\approx\sqrt{2l\Delta l}=l\sqrt{2\frac{F_N}{EA}}\quad\Rightarrow\quad F_N=\frac{EA}{2}\left(\frac{\delta}{l}\right)^2$$

$$\text{(b)}$$

在式（b）的第三步中，略去了高阶微量 $(\Delta l)^2$。由于 δ 很小，角 α 亦很小，故有

$$\sin\alpha\approx\tan\alpha=\frac{\delta}{l} \tag{c}$$

由节点 C' 的平衡条件，可求得两杆的轴力 F_N 与外力 F 的关系：

$$F=2F_N\sin\alpha \tag{d}$$

将式（b）（c）代入式（d），可得

$$F=EA\left(\frac{\delta}{l}\right)^3 \tag{e}$$

F 与 δ 间的非线性关系曲线如图（b）所示。

从以上分析可知，两杆虽为线弹性杆，但位移 δ 与荷载 F 之间的关系是非线性的。这类问题称为几何非线性问题；若材料的应力与应变呈非线性关系，则该类问题称为材料或物理非线性问题。但凡所研究的结构（问题）中有几何非线性、材料非线性问题，或两者都有，皆为非线性结构（问题）。

值得注意的是，对于几何非线性问题，由于非线性关系只反映在外力与相应位移之间，因此，在计算荷载由零增至 F 时两杆内所积蓄的应变能，一般用式（8-1）通过外力功来计算。将式（e）代入式（8-1），积分后得

$$U=\int_0^\delta F\mathrm{d}\delta=\int_0^\delta\left(\frac{\delta}{l}\right)^3EA\mathrm{d}\delta=\frac{EA}{4}\left(\frac{\delta}{l}\right)^3\delta=\frac{1}{4}F\delta \tag{f}$$

或直接用轴力计算两弹性杆的应变能，将式（b）代入式（8-4b），得同样结果：

$$U=2\left(\frac{F_N^2 l}{2EA}\right)=2\cdot\frac{1}{2EA}\left[\frac{EA}{2}\left(\frac{\delta}{l}\right)^2\right]^2 l=\frac{EA}{4}\left(\frac{\delta}{l}\right)^3\delta=\frac{1}{4}F\delta \tag{g}$$

8.2　卡氏定理　互等定理

1. 卡氏第二定理

在例 8.1 中，已得到

$$\frac{\partial U}{\partial F}=\frac{Fl^3}{3EI}+\frac{ml^2}{2EI}=y_A \tag{8-10a}$$

$$\frac{\partial U}{\partial m}=\frac{Fl^2}{2EI}+\frac{ml}{EI}=\theta_A \tag{8-10b}$$

式中：y_A、θ_A 称为 F 和 m 的**相应位移**。应注意到任一（广义）力的相应位移并不只由该力引起。以上的结果具有一般性，即线弹性结构的应变能对于任一独立广义外力的偏导数，等于该力的相应（广义）位移。这就是著名的**卡氏第二定理**，是意大利的结构工程师 Castigliano 于 1879 年提出的。下面以作用有 n 个横力的简支梁为例（图

8.3(a)),证明该定理。

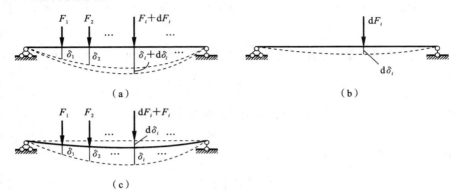

图 8.3

对于图 8.3(a)所示的线弹性结构(梁),在多个外力 $F_j(j=1,2,\cdots,n)$ 作用下,由克拉贝隆原理(式(8-2))可得其应变能为

$$U = \frac{1}{2}(F_1\delta_1 + F_2\delta_2 + \cdots + F_i\delta_i + \cdots) = \frac{1}{2}\sum_j F_j\delta_j \qquad (8\text{-}11)$$

如给第 i 个力一个增量 $\mathrm{d}F_i$,其他力保持不变,则应变能亦有增量,总的应变能为

$$U + \mathrm{d}U = U + \frac{\partial U}{\partial F_i}\mathrm{d}F_i \qquad (8\text{-}12)$$

因为外力做的功(数值上等于应变能)与各力的加载顺序无关,所以可先在梁上施加微力 $\mathrm{d}F_i$,相应的点产生微位移 $\mathrm{d}\delta_i$(图 8.3(b)),则梁的微应变能(微功)为

$$\overline{\mathrm{d}U} = \frac{1}{2}\mathrm{d}F_i\mathrm{d}\delta_i \qquad (8\text{-}13)$$

再施加力 $F_j(j=1,2,\cdots,n)$,如图 8.3(c)所示,各相应的点在已有微位移(图中的实曲线)的基础上产生了新位移 $\delta_j(j=1,2,\cdots,n)$,各力所做之功为 U(式(8-11))。注意在梁新变形(图中的虚弧线)时,微力 $\mathrm{d}F_i$ 已全部作用在梁上,它所做之功为 $\delta_i\mathrm{d}F_i$;再加上已有的微功 $\overline{\mathrm{d}U}$(式(8-13))(是高阶微量,要略去),则总的外力功(应变能)为

$$\frac{1}{2}\mathrm{d}F_i\mathrm{d}\delta_i + \delta_i\mathrm{d}F_i + \frac{1}{2}\sum_j F_j\delta_j = \delta_i\mathrm{d}F_i + U \qquad (8\text{-}14)$$

比较图 8.3(a)和图 8.3(c),两图所示的是同一种状态,两者的应变能相等,即式(8-12)和式(8-14)的结果相等,有

$$U + \frac{\partial U}{\partial F_i}\mathrm{d}F_i = \delta_i\mathrm{d}F_i + U \qquad (8\text{-}15)$$

于是得到卡氏第二定理:

$$\delta_i = \frac{\partial U}{\partial F_i} \qquad (8\text{-}16)$$

以上过程用到了克拉贝隆原理(式(8-11)),故**卡氏第二定理只适用于线弹性结构**。

2. 卡氏第一定理

对于任意可变形(无论线性与否)结构,在多个外力 $F_j(j=1,2,\cdots,n)$ 作用下,其应变能可写成各外力相应位移的函数,即

$$U=U(\delta_1,\delta_2,\cdots,\delta_i,\cdots) \tag{8-17}$$

若给第 i 个力的相应位移以微小的增量 $\mathrm{d}\delta_i$,且设其他力及相应位移均保持不变,在此过程中仅有力 F_i 做功,则外力功(应变能)的增量可表示为

$$F_i\mathrm{d}\delta_i=\mathrm{d}U \tag{8-18}$$

由式(8-17),应变能的微小增量又可表示为

$$\mathrm{d}U=\frac{\partial U}{\partial\delta_i}\mathrm{d}\delta_i \tag{8-19}$$

比较式(8-18)和式(8-19),可得卡氏第一定理:

$$F_i=\frac{\partial U}{\partial\delta_i} \tag{8-20}$$

式(8-20)表明,应变能对某一广义外力之相应位移的偏导数,就等于该力。

如在例8.3中对所得的应变能求其对位移的导数,即得外力:

$$\frac{\mathrm{d}U}{\mathrm{d}\delta}=\frac{\mathrm{d}}{\mathrm{d}\delta}\left[\frac{EA}{4}\left(\frac{\delta}{l}\right)^3\delta\right]=\left(\frac{\delta}{l}\right)^3EA=F$$

例8.4 利用卡氏第二定理求图示平面托架在竖直力 F 的作用下点 B 的水平位移 Δ_{Bx} 和竖直位移 Δ_{By}。两杆的拉压刚度均为 EA 且为常数。

解 由于点 B 在水平方向没有受外力,直接用卡氏定理求解似乎不行。对于此类问题,可在结构上需要求位移的点及方向上设一虚外力,写出结构的应变能,再运用卡氏定理求出位移,最后在位移表达式中令所设虚力为零即可。因此为求点 B 水平位移 Δ_{Bx},在点 B 处设一水平虚外力 X。由截面法求得杆1和杆2的轴力分别为

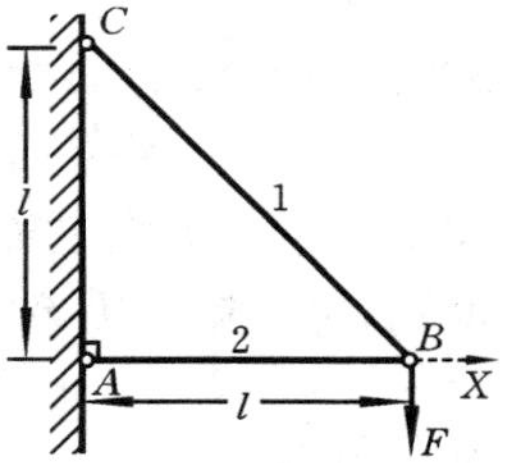

$$F_{N1}=\sqrt{2}F, \quad F_{N2}=-F+X$$

例 8.4 图

注意到 $l_1=\sqrt{2}l,l_2=l$,由式(8-4b)求得结构的应变能 U 为

$$U=\frac{1}{2EA}(F_{N1}^2l_1+F_{N2}^2l_2)=\frac{l}{2EA}(F^2+2\sqrt{2}F^2+X^2-2FX)$$

根据卡氏第二定理(式(8-16)),得

$$\Delta_{Bx}=\frac{\partial U}{\partial X}\bigg|_{X=0}=\frac{l}{2EA}(2X-2F)_{X=0}=-\frac{Fl}{EA} \quad (\leftarrow)$$

$$\Delta_{By}=\frac{\partial U}{\partial F}\bigg|_{X=0}=\frac{l}{2EA}(2F+4\sqrt{2}F-2X)_{X=0}=\frac{Fl}{EA}(1+2\sqrt{2}) \quad (\downarrow)$$

负号表示位移与所设虚力方向相反。

3. 互等定理

考虑图 8.4 所示有横力作用的弹性梁，先加 F_1 后加 F_2，计算外力功。加 F_1 后，点 1 沿 F_1 方向的位移是 δ_{11}，点 2 也有位移 δ_{21}。位移下标的规定为：第一个下标指位移的发生点；第二个下标指产生该位移的原因，即在该点或其他位置所施加的外力。则 F_1 做的功为 $F_1\delta_{11}/2$。然后再加 F_2，点 2 沿 F_2 方向的新增位移是 δ_{22}（已有位移是 δ_{21}），所以 F_2 做的功为 $F_2\delta_{22}/2$。由 F_2 引起的、在 F_1 作用点（点 1）沿 F_1 方向的新增位移是 δ_{12}（已有位移是 δ_{11}），而此时 F_1 是全值作用在梁上，故 F_1 又要做功 $F_1\delta_{12}$，则外力功由三部分组成，即

$$W=\frac{1}{2}F_1\delta_{11}+F_1\delta_{12}+\frac{1}{2}F_2\delta_{22} \tag{8-21}$$

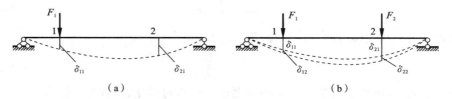

图 8.4

若只考虑结构变形后的最终状态（图 8.4(b)），力 F_1 的相应位移是 $\delta_{11}+\delta_{12}$（即梁截面 1 的总挠度），力 F_2 的相应位移是 $\delta_{21}+\delta_{22}$（即梁截面 2 的总挠度），根据克拉贝隆原理，外力功为

$$W=\frac{1}{2}F_1(\delta_{11}+\delta_{12})+\frac{1}{2}F_2(\delta_{21}+\delta_{22}) \tag{8-22}$$

比较式(8-21)、式(8-22)，可得

$$F_1\delta_{12}=F_2\delta_{21} \tag{8-23}$$

式(8-23)称为**功的互等定理**，即结构的第一力系在第二力系所引起的弹性位移上所做的功，等于第二力系在第一力系所引起的弹性位移上所做的功。若 $F_1=F_2$，得到

$$\delta_{12}=\delta_{21}$$

可推广得到

$$\delta_{ij}=\delta_{ji} \tag{8-24}$$

式(8-24)称为**位移互等定理**。功的互等定理和位移互等定理是两个重要的定理，在固体力学和结构分析中有重要作用，注意它们只适用于线弹性结构。在本章 8.5 节中可见，利用位移互等定理可以简化高次超静定问题的求解工作。

例 8.5　图示为一单位厚度的受载薄圆板，弹性常数为 E、μ，试求其受载后面积的改变量 ΔA。

解　此类问题用功的互等定理分析最为方便。为此对同一圆板设第二种工况（图(b)），其中 p 是沿周边均匀分布的径向荷载，由例 6.2 知，该圆板里任一微体 P 之径向和周向正应力均为 p，且该微体是主单元微体，即

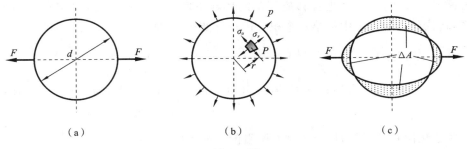

例 8.5 图

$$\sigma_r = \sigma_a = p, \qquad \tau_{ra} = 0$$

依胡克定律,可求出该点之径向线应变 ε_r,并以此求出任一直径的变形,即

$$\varepsilon_r = \frac{1}{E}(\sigma_r - \mu\sigma_a) = \frac{p(1-\mu)}{E} \quad \Rightarrow \quad \Delta d = d\varepsilon_r = \frac{p(1-\mu)d}{E}$$

用功的互等定理求解第一种工况(图(a))下圆周的径向位移 $u_r^{(1)}$,下式中第二个积分在数值上等于圆板面积的改变量 ΔA(图(c)),即

$$F\Delta A = \oint_s p u_r^{(1)} \mathrm{d}s = p\left(\oint_s u_r^{(1)} \mathrm{d}s\right) = p\Delta A \quad \Rightarrow \quad \frac{Fp(1-\mu)d}{E} = p\Delta A$$

$$\Rightarrow \quad \Delta A = \frac{F(1-\mu)d}{E}$$

8.3　虚功原理　里兹法

在理论力学里曾研究过虚功原理(虚位移原理):若任意刚体(或质点系)处于平衡状态,则作用于其上的平衡力系在任意虚位移(通常为很小的可能位移)上所做的虚功为零,反之亦然。现以图 8.5 所示悬臂梁的平面弯曲为例,导出可变形固体(结构)的**虚功原理**。

首先给处于平衡状态的梁(图 8.5)一个假想的、充分小的可能位移,即**虚位移(虚挠度)** $y^*(x)$,由于它充分小,可以认为对梁的真实内力 F_S 和 M 没有影响;同时虚挠度 $y^*(x)$ 还必须满足梁的约束(支承)边界条件和变形连

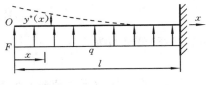

图 8.5

续性条件,且是 x 的连续函数。与推导刚体力学的虚功原理类似,从微段梁 $\mathrm{d}x$ 的平衡方程 $\mathrm{d}^2M/\mathrm{d}x^2 - q = 0 (M'' - q = 0)$ 出发,在其等号两边乘以虚位移 $y^*(x)$,然后在整个梁的跨度上积分,即

$$\int_0^l (M'' - q) y^* \mathrm{d}x = 0 \tag{8-25}$$

其意义是对于整个梁,平衡力系(内力和外力)在虚位移上所做的总虚功为零。利用

梁的**微分关系** $F_s = M'$ 和虚位移应满足的**协调条件** $\theta^* = (y^*)'$ 或 $d\theta^* = (y^*)'' dx$ 等关系,将式(8-25)左端中的第一个积分进行分部积分,即

$$\int_0^l M'y^* \, dx = M'y^* \Big|_0^l - \int_0^l M'(y^*)' dx = M'y^* \Big|_0^l - M(y^*)' \Big|_0^l + \int_0^l M(y^*)'' dx$$

$$= F_s(l)y^*(l) - F_s(0)y^*(0) - M(l)\theta^*(l) + M(0)\theta^*(0) + \int_0^l M d\theta^*$$

$$(8\text{-}26)$$

为了化简式(8-26),还需考虑梁两端的边界条件:

在梁的自由端($x=0$),内力应满足静力边界条件(平衡条件),即

$$M(0) = 0, \quad F_s(0) = F$$

在梁的固定端($x=l$),虚位移满足位移边界条件(几何约束条件),即

$$y^*(l) = 0, \quad \theta^*(l) = 0$$

结合以上边界条件整理式(8-26),有

$$\int_0^l M'y^* \, dx = -Fy^*(0) + \int_0^l M d\theta^* \qquad (8\text{-}27)$$

将式(8-27)代入式(8-25),得

$$\int_0^l qy^* \, dx + Fy^*(0) = \int_0^l M d\theta^* \qquad (8\text{-}28)$$

式(8-28)左端中的第一项是分布力 q 在虚挠度 $y^*(x)$ 上所做的虚功,第二项是集中力 F 在梁自由端虚挠度 $y^*(0)$ 上所做的虚功,合记为外力虚功:

$$W_e^* = \int_0^l qy^* \, dx + Fy^*(0)$$

式(8-28)的右端表示内力 M 在虚变形 $d\theta^*$(梁微段的虚相对转角)上所做的虚功之和(不计剪力虚功,下同),记为**内力虚功**(或称**虚应变能**):

$$W_i^* = \int_0^l M d\theta^* \qquad (8\text{-}29)$$

则式(8-28)又可写为

$$W_e^* = W_i^* \qquad (8\text{-}30)$$

这就是可变形固体的**虚功原理**。它表明:对于在外力作用下处于平衡状态的梁(结构),任意给它一个虚位移,则外力在虚位移上所做之虚功,等于梁的内力在虚变形上所做的虚功。以能量守恒的观点来看,虚功原理也可理解为外力虚功全部转化为梁的虚应变能。以上的推导过程,并未涉及梁的物理关系,即应力与应变的关系,故虚功原理不仅适用于线弹性体,而且适用于一般可变形固体,只要求虚位移是结构可能发生的且充分小的位移。虚功原理不仅适用于单个杆件,也适用于杆系或其他复杂结构。

若梁同时承受多种类型(拉压、弯曲和扭转)的荷载,外力虚功一般可表示为

$$W_e^* = F_1 y_1^* + F_2 y_2^* + \cdots + \int_L q y^* \, \mathrm{d}x + \cdots \tag{8-31}$$

而总的内力虚功（略去剪力虚功）可表示为

$$W_i^* = \int_L F_N(x) \mathrm{d}\delta^* + \int_L T(x) \mathrm{d}\varphi^* + \int_L M(x) \mathrm{d}\theta^* \tag{8-32}$$

将式（8-31）和式（8-32）代入式（8-30），有

$$F_1 y_1^* + F_2 y_2^* + \cdots + \int_L q y^* \, \mathrm{d}x + \cdots = \int_L F_N(x) \mathrm{d}\delta^* + \int_L T(x) \mathrm{d}\varphi^* + \int_L M(x) \mathrm{d}\theta^*$$

$$\tag{8-33}$$

例 8.6 图示为中点有横力 F 作用的简支梁，设其位移（挠度）模式为 $y(x) = A\sin(\pi x/l)$，它满足且必须满足边界约束条件：$y(0) = y(l) = 0$。A 为待定常数，是梁中点的挠度，试求其值。

解 采用虚位移原理求解。将虚位移取为其真实挠度的微小增量 δy（图中的阴影部分），将"δ"视为算符（变分算符），算法同微分算符"d"，则内力虚功可写为（以下的推导过程中均认为各运算（微分、变分和积分）均可交换）

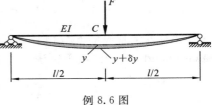

例 8.6 图

$$\int_L M(x)\mathrm{d}\theta^* = \int_L (EIy'')\mathrm{d}(\delta y') = \int_L EIy''\delta y''\mathrm{d}x = \int_L \frac{EI}{2}\delta(y'')^2 \mathrm{d}x$$

$$= \delta\left(\int_L \frac{EI}{2}(y'')^2 \mathrm{d}x\right) \tag{a}$$

外力虚功为

$$F(\delta y)_{x=l/2} = F\delta\left(A\sin\frac{\pi x}{l}\right)_{x=l/2} = F\delta A \tag{b}$$

则虚功方程可写为

$$\int_L M(x)\mathrm{d}\theta^* - F\delta A = 0 \quad \Rightarrow \quad \delta\left(\int_L \frac{EI}{2}(y'')^2 \mathrm{d}x\right) - F\delta A = 0$$

$$\Rightarrow \quad \delta\left(\int_L \frac{EI}{2}(y'')^2 \mathrm{d}x - FA\right) = 0 \tag{c}$$

式（c）中的第一项便是梁的弹性势能（应变能），第二项（连同负号）为外力势能，即

$$U_e = \int_L \frac{EI}{2}(y'')^2 \mathrm{d}x \tag{d}$$

$$U_F = -FA \tag{e}$$

将式（d）（e）代入式（c），得到具有普遍意义的 **最小势能原理**，即在平衡状态下，结构的总势能（弹性势能＋外力势能）取极值，结构稳定平衡时取最小值，即

$$\delta(U_e + U_F) = 0 \tag{f}$$

这实际上是变分问题，也就是对函数（视为自变量）的函数（称为泛函）求极值的问题。本例里的总势能泛函 (U_e+U_F) 便是挠度函数 $y(x)$ 的函数。依题意，由挠度函数 $y(x)$ 求应变能：

$$y(x)=A\sin\frac{\pi x}{l} \Rightarrow (y'')^2=\left(-\frac{A\pi^2}{l^2}\sin\frac{\pi x}{l}\right)^2$$

$$\Rightarrow U_e=\int_L\frac{EI}{2}(y'')^2\mathrm{d}x=\frac{A^2\pi^4EI}{2l^4}\int_0^l\sin^2\frac{\pi x}{l}\mathrm{d}x=\frac{A^2\pi^4EI}{4l^3} \tag{g}$$

将上面 U_e、U_F（式（e）（g））的结果代入最小势能原理公式（式（f）），利用极值条件，便可确定 A，即可求得梁中点挠度的近似值：

$$\delta(U_e+U_F)=\delta\left(\frac{A^2\pi^4EI}{4l^3}-FA\right)=0 \Rightarrow \frac{\mathrm{d}}{\mathrm{d}A}\left(\frac{A^2\pi^4EI}{4l^3}-FA\right)=0$$

$$\Rightarrow A=\frac{2Fl^3}{\pi^4EI}\approx\frac{Fl^3}{48.7EI} \tag{h}$$

该解与材料力学精确解 $Fl^3/(48EI)$ 很接近，误差约为 1.4%。以上方法也称为**瑞利-里兹（Rayleigh-Ritz）法或里兹法**。用卡氏第一定理（式（8-20））也可以得到 A：

$$F_i=\frac{\partial U}{\partial\delta_i} \Rightarrow F=\frac{\partial U_e}{\partial A}=\frac{\mathrm{d}}{\mathrm{d}A}\left(\frac{A^2\pi^4EI}{4l^3}\right)=\frac{A\pi^4EI}{2l^3} \Rightarrow A=\frac{2Fl^3}{\pi^4EI}$$

但据此算出的内力误差略大，如

$$|M|_{\max}=|EIy''|_{\max}=\left|EI\left(A\sin\frac{\pi x}{l}\right)''_{x=l/2}\right|=EI\left(\frac{\pi}{l}\right)^2\left(\frac{2Fl^3}{\pi^4EI}\right)\sin\frac{\pi x}{l}\Big|_{x=l/2}$$

$$=\frac{2Fl}{\pi^2}\approx\frac{Fl}{4.9}$$

与精确解 $Fl/4$ 相比，误差达到 19%。如要追求更精确的解，可设含有更多正弦函数的位移模式：

$$y(x)=A_1\sin\frac{\pi x}{l}+A_2\sin\frac{3\pi x}{l}+\cdots=\sum_j A_j\sin\frac{(2j-1)\pi x}{l} \tag{i}$$

当然这需要确定更多的待定常数。

　　虚功原理的重要应用就是结构的近似（数值）求解。用里兹法所求的位移近似解，其值一般小于精确解，本例就是一例，原因是预先设定了结构的位移模式，这相当于增加了结构的刚度，变形自然就小了。

8.4　单位力法　图乘法

　　利用虚功原理可以建立求结构某点位移的一般方法——**单位力法**。如前所述，任何满足杆件的约束条件和变形连续条件的微小位移，包括实际外力（或外部作用）产生的位移，都可以作为虚位移（可能位移）。欲求杆件上某一点沿某一方向的实际位移 Δ，假想在该点处施加一个相应的单位力，杆件因单位力而产生的内力记为 $\overline{F}_N(x)$、$\overline{T}(x)$ 和 $\overline{M}(x)$。以实际荷载引起的位移为虚位移，则单位力在 Δ 上做的外力

虚功为

$$W_e^* = 1 \cdot \Delta$$

而 $\overline{F}_N(x)$、$\overline{T}(x)$ 和 $\overline{M}(x)$ 在虚变形（实际上是真实变形）$d\delta$、$d\varphi$ 和 $d\theta$ 上做内力虚功，由虚功原理（式(8-33)）可得

$$1 \cdot \Delta = \int_L \overline{F}_N(x) d\delta + \int_L \overline{T}(x) d\varphi + \int_L \overline{M}(x) d\theta \qquad (8\text{-}34)$$

式(8-34)建立了求解结构上任意一点位移的新方法，称为**单位力法**。对于线弹性杆件，将式(8-3)、式(8-5)和式(8-7)代入式(8-34)，有

$$\Delta = \int_L \overline{F}_N(x) \frac{F_N(x) dx}{EA} + \int_L \overline{T}(x) \frac{T(x) dx}{GI_p} + \int_L \overline{M}(x) \frac{M(x) dx}{EI} \qquad (8\text{-}35)$$

式(8-35)又称为**莫尔定理**，式中的积分称为**莫尔积分**。应用单位力法求位移时，必须弄清式(8-34)和式(8-35)中各个量所代表的含义。Δ、$d\delta$、$d\varphi$ 和 $d\theta$ 以及 $F_N(x)$、$T(x)$ 和 $M(x)$ 是与实际荷载对应的位移、变形和内力；$\overline{F}_N(x)$、$\overline{T}(x)$ 和 $\overline{M}(x)$ 是在结构上单独作用单位力而引起的内力。当然位移 Δ 和单位力都是广义的。当由单位力法求出的 Δ 为正时，表示 Δ 与单位力的方向（或转向）相同；为负表示两者的方向相反。

例 8.7 对于图(a)所示矩形截面悬臂梁，若其底面和顶面温度分别升高 T_1 和 T_2，且 $T_1 > T_2$，并沿截面高度线性变化，试用单位力法求自由端的挠度和轴向位移。已知材料的线膨胀系数为 α_l。

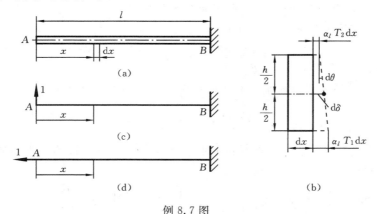

例 8.7 图

解 由于温度沿梁截面高度线性变化，故梁的纵向"纤维"的变形也沿截面高度线性变化（图(b)），微段 dx 两端横截面的相对转角和微段的轴向位移分别为

$$d\theta = \frac{\alpha_l(T_1 - T_2)}{h} dx \qquad (a)$$

$$d\delta = \frac{\alpha_l(T_1 + T_2)}{2} dx \qquad (b)$$

分别在梁的自由端施加单位横力（图(c)）和单位轴向外力（图(d)），得截面上的弯矩

和轴力分别为

$$\overline{M}(x) = x \tag{c}$$

$$\overline{F}_N(x) = 1 \tag{d}$$

将式(a)和式(c)代入式(8-34),求得自由端的挠度为

$$y_A = \int_L \overline{M}(x)\mathrm{d}\theta = \int_0^l x \cdot \frac{\alpha_l(T_1 - T_2)}{h}\mathrm{d}x = \frac{\alpha_l(T_1 - T_2)l^2}{2h}$$

将式(a)和式(c)代入式(8-34),求得自由端的轴向位移为

$$\Delta_A = \int_L \overline{F}_N(x)\mathrm{d}\delta = \int_0^l 1 \cdot \frac{\alpha_l(T_1 + T_2)}{2}\mathrm{d}x = \frac{\alpha_l(T_1 + T_2)l}{2}(\leftarrow)$$

例 8.8 图示矩形截面的悬臂梁,在自由端受横力 F 作用。材料的物理关系为 $|\sigma| = c\sqrt{|\varepsilon|}$, c 是材料常数。试计算其自由端的挠度和应变能。

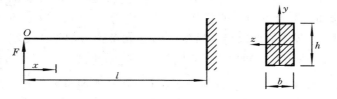

例 8.8 图

解 本题属材料非线性问题,利用单位力法求解。如同小变形的弹性梁,依平面假设,设梁中性层的曲率为 $1/\rho$,有

$$\frac{1}{\rho} = \frac{\mathrm{d}\theta}{\mathrm{d}x} \quad \Rightarrow \quad \mathrm{d}\theta = \frac{1}{\rho}\mathrm{d}x \tag{a}$$

由 $|\sigma| = c\sqrt{|\varepsilon|}$ 可得梁横截面上 y 处的纵向正应变和正应力分别为

$$\varepsilon = \frac{y}{\rho}, \quad \sigma = c\sqrt{\frac{|y|}{\rho}} \tag{b}$$

式(b)中的曲率待定。梁任一横截面上的弯矩为 $M = Fx$,可依截面上的静力关系求得曲率 $1/\rho$,即

$$M = Fx = \int_A y\sigma\mathrm{d}A = \int_{-h/2}^{h/2} y\left(c\sqrt{\frac{|y|}{\rho}}\right)b\,\mathrm{d}y = 2\int_0^{h/2} yc\sqrt{\frac{y}{\rho}}b\,\mathrm{d}y = \frac{cbh^{5/2}}{5\sqrt{2\rho}}$$

$$\Rightarrow \quad \frac{1}{\rho} = \frac{50F^2x^2}{c^2b^2h^5} \tag{c}$$

在梁的自由端施加一向上的单位力,将梁任一横截面上的 $\overline{M} = x$ 及式(a)和式(c)代入式(8-34),求得自由端的挠度为

$$\delta = \int_l \overline{M}\mathrm{d}\theta = \int_0^l \frac{x}{\rho}\mathrm{d}x = \frac{50F^2}{c^2b^2h^5}\int_0^l x^3\mathrm{d}x = \frac{25F^2l^4}{2c^2b^2h^5} \quad \Rightarrow \quad F = \frac{\sqrt{2}cbh^{5/2}}{5l^2}\sqrt{\delta}$$

将外力 F 代入式(8-1),用外力功计算结构的应变能:

$$U = W = \int_0^\delta F \mathrm{d}\delta = \frac{\sqrt{2}\,cbh^{5/2}}{5l^2} \int_0^\delta \sqrt{\delta}\,\mathrm{d}\delta = \frac{2}{3} \cdot \left(\frac{\sqrt{2}\,cbh^{5/2}}{5l^2}\sqrt{\delta} \right) \cdot \delta = \frac{2}{3}F\delta$$

　　由本例(材料非线性)及例 8.3(几何非线性)可看出,非线性问题的求解比线弹性问题的求解要复杂许多。

　　例 8.9　平面直角刚架两段的 EI 和 EA 分别相等(图(a)),试求点 C 的竖直位移 y_C。

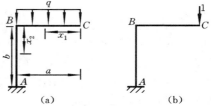

例 8.9 图

　　解　用莫尔定理分析刚架时,要特别注意刚架上 $\overline{M}$、M 的正负号,只要两者同向,其莫尔积分为正,反之为负。在点 C 的竖直方向(待求位移的方向)上加一单位力(图(b)),得到刚架两段的实际弯矩、轴力(无扭矩)以及单位力引起的弯矩和轴力为

$$M_1(x_1) = \frac{1}{2}qx_1^2, \quad M_2(x_2) = \frac{1}{2}qa^2, \quad F_{N1}(x_1) = 0, \quad F_{N2}(x_2) = -qa$$

$$\overline{M}_1(x_1) = x_1, \quad \overline{M}_2(x_2) = a, \quad \overline{F}_{N1}(x_1) = 0, \quad \overline{F}_{N1}(x_2) = -1$$

代入式(8-35),得

$$
\begin{aligned}
y_C &= \int_0^a \frac{\overline{M}_1 M_1 \mathrm{d}x_1}{EI} + \int_0^b \frac{\overline{M}_2 M_2 \mathrm{d}x_2}{EI} + \int_0^b \frac{\overline{F}_{N2} F_{N2} \mathrm{d}x_2}{EA} \\
&= \frac{1}{EI}\int_0^a x_1 \cdot \frac{1}{2}qx_1^2 \mathrm{d}x_1 + \frac{1}{EI}\int_0^b a \cdot \frac{1}{2}qa^2 \mathrm{d}x_2 + \frac{1}{EA}\int_0^b (-1) \cdot (-qa) \cdot \mathrm{d}x_2 \\
&= \frac{1}{EI}\left(\frac{qa^4}{8} + \frac{qa^3 b}{2} \right) + \frac{qab}{EA} \quad (\downarrow)
\end{aligned}
$$

结果为正,表明 y_C 的方向与所加单位力的方向一致,即竖直向下。如果 $b = a$,且两杆都为直径为 d 的圆截面,上式变为

$$y_C = \frac{5qa^4}{8EI}\left(1 + \frac{8I}{5Aa^2} \right) = \frac{5qa^4}{8EI}\left(1 + \frac{d^2}{10a^2} \right) \approx \frac{5qa^4}{8EI} \quad \left(\left(\frac{d}{a} \right)^2 \ll 1 \right)$$

上式中括号中的第一项是由弯曲引起的位移,第二项是由杆件轴向变形引起的位移,通常第二项远小于第一项,因为 $a \gg d$,所以在求刚架的位移时,一般都可略去轴力的影响。

　　例 8.10　图(a)所示为四分之一圆弧小曲率圆截面曲杆,圆弧的半径为 R,EI 和 GI_p 为常数,试求截面 B 的竖直位移 y_B 和转角 θ_B。

　　解　曲杆(梁)轴线的曲率半径与截面高度之比大于 5 的,称为小曲率杆。小曲率杆的计算方式与直杆的类似,求解时,只需将式(8-9)中对长度的积分换成对圆弧段的积分,即 $\mathrm{d}x = \mathrm{d}s = R\mathrm{d}\varphi$。注意到本例曲杆不受扭,且不计轴力的影响,则莫尔定理(式(8-35))可写成

$$\Delta = \int_s \frac{\overline{M}M}{EI}\mathrm{d}s \tag{a}$$

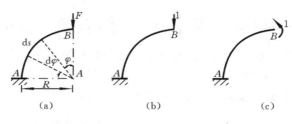

例 8.10 图

为求 y_B，只需在点 B 加向下（亦可向上）的单位力（图(b)），并约定使曲率增大的弯矩为正，则曲杆上任意横截面（以 φ 度量）上的弯矩为

$$M(\varphi)=FR\sin\varphi,\quad \overline{M}(\varphi)=R\sin\varphi$$

代入式(a)，注意 $\mathrm{d}s=R\mathrm{d}\varphi$，可求得

$$y_B=\int_s\frac{\overline{M}M}{EI}\mathrm{d}s=\frac{1}{EI}\int_0^{\frac{\pi}{2}}R\sin\varphi\cdot FR\sin\varphi R\mathrm{d}\varphi=\frac{\pi FR^3}{4EI}\quad(\downarrow)\qquad\text{(b)}$$

所得结果为正，表示 y_B 的方向与所设单位力的方向相同，即实际方向向下。

为求 θ_B，在点 B 施加逆时针方向的单位力偶（图(c)），任意截面上的弯矩为 $\overline{M}(\varphi)=-1$（它使曲梁的曲率变小，故为负）。利用式(a)得

$$\theta_B=\frac{1}{EI}\int_0^{\frac{\pi}{2}}(-1)\cdot FR\sin\varphi R\mathrm{d}\varphi=-\frac{FR^2}{EI}\quad(\text{顺时针})\qquad\text{(c)}$$

负号表示 θ_B 与所设单位力偶的方向相反，即实际为顺时针方向。

例 8.11　图(a)所示置于水平平面内、四分之一圆弧小曲率圆截面曲梁，在杆端 A 受竖直向下的力 F 作用，圆弧的半径为 R，杆的 EI 和 GI_p 均为常数，试求 F 的相

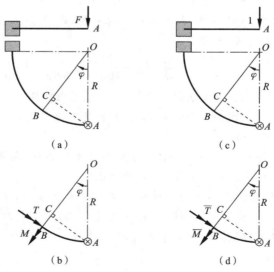

例 8.11 图

应位移（点 A 的挠度）。

解 曲梁任一横截面 B 的位置用 φ 表示,并作辅助线 $AC \perp OB$,用平衡条件分别求出截面上的弯矩和扭矩（图(b)）:

$$M = F \times \overline{AC} = FR\sin\varphi, \quad T = -F \times \overline{BC} = -FR(1-\cos\varphi) \tag{a}$$

同样,也可以求出单位力下（图(c)）的弯矩和扭矩（图(d)）:

$$\overline{M} = 1 \times \overline{AC} = R\sin\varphi, \quad \overline{T} = -1 \times \overline{BC} = -R(1-\cos\varphi) \tag{b}$$

由单位力法,将式(a)和式(b)、$\mathrm{d}x = \mathrm{d}s = R\mathrm{d}\varphi$ 代入式(8-35),注意到本例无轴力,可求出力 F 的相应位移为

$$\delta_A = \int_S \overline{T}(x) \frac{T(x)\mathrm{d}s}{GI_p} + \int_S \overline{M}(x) \frac{M(x)\mathrm{d}s}{EI}$$

$$= \frac{1}{EI} \int_0^{\pi/2} FR^3 \sin^2\varphi \mathrm{d}\varphi + \frac{1}{GI_p} \int_0^{\pi/2} FR^3(1-\cos\varphi)^2 \mathrm{d}\varphi$$

$$= \left(\frac{\pi}{4EI} + \frac{(3\pi-8)}{4GI_p} \right) FR^3 \quad (\downarrow)$$

对于直杆（梁/圆轴）而言,单位力下的内力图,一般都是直线形的,利用这一特点可以简化莫尔积分的计算。以弯曲变形为例,设梁的某一段（AB 段）的弯曲刚度 EI 为常数,于是

$$\int_A^B \frac{\overline{M}(x)M(x)}{EI}\mathrm{d}x = \frac{1}{EI} \int_A^B \overline{M}(x)M(x)\mathrm{d}x \tag{8-36}$$

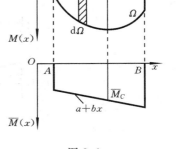

将 M 图的面积和形心坐标分别记为 Ω 和 x_C（图 8.6）,将 $\overline{M}(x)$ 写成直线式:

$$\overline{M}(x) = a + bx \tag{8-37}$$

代入式(8-36),有

$$\int_A^B \overline{M}(x)M(x)\mathrm{d}x = \int_A^B (a+bx)M(x)\mathrm{d}x$$

图 8.6

$$= a\int_A^B M(x)\mathrm{d}x + b\int_A^B xM(x)\mathrm{d}x = \Omega(a+bx_C) = \Omega\overline{M}_C \tag{8-38}$$

其中,$\overline{M}_C = \overline{M}(x_C)$。因此式(8-36)可写成

$$\Delta = \frac{1}{EI} \int_A^B \overline{M}(x)M(x)\mathrm{d}x = \frac{\Omega\overline{M}_C}{EI} \tag{8-39}$$

这种利用有关图形的乘法运算来计算莫尔积分的方法,称为**图乘法**或**图形互乘法**。应当注意:式(8-39)中的 Ω 和 $\overline{M}_C$ 都是代数量,若 M 图和 $\overline{M}$ 图都画在梁或刚架的同侧,则乘积 $\Omega\overline{M}_C$ 为正,反之为负;若 M 图不连续或 $\overline{M}$ 图是折线形的或梁的 EI 发生变化,则必须分段应用图乘法。

在应用图乘法计算位移时,要用到各种形状的弯矩图的几何性质,表 8-1 列出了

几种常用图形的面积和形心位置。

表 8-1　几种常用图形的面积和形心位置

类别	三　角　形	二次抛物线	n 次抛物线
图形	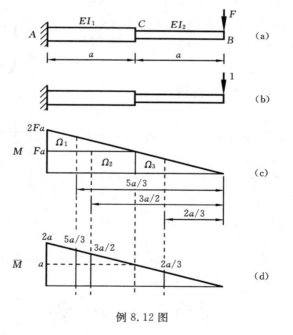		
面积	$\Omega = \dfrac{bh}{2}$	$\Omega_1 = \dfrac{bh}{3},\ \Omega_2 = \dfrac{2bh}{3}$	$\Omega_1 = \dfrac{bh}{n+1},\ \Omega_2 = \dfrac{nbh}{n+1}$
形心位置	$x_C = \dfrac{2b}{3}$	$x_{C_1} = \dfrac{3b}{4},\ x_{C_2} = \dfrac{3b}{8}$	$x_{C_1} = \dfrac{(n+1)b}{n+2},\ x_{C_2} = \dfrac{(n+1)b}{2(n+2)}$

例 8.12　图示为受载变截面悬臂梁,若 $I_1 = 2I_2$,求自由端的挠度 y_B。

例 8.12 图

解　先画出 M 图(图(c));然后画出在悬臂梁自由端加向下的单位力所对应的 $\overline{M}$ 图(图(d))。由于梁的 AC 和 CB 段的刚度不同,因此要分段计算。在 AC 段内 M 图是一梯形,将其分解为一个矩形和一个三角形,这实际上应用了叠加法。在图(c)上标出与三块 M 图(从左到右)的面积及其形心对应的 $\overline{M}$ 值(图(d)),即

$$\Omega_1 = \frac{Fa \cdot a}{2}, \quad \Omega_2 = Fa \cdot a, \quad \Omega_3 = \frac{Fa \cdot a}{2},$$

$$\overline{M}_{1C} = \frac{5}{3}a, \quad \overline{M}_{2C} = \frac{3}{2}a, \quad \overline{M}_{3C} = \frac{2}{3}a$$

由式(8-35),有

$$y_B = \int_L \frac{\overline{M}M}{EI}\mathrm{d}x = \int_0^a \frac{\overline{M}M}{EI_1}\mathrm{d}x + \int_a^{2a} \frac{\overline{M}M}{EI_2}\mathrm{d}x = \frac{\Omega_1\overline{M}_{1C} + \Omega_2\overline{M}_{2C}}{EI_1} + \frac{\Omega_3\overline{M}_{3C}}{EI_2}$$

$$= \frac{1}{EI_1}\left[\left(\frac{Fa \cdot a}{2}\right) \cdot \frac{5}{3}a + (Fa \cdot a) \cdot \frac{3}{2}a\right] + \frac{1}{EI_2}\left(\frac{Fa \cdot a}{2}\right) \cdot \frac{2}{3}a$$

$$= \frac{7Fa^3}{3EI_1} + \frac{Fa^3}{3EI_2} = \frac{7Fa^3}{3E(2I_2)} + \frac{Fa^3}{3EI_2} = \frac{3Fa^3}{2EI_2} \quad (\downarrow)$$

例 8.13 直角刚架如图(a)所示,其 EI 为常数。求截面 C 的转角 θ_C 和竖直位移 y_C。

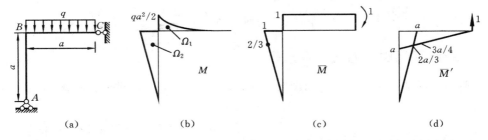

例 8.13 图

解 刚架的弯矩图一般画在刚架的受拉侧。画出结构的 M 图(图(b)),BC、AB 两段的面积为 Ω_1 和 Ω_2;为求 θ_C,在点 C 加单位力偶并画出 $\overline{M}$ 图(图(c));为求 y_C,在点 C 加单位力并画出 $\overline{M}'$ 图(图(d));并在两个 $\overline{M}$ 图上标出与 Ω_1 和 Ω_2 形心对应的值。如果 M 图和 $\overline{M}$ 图或 $\overline{M}'$ 图都在杆件的同侧(符号相同),则它们的图乘结果为正。将 M 图(图(b))和 $\overline{M}$ 图(图(c))相乘得到截面 C 的转角为

$$\theta_C = \int_L \frac{\overline{M}M}{EI}\mathrm{d}x = \frac{1}{EI}(\Omega_1\overline{M}_{1C} + \Omega_2\overline{M}_{2C})$$

$$= \frac{1}{EI}\left[\left(\frac{1}{3} \cdot \frac{qa^2}{2} \cdot a\right) \cdot 1 + \left(\frac{1}{2} \cdot \frac{qa^2}{2} \cdot a\right) \cdot \frac{2}{3}\right] = \frac{qa^3}{3EI} \quad (\text{顺时针})$$

将 M 图(图(b))和 $\overline{M}'$ 图(图(d))相乘,注意到这两个弯矩图分别画在刚架的外、内侧(符号不同),得截面 C 的竖直位移 y_C 为

$$y_C = -\int_L \frac{\overline{M}'M}{EI}\mathrm{d}x = -\frac{1}{EI}(\Omega_1\overline{M}'_{1C} + \Omega_2\overline{M}'_{2C})$$

$$= -\frac{1}{EI}\left[\left(\frac{1}{3} \cdot \frac{qa^2}{2} \cdot a\right) \cdot \frac{3a}{4} + \left(\frac{1}{2} \cdot \frac{qa^2}{2} \cdot a\right) \cdot \frac{2a}{3}\right] = -\frac{7qa^4}{24EI} \quad (\downarrow)$$

负号表示所求位移的方向与所设单位力方向相反。

例 8.14 求图示均布荷载作用下简支梁中点 C 的挠度 y_C。

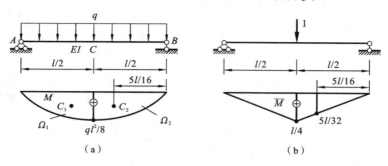

例 8.14 图

解 此例中 $\overline{M}$ 图(图(b))为两段斜直线,需分段应用图乘法,然后相加。注意到 M、$\overline{M}$ 图的对称性,只需取一半(右半部分)计算,有

$$y_C = \int_L \frac{\overline{M}M}{EI}dx = 2 \cdot \frac{\Omega_2 \overline{M}_{2C}}{EI} = \frac{2}{EI}\left(\frac{2}{3} \cdot \frac{l}{2} \cdot \frac{ql^2}{8}\right) \cdot \frac{5l}{32} = \frac{5ql^4}{384EI} \quad (\downarrow)$$

8.5 超静定问题 力法正则方程

前面几章都讨论了超静定问题的解法,本节将用能量方法求解该问题,主要介绍力法。

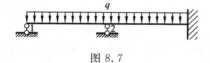

图 8.7

针对图 8.7 所示的二次超静定梁,解除点 1、2 的滑动铰约束后以无外力的悬臂梁为静定基,当然静定基的选择是任意的,只要是静定梁皆可。

此时静定基上作用有分布外力 q、两支座的作用力 X_1 和 X_2(图 8.8(a)),点 1 是约束点,挠度为零,依叠加原理,可得到以下几何方程:

$$\Delta_1 = 0 \implies \Delta_{1X_1} + \Delta_{1X_2} + \Delta_{1F} = 0 \tag{8-40a}$$

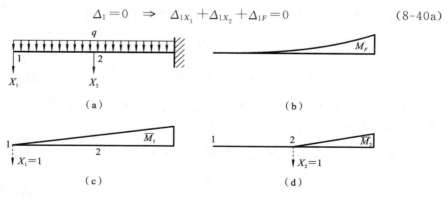

图 8.8

式中：Δ_1 为点 1 的挠度；Δ_{1X_1} 为 X_1 单独作用在静定基上时，点 1 产生的挠度；Δ_{1X_2} 为 X_2 单独作用在静定基上时，点 1 产生的挠度；Δ_{1F} 表示外力 q 单独作用在静定基上时，点 1 产生的挠度。可见挠度（位移）的第一个下标表示位移产生之点，第二个下标表示位移产生之原因。同样，对于第二个约束点（点 2），也可得到：

$$\Delta_2 = 0 \quad \Rightarrow \quad \Delta_{2X_1} + \Delta_{2X_2} + \Delta_{2F} = 0 \tag{8-40b}$$

用莫尔积分（单位力法）求解几何方程式（8-40）里的各位移项，先画出悬臂梁上只有外力 q 作用时的弯矩图（图 8.8(b)）；再令未知反力为单位力，即 $X_1 = 1$、$X_2 = 1$，画出它们分别单独作用于悬臂梁时的弯矩图（图 8.8(c)(d)），求出式（8-40a）和式（8-40b）里的各项：

$$\begin{cases} \Delta_{1X_1} = \displaystyle\int_L \frac{\overline{M}_1(X_1\overline{M}_1)}{EI}\mathrm{d}x = X_1\left(\int_L \frac{\overline{M}_1\overline{M}_1}{EI}\mathrm{d}x\right) \\[2mm] \Delta_{1X_2} = \displaystyle\int_L \frac{\overline{M}_1(X_2\overline{M}_2)}{EI}\mathrm{d}x = X_2\left(\int_L \frac{\overline{M}_1\overline{M}_2}{EI}\mathrm{d}x\right) \\[2mm] \Delta_{1F} = \displaystyle\int_L \frac{\overline{M}_1 M_F}{EI}\mathrm{d}x \\[2mm] \Delta_{2X_1} = \displaystyle\int_L \frac{\overline{M}_2(X_1\overline{M}_1)}{EI}\mathrm{d}x = X_1\left(\int_L \frac{\overline{M}_2\overline{M}_1}{EI}\mathrm{d}x\right) \\[2mm] \Delta_{2X_2} = \displaystyle\int_L \frac{\overline{M}_2(X_2\overline{M}_2)}{EI}\mathrm{d}x = X_2\left(\int_L \frac{\overline{M}_2\overline{M}_2}{EI}\mathrm{d}x\right) \\[2mm] \Delta_{2F} = \displaystyle\int_L \frac{\overline{M}_2 M_F}{EI}\mathrm{d}x \end{cases} \tag{8-40c}$$

以上 $(X_1\overline{M}_1)$ 和 $(X_2\overline{M}_2)$ 便是两个反力分别作用在静定基上的弯矩。定义柔度系数：

$$\delta_{11} = \int_L \frac{\overline{M}_1\overline{M}_1}{EI}\mathrm{d}x, \quad \delta_{ij} = \int_L \frac{\overline{M}_i\overline{M}_j}{EI}\mathrm{d}x \quad (i,j=1,2) \tag{8-40d}$$

将式（8-40d）代入式（8-40c），再根据式（8-40a）和式（8-40b），得到含未知力的方程组：

$$\begin{cases} \delta_{11}X_1 + \delta_{12}X_2 + \Delta_{1F} = 0 \\ \delta_{21}X_1 + \delta_{22}X_2 + \Delta_{2F} = 0 \end{cases} \quad \text{或} \quad \begin{bmatrix} \delta_{11} & \delta_{12} \\ \delta_{21} & \delta_{22} \end{bmatrix}\begin{bmatrix} X_1 \\ X_2 \end{bmatrix} = \begin{bmatrix} -\Delta_{1F} \\ -\Delta_{2F} \end{bmatrix} \tag{8-41}$$

这种以未知力（X_1、X_2）为求解对象的方法，称为力法，其本质仍然是变形协调。式（8-41）为求解二次超静定结构的通用方程，因形式规范，称为力法正则方程。对于 n 次超静定结构，力法正则方程为 n 次矩阵代数方程：

$$[\delta_{ij}]_{n\times n}[X_j]_n = \{-\Delta_{iF}\}_n \quad (i,j=1,2,\cdots,n) \tag{8-42a}$$

或

$$\sum_{j=1}^n \delta_{ij}X_j + \Delta_{iF} = 0 \quad (i=1,2,\cdots,n) \tag{8-42b}$$

显然有

$$\delta_{ii} = \int_L \frac{\overline{M}_i\overline{M}_i}{EI}\mathrm{d}x > 0, \quad \delta_{ij} = \delta_{ji} = \int_L \frac{\overline{M}_i\overline{M}_j}{EI}\mathrm{d}x \quad (i,j = 1,2,\cdots,n)$$

故其系数矩阵(柔度矩阵)$[\delta_{ij}]_{n\times n}$为对称正定方阵,方程的性质很好,便于数值(上机编程)求解。其中 $\delta_{ij} = \delta_{ji}$,即位移互等,利用这一关系,可以减少一些计算量。

对于一次超静定结构,力法正则方程(8-41)就更简单了:

$$\delta_{11}X_1 + \Delta_{1F} = 0 \tag{8-43}$$

虽说力法正则方程是以超静定梁为例导出的,但该方程对拉压、扭转及组合变形的超静定问题都适用,只不过是相应系数的形式不同而已。

例 8.15　图(a)所示受均布荷载 q 作用的一次超静定梁,EI 为常数,试求 A、B 端的反力。

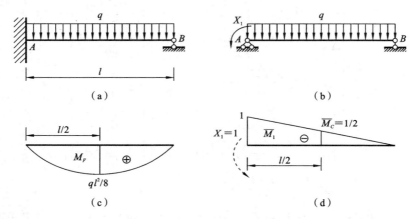

例 8.15 图

解　解除支座 A 的转动约束,并加上相应的约束反力偶 X_1,以简支梁为静定基(图(b)),力法正则方程为

$$\delta_{11}X_1 + \Delta_{1F} = 0$$

其力学意义是 A 端转角为零。分别画出简支梁上单独作用 q 及 $X_1 = 1$ 时的弯矩图(图(c)(d)),注意到两个弯矩图反向,用单位力法(图乘)求得方程里的系数为

$$\delta_{11} = \int_0^l \frac{\overline{M}_1\overline{M}_1\mathrm{d}x}{EI} = \frac{1}{EI}\left(\frac{1\cdot l}{2}\cdot\frac{2}{3}\right) = \frac{l}{3EI}$$

$$\Delta_{1F} = \int_0^l \frac{\overline{M}_1 M_F\mathrm{d}x}{EI} = \frac{-1}{EI}\left(\frac{2l}{3}\cdot\frac{ql^2}{8}\cdot\frac{1}{2}\right) = -\frac{ql^3}{24EI}$$

代入力法正则方程,求得 A 端的反力偶为

$$X_1 = \frac{-\Delta_{1F}}{\delta_{11}} = -\left(\frac{-ql^3}{24EI}\right)\bigg/\left(\frac{l}{3EI}\right) = \frac{ql^2}{8} \quad (\text{方向不变,即为图(b)所设方向})$$

至此得到了简支梁上的受力,容易求得两端反力为

$$F_{Ay} = \frac{ql}{2} + \frac{X_1}{l} = \frac{ql}{2} + \frac{ql^2}{8l} = \frac{5ql}{8}(\uparrow), \quad F_{By} = ql - F_{Ay} = ql - \frac{5ql}{8} = \frac{3ql}{8}(\uparrow)$$

例 8.16 简支梁 AB 的跨中作用有横力 F，因刚度不足，用图示三杆加强。已知梁的弯曲刚度为 EI，三个杆的拉压刚度均为 EA，若 $I = Aa^2/10$，试求梁跨中截面 C 的挠度。

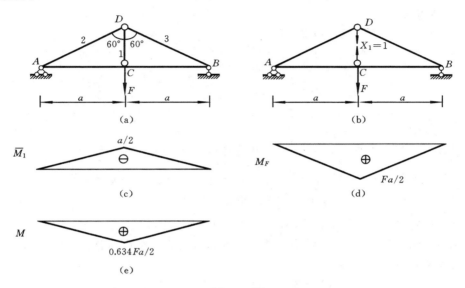

例 8.16 图

解 本题中约束是静定的，但内力为一次超静定的，由点 D 的平衡，不可能求出三杆的轴力。假想将杆 1 切开，以其轴力（即未知力 X_1）代替，得如图（b）所示的静定基。其力法正则方程为

$$\delta_{11} X_1 + \Delta_{1F} = 0 \tag{a}$$

其物理意义为杆 1 在切口处的轴向相对位移为零。因为结构中有梁和杆，且各杆的轴力是常值，则式（a）中的系数为

$$\delta_{11} = \sum_{i=1}^{3} \int_{l_i} \frac{\overline{F}_{Ni}\overline{F}_{Ni}\,\mathrm{d}l_i}{E_i A_i} + \int_{L_{AB}} \frac{\overline{M}_1\overline{M}_1\,\mathrm{d}x}{EI} = \sum_{i=1}^{3} \frac{\overline{F}_{Ni}\overline{F}_{Ni}l_i}{E_i A_i} + \int_{L_{AB}} \frac{\overline{M}_1\overline{M}_1\,\mathrm{d}x}{EI}$$

$$\Delta_{1F} = \sum_{i=1}^{n} \frac{\overline{F}_{Ni}F_{NiF}l_i}{E_i A_i} + \int_{L_{AB}} \frac{\overline{M}_1 M_F\,\mathrm{d}x}{EI}$$

静定基上只作用单位力 $X_1 = 1$ 时（即图（b）中 $F=0$），画出 $\overline{M}_1$ 图（图（c））并求得

$$\overline{F}_{N1} = 1, \quad \overline{F}_{N2} = \overline{F}_{N3} = -1$$

静定基上只作用外力 F 时（即图（b）中 $X_1 = 0$），画出 M_F 图（图（d）），并求得

$$F_{N1F} = F_{N2F} = F_{N3F} = 0 \implies \sum_{i=1}^{n} \frac{\overline{F}_{Ni}F_{NiF}l_i}{E_i A_i} = 0$$

注意到 $l_1 = \dfrac{a}{\sqrt{3}}$，$l_2 = l_3 = \dfrac{2a}{\sqrt{3}}$，求得

$$\sum_{i=1}^{3} \frac{\overline{F}_{Ni}\overline{F}_{Ni}l_i}{E_iA_i} = \frac{1}{EA}\left(1^2 \cdot \frac{a}{\sqrt{3}} + (-1)^2 \cdot \frac{2a}{\sqrt{3}} + (-1)^2 \cdot \frac{2a}{\sqrt{3}}\right) = \frac{5a}{\sqrt{3}EA}$$

根据图乘法,将 $\overline{M}_1$ 图自乘、$\overline{M}_1$ 图与 M_F 图互乘,并根据三个杆的轴力 $\overline{F}_{Ni}$、F_{NiF}($i=1,2,3$),分别得到

$$\int_{L_{AB}} \frac{\overline{M}_1\overline{M}_1\,\mathrm{d}x}{EI} = \frac{2}{EI}\left(\frac{1}{2} \cdot a \cdot \frac{a}{2} \cdot \frac{a}{3}\right) = \frac{a^3}{6EI}$$

$$\delta_{11} = \sum_{i=1}^{3} \frac{\overline{F}_{Ni}\overline{F}_{Ni}l_i}{E_iA_i} + \int_{L_{AB}} \frac{\overline{M}_1\overline{M}_1\,\mathrm{d}x}{EI} = \frac{5a}{\sqrt{3}EA} + \frac{a^3}{6EI}$$

$$\Delta_{1F} = \sum_{i=1}^{n} \frac{\overline{F}_{Ni}F_{NiF}l_i}{E_iA_i} + \int_{L_{AB}} \frac{\overline{M}_1 M_F\,\mathrm{d}x}{EI} = 0 + \frac{2}{EI}\left(\frac{1}{2} \cdot a \cdot \frac{Fa}{2} \cdot \frac{-a}{3}\right) = -\frac{Fa^3}{6EI}$$

将它们代入式(a),并注意到 $I = Aa^2/10$(题意),求解力法正则方程,得

$$X_1 = \frac{-\Delta_{1F}}{\delta_{11}} = \frac{Fa^3}{6EI} \cdot \frac{1}{\dfrac{5a}{\sqrt{3}EA} + \dfrac{a^3}{6EI}} = \frac{F}{\dfrac{10\sqrt{3}I}{Aa^2} + 1} = \frac{F}{\sqrt{3}+1} \approx 0.366F \quad (\text{拉})$$

将图(c)的 X_1 倍与图(d)叠加后,得到梁的 M 图(图(e))。

查挠度表(附录 C),可得跨中受横力作用的简支梁中点 C 的挠度为(也可以用莫尔定理求解)

$$y_C = -\frac{(F-X_1)(2a)^3}{48EI} \approx -\frac{(F-0.366F)(2a)^3}{48EI}$$

$$= -0.634\left(\frac{F(2a)^3}{48EI}\right) = -\frac{0.106Fa^3}{EI}(\downarrow)$$

由点 B 的受力平衡,可求出水平梁的轴力为

$$F_{NAB} = X_1\cos30° = 0.366F \cdot \cos30° = 0.317F \quad (\text{拉})$$

相比无三杆加强的简支梁,其横力和最大挠度都显著减小,梁也产生了轴力,相当于将原来梁上过大的横力部分转化为(加强后)梁的轴力,总体上有益于结构强度和刚度的提升。

利用结构的对称性,可简化超静定问题的计算。所谓结构的对称性,是指结构的几何、材料及荷载具有对称性,这三点缺一不可。考虑图 8.9 所示的跨中对称的受载梁,其是一典型的对称结构,其刚度为 EI 且为常数。若不计梁轴向变形的影响,它是二次超静定的,即梁任一横截面上有待求的剪力和弯矩。现将梁沿对称面截开,该截面上亦应有两个未知内力,即剪力 X_1 和弯矩 X_2(图 8.9(b)),其二阶力法正则方程为

$$\begin{cases} \delta_{11}X_1 + \delta_{12}X_2 + \Delta_{1F} = 0 \\ \delta_{21}X_1 + \delta_{22}X_2 + \Delta_{2F} = 0 \end{cases} \tag{8-44}$$

方程的物理意义是梁截面 C(截开面)两端的相对位移和转角为零,即原本是没有断开的。为求方程中的系数,对应静定基,分别画出相应的 M_F 图(图 8.9(c))、$\overline{M}_1$

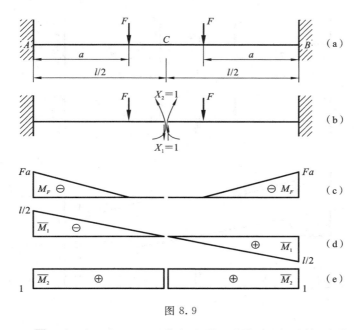

图 8.9

图(图 8.9(d))和 $\overline{M}_2$ 图(图 8.9(e)),用莫尔积分(图乘法)求系数,注意到只有 $\overline{M}_1$ 图(图 8.9(d))是反对称的,即在截面 C 左右两段是等值反向的,有

$$\delta_{11} = \int_L \frac{\overline{M}_1 \overline{M}_1}{EI} \mathrm{d}x, \quad \delta_{22} = \int_L \frac{\overline{M}_2 \overline{M}_2}{EI} \mathrm{d}x$$

$$\Delta_{1F} = \int_L \frac{\overline{M}_1 M_F}{EI} \mathrm{d}x = 0, \quad \Delta_{2F} = \int_L \frac{\overline{M}_2 M_F}{EI} \mathrm{d}x$$

$$\delta_{12} = \delta_{21} = \int_L \frac{\overline{M}_2 \overline{M}_1}{EI} \mathrm{d}x = 0, \quad \Delta_{1F} = \int_L \frac{\overline{M}_1 M_F}{EI} \mathrm{d}x = 0 \quad (\overline{M}_1 \text{ 图反对称})$$

代入力法正则方程(式 8-44)后,可得 $X_1 = 0$,即在对称截面上的剪力为零。这一重要结论具有普遍意义:对于对称结构,其对称截面上的剪力(包括扭矩)为零。

将图 8.9 所示梁上的外力稍作改变,便得到一典型的反对称结构(图 8.10(a)),相应的 M_F 图也是反对称的(图 8.10(c)),力法正则方程还是式(8-44),用图乘法求系数,求解后可得

$$\delta_{12} = \delta_{21} = \int_L \frac{\overline{M}_2 \overline{M}_1}{EI} \mathrm{d}x = 0, \quad \Delta_{2F} = \int_L \frac{\overline{M}_2 M_F}{EI} \mathrm{d}x = 0 \quad \Rightarrow \quad X_2 = 0$$

即截面上的弯矩为零。这也是一个普遍性结论:反对称结构在其几何对称截面上的弯矩(包括轴力)均为零。所谓反对称结构,一般是指结构具有对称性,而荷载是反对称的。

因此,对于对称或反对称超静定结构,只需在几何对称面上截取静定基,其待求内力较其他截面的要少,这样可降低超静定的次数,简化计算。

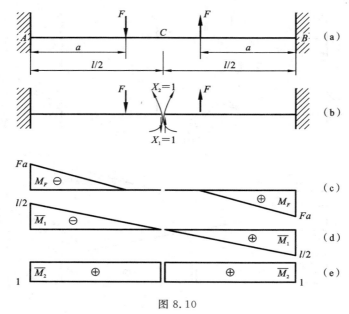

图 8.10

　　若要求解超静定结构上某点的位移,当然可用单位力法,问题是在原结构上施加单位力后还要再求解超静定问题? 不必了! 以弯曲说明之。以下过程中所用的部分符号如下。

　　M:超静定梁的总弯矩;

　　M_F:单独外力作用下静定基上的弯矩;

　　$\overline{M}'$:超静定梁上施加单位力时的弯矩;

　　$\overline{M}$:静定基上施加单位力时的弯矩。

　　现要求任意一次超静定梁上某点的位移 Δ,力法正则方程为

$$\delta_{11}X_1 + \Delta_{1F} = 0 \quad \Rightarrow \quad \left(\int_L \frac{\overline{M}_1\overline{M}_1}{EI}\mathrm{d}x\right)X_1 + \left(\int_L \frac{\overline{M}_1 M_F}{EI}\mathrm{d}x\right) = 0$$

可求得超静定梁的总弯矩为

$$M = M_F + X_1\overline{M}_1$$

在原超静定梁上只加单位力,解力法正则方程也可得到其总弯矩 $\overline{M}'$ 为

$$\delta_{11}X_1' + \Delta'_{1F} = 0 \quad \Rightarrow \quad \overline{M}' = \overline{M} + X_1'\overline{M}_1$$

式中:

$$\delta_{11} = \int_L \frac{\overline{M}_1\overline{M}_1}{EI}\mathrm{d}x, \quad \Delta'_{1F} = \int_L \frac{\overline{M}_1\overline{M}}{EI}\mathrm{d}x$$

用单位力法求位移,并将上面所求之 M、$\overline{M}'$ 代入莫尔积分公式(式(8-35)),有

$$\Delta = \int_L \frac{M\overline{M}'}{EI}\mathrm{d}x = \int_L \frac{M(\overline{M} + X_1'\overline{M}_1)}{EI}\mathrm{d}x = \int_L \frac{M\overline{M} + MX_1'\overline{M}_1}{EI}\mathrm{d}x$$

上式右端的第二个积分项为零,即

$$\int_L \frac{MX'_1\overline{M}_1}{EI}\mathrm{d}x = \int_L \frac{(M_F + X_1\overline{M}_1)X'_1\overline{M}_1}{EI}\mathrm{d}x = \int_L \frac{M_FX'_1\overline{M}_1 + X_1\overline{M}_1X'_1\overline{M}_1}{EI}\mathrm{d}x$$

$$= X'_1\left(\int_L \frac{\overline{M}_1M_F}{EI}\mathrm{d}x + X_1\int_L \frac{\overline{M}_1\overline{M}_1}{EI}\mathrm{d}x\right) = X'_1(\Delta_{1F} + \delta_{11}X_1)$$

$$= X'_1 \cdot 0 = 0$$

上式的后两步应用了力法正则方程 $\delta_{11}X_1 + \Delta_{1F} = 0$,所以

$$\Delta = \int_L \frac{M\overline{M}'}{EI}\mathrm{d}x = \int_L \frac{M\overline{M}}{EI}\mathrm{d}x \tag{8-45}$$

这是一普遍结论:用单位力法求超静定结构某点的位移,解得内力后,只需在静定基上施加单位力于该点,再用常规做法求解即可。

例 8.17　图(a)是一平面闭合正方形受载框架,其弯曲刚度为 EI 且为常数,试作其弯矩图。

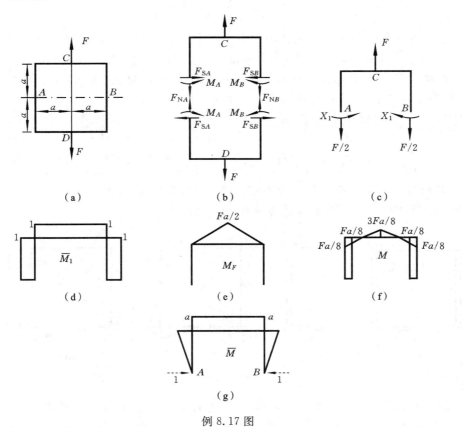

例 8.17 图

解　封闭框架受面内力系作用时,任一横截面上有未知的弯矩、剪力和轴力,所

以这种封闭系统一般是三次超静定的。沿水平中线 AB 截开框架(图(b)),注意到框架结构及荷载关于水平中线 AB 对称,所以对称轴上截面 A、B 的剪力 $F_{SA}=F_{SB}=0$,由平衡条件求出轴力 $F_{NA}=F_{NB}=F/2$,该结构的待求内力只有一个,即未知弯矩 $X_1=M_A=M_B$。静定基如图(c)所示。力法正则方程为

$$\delta_{11}X_1+\Delta_{1F}=0$$

该方程的含义就是截开面两端的相对转角为零,即它们原本是连在一起的。

在静定基上只作用单位力 $X_1=1$ 时(即图(c)中 $F=0$),画出 $\overline{M}_1$ 图(图(d));在静定基上只作用外力 F 时(即图(c)中 $X_1=0$),画出 M_F 图(图(e))。依图乘法,将 $\overline{M}_1$ 图自乘、$\overline{M}_1$ 图与 M_F 图互乘分别得到

$$\delta_{11}=\int_L\frac{\overline{M}_1\overline{M}_1\mathrm{d}x}{EI}=\frac{2a}{EI},\quad \Delta_{1F}=\int_L\frac{\overline{M}_1M_F\mathrm{d}x}{EI}=\frac{Fa^2}{4EI}$$

代入力法正则方程,求得

$$X_1=\frac{-\Delta_{1F}}{\delta_{11}}=-\frac{Fa}{8}$$

负号表示方向与所设 $X_1=1$ 的方向相反。叠加后,框架的弯矩为 $M=\overline{M}_1X_1+M_F$,图(f)是结构上半部分的弯矩图,下半部分与之对称,$M_{\max}=M_C=3Fa/8$。

在静定基上 A、B 两点处施加一对水平单位力,得其 $\overline{M}$ 图(图(g)),与 $M=\overline{M}_1X_1+M_F$ 图乘后可求得 A、B 两截面的水平相对位移:

$$\Delta_A=\Delta_B=\int_L\frac{\overline{M}M\mathrm{d}x}{EI}=\int_L\frac{\overline{M}(\overline{M}_1X_1+M_F)\mathrm{d}x}{EI}=X_1\int_L\frac{\overline{M}\overline{M}_1\mathrm{d}x}{EI}+\int_L\frac{\overline{M}M_F\mathrm{d}x}{EI}$$

$$=\frac{-Fa}{8EI}\left(2\cdot(1\cdot a)\cdot\frac{a}{2}+(1\cdot 2a)\cdot a\right)+\frac{1}{EI}\left(\frac{1}{2}\cdot 2a\cdot\frac{Fa}{2}\right)\cdot a=\frac{Fa^3}{8EI}\quad(靠拢)$$

例 8.18　画图示正方形闭合框架的弯矩图,并计算 A、B 两点的相对线位移。设弯曲刚度 EI 为常数,荷载 q 也为常数。

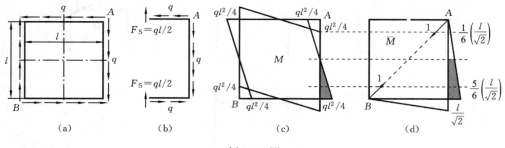

例 8.18 图

解　本例结构是关于两中轴对称的,但荷载是反对称的,故是反对称系统。将框架沿竖直对称轴截开,该截面上只有反对称内力 F_S(图(b)),可以通过平衡条件求得剪力为

$$F_S = \frac{ql}{2}$$

由此可逐段画出 M 图,如图(c)所示。为求对角线 AB 的相对位移 Δ_{AB},在静定基(在竖直对称轴上开了口的框架)上,沿 AB 连线方向加一对单位力,并画出 $\overline{M}$ 图(图(d))。将框架右段的两个弯矩图沿水平对称线分成两部分(图(c)(d)),注意它们的符号。框架底段的处理方式与右段相同。用图乘法求得

$$\Delta_A = \Delta_B = \int_L \frac{M\overline{M}\mathrm{d}x}{EI} = \frac{2}{EI}\left[\left(\frac{1}{2}\cdot\frac{ql^2}{4}\cdot\frac{l}{2}\right)\left(\frac{l}{\sqrt{2}}\cdot\frac{5}{6}\right) - \left(\frac{1}{2}\cdot\frac{ql^2}{4}\cdot\frac{l}{2}\right)\left(\frac{l}{\sqrt{2}}\cdot\frac{1}{6}\right)\right]$$

$$= \frac{\sqrt{2}ql^4}{24EI} \quad (靠拢)$$

也可以将框架沿对角线截开,也是对称的。

例 8.19 图示两端固定的等直梁,弯曲刚度 EI 为常数,当其左端转动一微小角度 θ 时,试求其 A 端的反力。

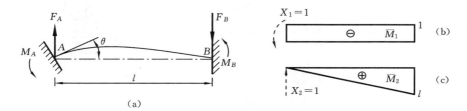

例 8.19 图

解 这是二次超静定问题,梁上无外载。解开 A 端后,设 A 端待求反力偶为 X_1,反力为 X_2,分别画出它们为单位力时的弯矩图(图(b)(c))。利用力法正则方程求解。注意 A 端的转角为 θ,挠度为零,有

$$\begin{bmatrix} \delta_{11} & \delta_{12} \\ \delta_{21} & \delta_{22} \end{bmatrix}\begin{bmatrix} X_1 \\ X_2 \end{bmatrix} + \begin{bmatrix} \Delta_{1F} \\ \Delta_{2F} \end{bmatrix} = \begin{bmatrix} \theta \\ 0 \end{bmatrix} \tag{a}$$

用图乘法计算其中的系数,有

$$\delta_{11} = \int_0^l \frac{\overline{M}_1\overline{M}_1\mathrm{d}x}{EI} = \frac{1\cdot l\cdot 1}{EI} = \frac{l}{EI}, \quad \delta_{22} = \int_0^l \frac{\overline{M}_2\overline{M}_2\mathrm{d}x}{EI} = \frac{1}{EI}\frac{l\cdot l}{2}\frac{2l}{3} = \frac{l^3}{3EI}$$

$$\delta_{12} = \delta_{21} = \int_0^l \frac{\overline{M}_1\overline{M}_2\mathrm{d}x}{EI} = \frac{1}{EI}(-1\cdot l)\cdot\frac{l}{2} = \frac{-l^2}{2EI}, \quad \Delta_{1F} = \Delta_{2F} = 0$$

代入式(a),可求得

$$X_1 = M_A = \frac{4EI\theta}{l}, \quad X_2 = F_A = \frac{6EI\theta}{l^2} \quad (方向如图(b)(c)所示)$$

8.6 冲击应力

冲击应力是指结构受到冲击荷载而产生的应力。冲击荷载是与时间有关的荷

载，且大多是瞬时的。例如下落的重物对结构的冲击，河里流动的浮冰对桥墩或船体的撞击，传动轴紧急制动时飞轮的惯性对轴的作用等，都属于冲击荷载。精确地分析冲击问题是一项比较复杂的工作，本节将从能量守恒的观点出发对冲击应力进行简要分析。

图 8.11(a)所示为重力为 P 的小物体自高度 H 自由落下撞击弹性悬臂梁的自由端，冲击后设其速度迅速变为零，并与梁不再分离；并设此时梁所受的冲击荷载 F_d 及相应的动位移 δ_d（梁自由端的动挠度）、梁的冲击应力 σ_d 等均立刻达到最大值，根据能量守恒，且不计其他形式的能量耗散，重物 P 下落时的重力势能（或重力所做之功）全部转化为撞击后梁的应变能（弹性势能）U，即

$$P(H+\delta_d)=U \tag{8-46}$$

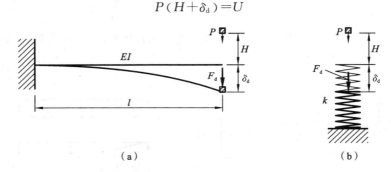

图 8.11

视冲击荷载和相应的动位移（动挠度）依然保持线弹性关系，即 $F_d=k\delta_d$，这相当于将悬臂梁等效为一弹簧（图 8.11(b)），其刚度系数 $k=3EI/l^3$。改写式(8-46)，得到关于 δ_d 的二次方程，即

$$P(H+\delta_d)=U=\frac{1}{2}F_d\delta_d=\frac{1}{2}k\delta_d^2 \Rightarrow k\delta_d^2-2P\delta_d-2PH=0 \tag{8-47}$$

解得

$$\delta_d=\frac{2P\pm\sqrt{(2P)^2+4\cdot k\cdot 2PH}}{2k}=\frac{P}{k}\left(1\pm\sqrt{1+2H\left(\frac{k}{P}\right)}\right)$$

注意到上式中的 P/k 可视为悬臂梁自由端受力 P（按静载方式）作用而产生的静挠度 δ_s，即 $\delta_s=P/k$，应取数值较大的解，即

$$\delta_d=\delta_s\left(1+\sqrt{1+\frac{2H}{\delta_s}}\right) \tag{8-48}$$

定义动荷系数：

$$K_d=1+\sqrt{1+\frac{2H}{\delta_s}} \tag{8-49}$$

动位移又可写成

$$\delta_{\mathrm{d}}=\left(1+\sqrt{1+\frac{2H}{\delta_{\mathrm{s}}}}\right)\delta_{\mathrm{s}}=K_{\mathrm{d}}\delta_{\mathrm{s}} \tag{8-50}$$

据此,冲击荷载、冲击应力分别为

$$F_{\mathrm{d}}=K_{\mathrm{d}}P \tag{8-51a}$$

$$\sigma_{\mathrm{d}}=K_{\mathrm{d}}\sigma \tag{8-51b}$$

例 8.20 图(a)(b)分别表示不同支承方式的钢梁,有重力均为 P 的物体自高度 H 自由下落至梁 AB 的中点 C,已知支撑弹簧(图(b))的刚度系数 $k=100$ N/mm, $l=3$ m,$H=50$ mm,$P=1$ kN,钢梁的惯性矩 $I=3.40\times10^{7}$ mm⁴,截面系数 $W=3.09\times10^{5}$ mm³,弹性模量 $E=200$ GPa,试求两种情况下钢梁的冲击应力。

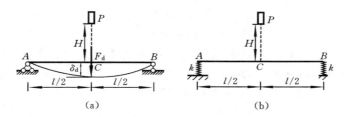

例 8.20 图

解 对于第一种情况(图(a)),查附录 C 或计算可得简支梁中点(中点受横力 P)之静挠度为

$$\delta_{\mathrm{s}}=\frac{Pl^{3}}{48EI}=\frac{1000\times3000^{3}}{48\times200\times10^{3}\times3.40\times10^{7}}\ \mathrm{mm}=8.27\times10^{-2}\ \mathrm{mm}$$

由式(8-49),得

$$K_{\mathrm{d}}=1+\sqrt{1+\frac{2H}{\delta_{\mathrm{s}}}}=1+\sqrt{1+\frac{2\times50}{8.27\times10^{-2}}}=1+\sqrt{1210}=35.78$$

静载下钢梁的最大弯曲正应力为

$$\sigma=\frac{M}{W}=\frac{Pl}{4W}=\frac{1000\times3000}{4\times3.09\times10^{5}}\ \mathrm{MPa}=2.43\ \mathrm{MPa}$$

由式(8-51b)求得梁的最大冲击应力为

$$\sigma_{\mathrm{d}}=K_{\mathrm{d}}\sigma=35.78\times2.43\ \mathrm{MPa}=86.44\ \mathrm{MPa}$$

对于第二种情况(图(b)),梁截面 C 的静挠度、动荷系数分别为

$$\delta_{\mathrm{s}}=\frac{Pl^{3}}{48EI}+\frac{P}{2k}=\left(8.27\times10^{-2}+\frac{1000}{2\times100}\right)\ \mathrm{mm}=5.08\ \mathrm{mm}$$

$$K_{\mathrm{d}}=1+\sqrt{1+\frac{2\times50}{5.08}}=5.55$$

静载下图(b)所示梁的最大弯曲应力与图(a)的相同,所以最大冲击应力为

$$\sigma_{\mathrm{d}}=K_{\mathrm{d}}\sigma=5.55\times2.43\ \mathrm{MPa}=13.5\ \mathrm{MPa}$$

由此可以看出,图(b)采用弹簧支座,使结构的静位移增大,动荷系数减小。这是一

种减小冲击应力的有效方法。

若 $H=0$(即在突加荷载的情况下),则动荷系数为

$$K_\mathrm{d}=1+\sqrt{1+\frac{2H}{\delta_\mathrm{s}}}=2 \tag{8-52}$$

可知,当荷载突然作用时,弹性体的应力和变形比同一静载作用时的应力和变形均增大一倍。

若 H 很大,动荷系数可取为

$$K_\mathrm{d}\approx\sqrt{\frac{2H}{\delta_\mathrm{s}}} \tag{8-53}$$

例 8.21　如图所示起重机吊索下端与重物之间有一缓冲弹簧,弹簧刚度系数为 $k=500\ \mathrm{kN/m}$,吊索截面面积 $A=500\ \mathrm{mm}^2$,弹性模量 $E=200\ \mathrm{GPa}$,所吊物体重力 $P=10\ \mathrm{kN}$,以匀速 $v=1\ \mathrm{m/s}$ 下降,在 $l=10\ \mathrm{m}$ 时起重机突然刹车,若不计吊索和弹簧的质量,求吊索内的应力。

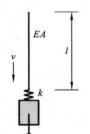

解　刹车前吊索和弹簧的静变形为

$$\delta_\mathrm{s}=\frac{Pl}{EA}+\frac{P}{k}=\left(\frac{10\times10^3\times10}{200\times10^9\times500\times10^{-6}}+\frac{10\times10^3}{500\times10^3}\right)\ \mathrm{m}$$

$$=(0.001+0.02)\ \mathrm{m}=0.021\ \mathrm{m}=21\ \mathrm{mm} \tag{a}$$

由式(a)得

$$\delta_\mathrm{s}=\frac{Pl}{EA}+\frac{P}{k}=P\left(\frac{l}{EA}+\frac{1}{k}\right)\ \Rightarrow\ \frac{\delta_\mathrm{s}}{P}=\frac{l}{EA}+\frac{1}{k}=\frac{1}{c}$$

$$\Rightarrow\ P=c\delta_\mathrm{s} \tag{b}$$

例 8.21 图　式中:

$$\frac{1}{c}=\frac{1}{EA}+\frac{1}{k} \tag{c}$$

c 是吊索(可视为一硬弹簧)与缓冲弹簧串联后的合刚度系数。当速度 $v\to0$ 时,吊索和弹簧的动变形记为 δ_d,其变形增量为

$$\Delta\delta=\delta_\mathrm{d}-\delta_\mathrm{s} \tag{d}$$

根据能量守恒,此时系统动能和(位置)势能的增量等于系统弹性势能(应变能)的增量,即

$$P\Delta\delta+\frac{Pv^2}{2g}=\Delta U\ \Rightarrow\ P(\delta_\mathrm{d}-\delta_\mathrm{s})+\frac{Pv^2}{2g}=\frac{1}{2}F_\mathrm{d}\delta_\mathrm{d}-\frac{1}{2}P\delta_\mathrm{s} \tag{e}$$

式中:F_d 是动荷载。对线弹性结构,依式(b)有

$$F_\mathrm{d}=c\delta_\mathrm{d},\quad P=c\delta_\mathrm{s} \tag{f}$$

将式(b)、式(d)和式(f)代入能量守恒方程(式(e)),并求解,有

$$P(\delta_\mathrm{d}-\delta_\mathrm{s})+\frac{Pv^2}{2g}=\frac{1}{2}F_\mathrm{d}\delta_\mathrm{d}-\frac{1}{2}P\delta_\mathrm{s}=\frac{1}{2}c\delta_\mathrm{d}^2-\frac{1}{2}c\delta_\mathrm{s}^2$$

$$\Rightarrow \quad \left(\frac{\delta_d}{\delta_s}\right)^2 - 2\left(\frac{\delta_d}{\delta_s}\right) + 1 - \frac{v^2}{g\delta_s} = 0$$

$$\Rightarrow \quad \frac{\delta_d}{\delta_s} = 1 + \frac{v}{\sqrt{g\delta_s}} \quad \Rightarrow \quad \delta_d = \delta_s\left(1 + \frac{v}{\sqrt{g\delta_s}}\right) \quad \Rightarrow \quad \delta_d = K_d\delta_s \quad (g)$$

式中：K_d 是动荷系数。进而求得吊索的应力为

$$K_d = 1 + \frac{v}{\sqrt{g\delta_s}} = 1 + \frac{1}{\sqrt{9.8 \times 0.021}} = 3.2 \quad \Rightarrow$$

$$\sigma_d = K_d\sigma_s = K_d\left(\frac{P}{A}\right) = 3.2 \times \frac{10 \times 10^3}{500 \times 10^{-6}} \text{ Pa} = 64 \text{ MPa}$$

若无缓冲弹簧，令式（a）里的 $k \to \infty$，得 $\delta'_s = 0.001$ m，有

$$K'_d = 1 + \frac{v}{\sqrt{g\delta'_s}} = 1 + \frac{1}{\sqrt{9.8 \times 0.001}} = 11.1$$

$$\Rightarrow \quad \sigma'_d = K'_d\sigma_s = K'_d\left(\frac{P}{A}\right) = 11.1 \times \frac{10 \times 10^3}{500 \times 10^{-6}} \text{ Pa} = 222 \text{ MPa} \gg \sigma_d = 64 \text{ MPa}$$

可见，缓冲弹簧确实有用，能有效地降低冲击应力。

例 8.22 图示一质量为 m 的小物体，以速度 v 水平冲击一竖直悬臂等直梁的自由端。若冲击后物体的速度迅速变为零，试求梁自由端的水平位移 Δ_A。

解 冲击前，系统只有小物体的动能 $\frac{1}{2}mv^2$，冲击后只计梁的应变能，为 $\frac{1}{2}k\Delta_A^2$，有

$$\frac{1}{2}k\Delta_A^2 = \frac{1}{2}\left(\frac{3EI}{l^3}\right)\Delta_A^2$$

式中：$k = 3EI/l^3$，是悬臂梁相对于自由端水平位移之刚度。

根据能量守恒，动能全部转化为梁的应变能，可求得梁自由端的水平位移为

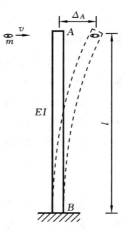

例 8.22 图

$$\frac{1}{2}mv^2 = \frac{1}{2}k\Delta_A^2$$

$$\Rightarrow \quad \Delta_A = v\sqrt{\frac{m}{k}} = v\sqrt{\left(\frac{mg}{k}\right)\frac{1}{g}} = \frac{v}{\sqrt{g}}\sqrt{\frac{(mg)l^3}{3EI}}$$

式中：g 是重力加速度；mg/k 可看成悬臂梁在自由端按静载方式受水平力 mg 作用时引起的水平静位移 δ_s。引入动荷系数 K_d，则上式又可写为

$$\Delta_A = v\sqrt{\left(\frac{mg}{k}\right)\frac{1}{g}} = v\sqrt{\frac{\delta_s}{g}} = \frac{v}{\sqrt{\delta_s g}}\delta_s = K_d\delta_s$$

即对于水平冲击问题，其动荷系数为

$$K_{\mathrm{d}} = \frac{v}{\sqrt{g\delta_{\mathrm{s}}}} \qquad\qquad (\mathrm{a})$$

例 8.23　如图所示圆截面轴 AB，B 端装有飞轮，轴与飞轮以角速度 ω 等速转动，飞轮对旋转轴的转动惯量为 J，轴的直径为 d。试计算当轴的 A 端突然被刹住时圆轴产生的最大扭转切应力。轴的转动惯量与飞轮的变形均忽略不计。

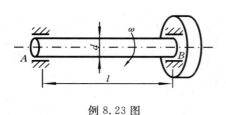

例 8.23 图

解　当 A 端突然被刹住时，飞轮因惯性继续转动一角度 φ_{d} 后转速才变为零。根据能量守恒，飞轮减少的动能等于轴在转速为零时的扭转应变能，即

$$\frac{1}{2}J\omega^2 = \frac{1}{2}M_{\mathrm{d}}\varphi_{\mathrm{d}} = \frac{M_{\mathrm{d}}^2 l}{2GI_{\mathrm{p}}} = \frac{16M_{\mathrm{d}}^2 l}{G\pi d^4}$$

式中：M_{d} 是转速为零时飞轮作用在轴上的扭转力偶矩，即惯性力偶矩。由上式得

$$M_{\mathrm{d}} = \omega d^2 \sqrt{\frac{G\pi J}{32l}}$$

所以，轴内的最大扭转切应力为

$$\tau_{\max} = \frac{T}{W_{\mathrm{p}}} = \frac{M_{\mathrm{d}}}{\pi d^3/16} = \frac{4\omega}{d}\sqrt{\frac{GJ}{2\pi l}}$$

需要指出的是，以上计算冲击应力的方法是偏保守的，因为在冲击时能量总是有耗散的，并不会完全转化为应变能，当然，所得结果是偏安全的。

思　考　题

8-1　不论是用外力功还是用内力功来计算应变能，为什么都有系数"1/2"？虚功原理公式(8-33)或单位力法的公式(8-35)中为什么没有系数"1/2"？

8-2　用卡氏第二定理求结构的变形有什么局限性？该定理成立的条件是什么？由该定理能否导出单位力法的公式？

8-3　对第 6 章的应变能密度进行体积积分，所求应变能是否与本章的结果相同？举例说明。

8-4　若梁某一段的 M 图和 $\overline{M}$ 图均为斜直线，应用图乘法时，可否将两者的位置对换？即以 $\overline{M}$ 图的面积乘以 M 图的对应坐标值。

习　　题

8-1　图示各圆截面杆的材料的弹性模量 E 都相同，试计算各杆的应变能。

8-2　试计算图示各结构的应变能。梁的 EI 已知，且为常数；对于拉压杆(刚度为 EA)，只考虑拉压应变能。

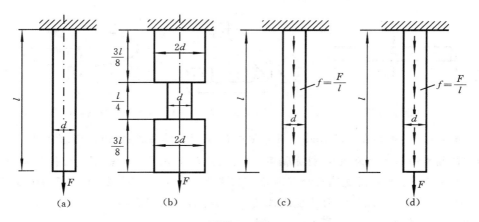

习题 8-1 图

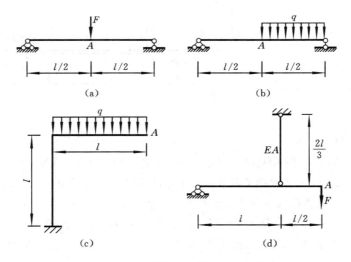

习题 8-2 图

8-3 试用卡氏定理或单位力法求习题 8-2 图中各结构截面 A 的竖直位移。

8-4 图示等截面直杆，承受一对方向相反、大小均为 F 的横向力作用。设截面宽度为 b、拉压刚度为 EA，材料的泊松比为 μ。试利用功的互等定理，证明杆的轴向变形为 $\Delta l = \mu b F / (EA)$。

8-5 图示为水平放置的圆截面直角折杆 ABC，试求截面 C 的竖直位移和转角。已知杆的直径 d 和材料的弹性模量 E、剪切模量 G。

8-6 图示为水平放置的圆截面开口圆环，试求竖直力 F 的相应位移（即开口的张开位移）。圆环横截面的直径 d 和材料常数的弹性模量 E、剪切模量 G 均已知。

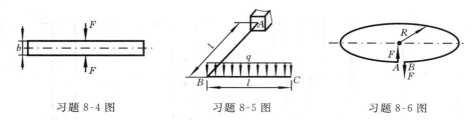

习题 8-4 图　　　　　　　习题 8-5 图　　　　　　习题 8-6 图

8-7　图示结构在节点 B 处作用有荷载 F,试用单位力法求该点的竖直位移。已知各杆的横截面面积均为 A,材料亦相同,其物理关系为 $|\sigma|=c\sqrt{|\varepsilon|}$,$c$ 是材料常数。

8-8　矩形截面简支钢梁如图所示。若梁上侧的温度 $T_1=20\ ℃$,下侧的温度为 $T_2=60\ ℃$,并设温度沿截面高度线性变化,钢材的线膨胀系数 $\alpha_l=1.2\times10^{-5}\ ℃^{-1}$,试用单位力法求梁中点的挠度和 A 端的转角。

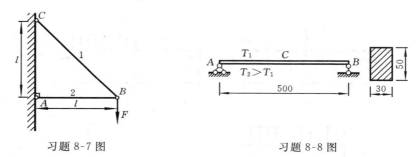

习题 8-7 图　　　　　　　　　　　习题 8-8 图

8-9　一圆柱形密圈螺旋弹簧,沿其轴线承受压力 $F=0.5$ kN 作用。已知弹簧的平均直径 $D=125$ mm,簧丝的直径 $d=18$ mm,剪切模量 $G=80$ GPa。试求:(1) 弹簧的最大切应力;(2) 使其压缩量为 6 mm 所需的弹簧圈数。

8-10　作用有横力的简支梁 AB,其上用五杆加强,如图所示。已知梁的弯曲刚度为 EI,各杆的拉压刚度均为 EA,且 $I=Aa^2/10$。若 $F=10$ kN,试求水平杆 EG 的轴力。

8-11　试求图示各钢架截面 A 的位移和截面 B 的转角,EI 为已知。

8-12　试求解:图(a)中各杆的轴力;图(b)中 B 端的反力和截面 D 的位移;图(c)、图(d)中刚架的最大弯矩。

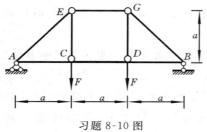

习题 8-10 图

8-13　试画图示各刚架的弯矩图,并计算截面 A 与截面 B 沿 AB 连线方向的相对线位移。设弯曲刚度为 EI。

8-14　图示各等直梁的支座 B 沉降了距离 δ。若 $\delta=ql^4/(48EI)$,试求梁的最大弯矩。

8-15　图示为等截面刚架,重物(重力为 P)自高度 h 处自由下落冲击刚架的点 A 处。已知

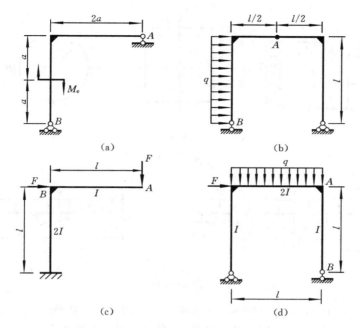

习题 8-11 图

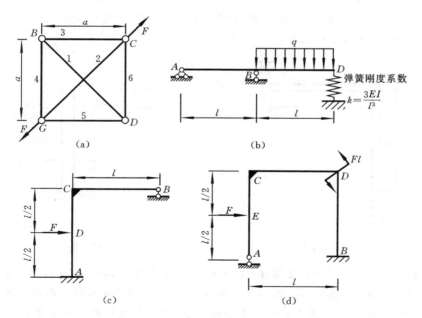

习题 8-12 图

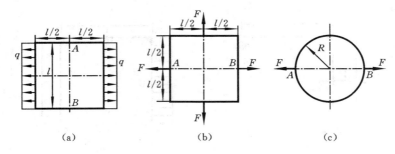

习题 8-13 图

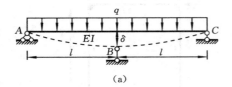

(a)

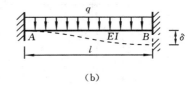

(b)

习题 8-14 图

$P=300$ N, $h=50$ mm, $E=200$ GPa。试求截面 A 的最大竖直位移和刚架内的最大冲击正应力(刚架的质量可略去不计,且不计轴力、剪力对刚架变形的影响)。

 8-16 图示为自重 $P=2$ kN 的冰块,其以水平速度 $v=1$ m/s 冲击木桩的上端。木桩长 $l=3$ m,直径 $d=200$ mm,弹性模量 $E=11$ GPa。试求木桩的最大冲击正应力(不计木桩自重和水的压力)。

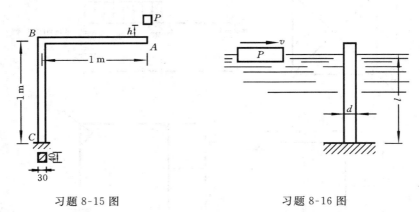

习题 8-15 图　　　　　　　　　　习题 8-16 图

 8-17 长 $l=400$ mm,直径 $d=12$ mm 的圆截面直杆 AB,在 B 端受到水平方向的轴向冲击作用,如图所示。已知杆的弹性模量 $E=210$ GPa,冲击时冲击物的动能为 2 000 N·mm。在不考虑杆的质量的情况下,试求杆内的最大冲击正应力。

 8-18 求图示重物下落冲击等直梁时梁内的最大弯矩。

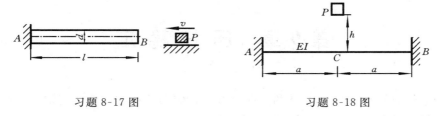

習題 8-17 圖　　　　　　　　　　　　習題 8-18 圖

8-19　如圖所示，$P=100$ N 的重物從高 $H=5$ cm 處自由下落至鋼質曲拐上，試用 Tresca 屈服條件校核曲拐的強度。已知 $a=40$ cm，$l=1$ m，$d=4$ cm，$b=2$ cm，$h=4$ cm；曲拐的彈性模量 $E=200$ GPa，剪切模量 $G=80$ GPa，許用應力 $[\sigma]=160$ MPa。

8-20　置於水平位置的兩鉸接彈性桿的參數如圖所示。現突然放一重力為 P 的小物塊於點 C，點 C 產生豎直微小位移 δ 至點 C'，若 $\delta \ll l$，試求位移 δ 和桿的軸力。

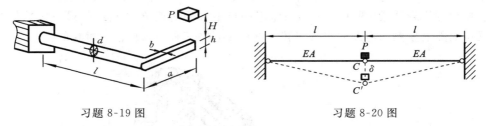

習題 8-19 圖　　　　　　　　　　　　習題 8-20 圖

8-21　圖示厚度為 t 的均質薄圓盤以角速度 ω 繞垂直於圓平面的圓心軸轉動，其密度為 ρ，半徑為 R，彈性常數分別為 E、μ，試求其半徑的改變量。

8-22　等截面懸臂梁的自由端上作用有橫力 F，梁的剛度為 EI，長度為 l。設梁的撓度模式為 $y=A(1-\cos\pi x/(2l))$，A 為待定常數，亦即自由端的撓度，試用里茲法求 A 之值。

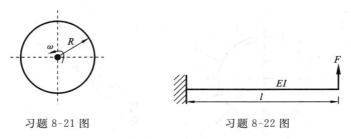

習題 8-21 圖　　　　　　　　　　　　習題 8-22 圖

第9章　压杆稳定

与刚体的平衡类似,弹性体的平衡也存在稳定与不稳定问题。所谓稳定性是指弹性体保持或恢复原有平衡状态的能力。

在第1章中曾指出,当作用在细长杆上的轴向压力达到或超过一定限度时,杆件可能突然变弯,即产生失稳现象。杆件失稳往往会产生很大的弯曲变形甚至导致其迅速破坏,造成严重的安全事故,塔吊的坍塌(图9.1)就是一例。因此,对于轴向受压的细长杆件,除了应考虑其强度与刚度问题外,还应考虑稳定性问题。除细长压杆外,其他薄壁结构也存在稳定性问题。如承受径向外压的薄壁圆柱壳(图9.2(a)),当外压 q 达到或超过一定数值时,圆环形截面将突然变为椭圆形甚至被压扁;又如狭长矩形截面悬臂梁(图9.2(b)),当作用在自由端的荷载 F 达到或超过一定数值时,梁将突然发生侧向弯曲并出现扭转。这些都是在工程中需要极力避免的。

图 9.1

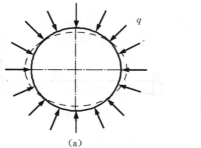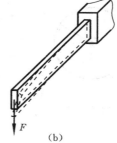

图 9.2

人们从生产和生活中发现,轴向受压的细长弹性直杆有一些典型的力学行为。

以立在平面上的细长直杆为例(图 9.3),对其
施加轴向压力 F,若杆件是理想无偏心受压的
直杆,则杆受力后将保持直线形状。然而,如
果给杆施加微小侧向干扰使其稍微弯曲,则在
去掉干扰后将出现两种不同的现象:当轴向压
力较小时,受扰后压杆将恢复原有直线形状,
即保持原有平衡状态,压杆是稳定的;当轴向
压力较大时,一旦受到扰动,则压杆不仅不能
恢复直线形状,而且将继续弯曲,并越来越弯
(发散弯曲),直至折断,即原有的平衡状态被
打破,也就是发生了**失稳**(instability)或**屈曲失**

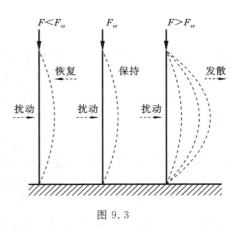

图 9.3

效(buckling),这时压杆直线形式的平衡状态是不稳定的。处在平衡状态和不平衡
状态之间的是临界状态,此时的压力称为**临界压力**,用 F_{cr} 表示。在临界压力作用下,
受扰后压杆既可在直线状态下保持平衡,也可在微弯状态下保持平衡,这属于随遇
平衡。

　　细长压杆发生失稳时,应力会远低于屈服极限 σ_s(塑性材料)或强度极限 σ_b(脆性
材料)等强度指标,有时甚至低于比例极限 σ_p。因此,为了安全,必须对压杆进行稳
定性分析。

9.1　细长压杆的欧拉临界压力

1. 两端球铰细长压杆的欧拉临界压力

　　图 9.4 所示为两端球铰的细长压杆承受轴向压力 F 作用时的情形,设压力 F 已

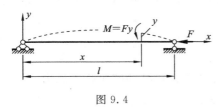

图 9.4

达到临界值 F_{cr},并设压杆已由直线平衡状态
过渡到微弯平衡状态,临界压力 F_{cr} 是使压杆
保持微弯平衡状态的最小压力。

　　由于杆已微弯,依小变形弹性杆(梁)挠曲
线的微分方程(式(5-3)),注意图中截面的弯
矩是负弯矩,整理后得齐次二阶常微分方

程,即

$$EI\frac{\mathrm{d}^2 y}{\mathrm{d}x^2}=M=-Fy \quad \Rightarrow \quad EI\frac{\mathrm{d}^2 y}{\mathrm{d}x^2}+Fy=0 \quad \Rightarrow$$

$$\frac{\mathrm{d}^2 y}{\mathrm{d}x^2}+k^2 y=0 \qquad\qquad (9\text{-}1)$$

式中:

$$k^2 = \frac{F}{EI} \tag{9-2}$$

由于压杆两端是球铰,允许杆件在任意纵向平面内发生微弯变形,因而杆件的微弯一定发生在抗弯能力(弯曲刚度)最小的纵向平面内。因此,式(9-1)中的 I 应是横截面的最小惯性矩 $I_{\min}$。例如,对于矩形截面,$I_{\min} = b^3 h/12(h > b)$。方程(9-1)的通解为

$$y = A\sin kx + B\cos kx \tag{9-3}$$

式中:A、B 为待定常数。由压杆的位移边界条件 $y(0) = y(l) = 0$ 得

$$\begin{cases} A \cdot 0 + B \cdot 1 = 0 \\ A\sin kl + B\cos kl = 0 \end{cases} \tag{9-4}$$

因为 y 是微弯曲线,故 A、B 不能同时为零。使 A、B 有非零解的充要条件是式(9-4)的系数行列式等于零,即

$$\begin{vmatrix} 0 & 1 \\ \sin kl & \cos kl \end{vmatrix} = 0 \tag{9-5}$$

解得

$$\sin kl = 0 \tag{9-6}$$

满足式(9-6)的 kl 为 $0, \pi, 2\pi, \cdots, n\pi, \cdots$,由此可得

$$k = \frac{n\pi}{l} \quad (n = 0, 1, 2, \cdots)$$

将上式代入式(9-2),得

$$F = \frac{n^2 \pi^2 EI}{l^2} \quad (n = 0, 1, 2, \cdots)$$

上式表明,使压杆保持微弯平衡状态的压力理论上是多值的,但具有实际意义的是其中的最小非零值,其称为临界压力 F_{cr},即

$$F_{cr} = \frac{\pi^2 EI}{l^2} \tag{9-7}$$

式(9-7)最先是由欧拉导出的,所以也称为两端球铰细长压杆的**欧拉临界压力**。

在临界压力 F_{cr} 的作用下,压杆的微弯曲线为

$$y(x) = A\sin kx = A\sin\frac{\pi x}{l} \tag{9-8}$$

由于式中的 A 还未定,因此微弯曲线还没有完全确定。要确定 A,需要在挠曲线方程(式(5-3))中用精确的曲率 $\mathrm{d}\theta/\mathrm{d}s$ 代替近似的曲率 $\mathrm{d}\theta/\mathrm{d}x$ 求解。

以上的分析过程颇为特殊:出发点是要确定微弯曲线(式(9-3)、式(9-4)),而实际上是利用非零解条件(式(9-5))确定临界压力,这已然满足了工程实际的需要。

图 9.5 表示 $n = 1, 2, 3$ 时的压杆的失稳形式,但在静载条件下很难实现 $n = 2$ 及

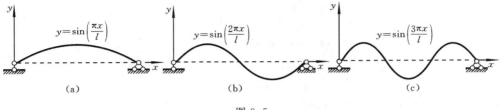

图 9.5

更大时的失稳情形。

2. 一端固定、一端球铰细长压杆的临界压力

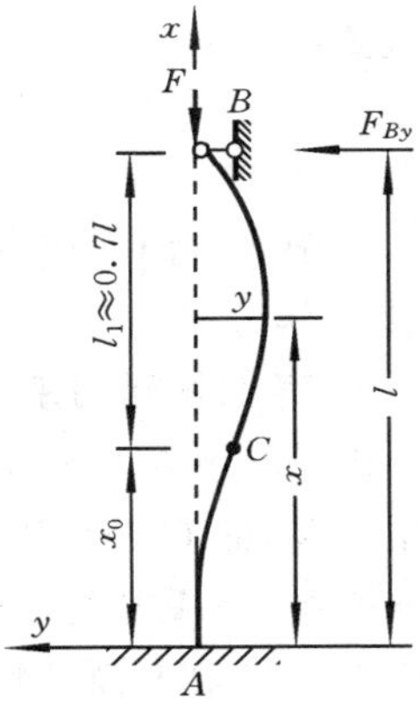

图 9.6 所示为一端固定、一端球铰的细长压杆，在压力 F 作用下处于微弯平衡状态。若以 F_{By} 表示铰支座的反力，则任一横截面上的弯矩为

$$M(x) = F_{By}(l-x) - Fy$$

代入挠曲线的微分方程，得非齐次的二阶常微分方程：

$$\frac{\mathrm{d}^2 y}{\mathrm{d}x^2} = \frac{F_{By}(l-x) - Fy}{EI} \Rightarrow$$

$$\frac{\mathrm{d}^2 y}{\mathrm{d}x^2} + k^2 y = \frac{F_{By}(l-x)}{EI} \qquad (9\text{-}9)$$

式中：

$$k^2 = \frac{F}{EI} \qquad (9\text{-}10)$$

图 9.6

通解为

$$y = A\sin kx + B\cos kx + \frac{F_{By}}{F}(l-x) \qquad (9\text{-}11)$$

由式(9-11)可得转角

$$\theta = \frac{\mathrm{d}y}{\mathrm{d}x} = Ak\cos kx - Bk\sin kx - \frac{F_{By}}{F} \qquad (9\text{-}12)$$

将几何边界条件 $y(0) = y'(0) = y(l) = 0$ 应用于式(9-11)和式(9-12)，得

$$\begin{cases} 0 \cdot A + 1 \cdot B + l \cdot \dfrac{F_{By}}{F} = 0 \\[2mm] k \cdot A - 0 \cdot B - 1 \cdot \dfrac{F_{By}}{F} = 0 \\[2mm] \sin kl \cdot A + \cos kl \cdot B + 0 \cdot \dfrac{F_{By}}{F} = 0 \end{cases} \qquad (9\text{-}13)$$

同样，要使 y 为微弯曲线，三个待定数 A、B、F_{By}/F 不能同时为零，故式(9-13)的系数行列式必须等于零，即

$$\begin{vmatrix} 0 & 1 & l \\ k & 0 & -1 \\ \sin kl & \cos kl & 0 \end{vmatrix} = 0 \qquad (9\text{-}14)$$

解得

$$\tan kl = kl$$

由图解法或数值解法得其最小值为

$$kl \approx 4.5$$

代入式(9-10),得一端固定、一端球铰细长压杆的临界压力为

$$F_{cr} \approx \frac{\pi^2 EI}{(0.7l)^2} \qquad (9\text{-}15)$$

图 9.6 中微弯曲线中点 C 为拐点,即 $y''(x_0)=0$(弯矩亦为零),可以依此求得拐点的位置 $x_0 \approx 0.3l$。

3. 其他杆端约束下细长压杆的欧拉临界压力

由图 9.6 所示一端固定、一端球铰压杆的失稳形态可看出,C 处为拐点,拐点处弯矩为零,故 C 处相当于铰链,因此 CB 段可看成两端球铰的压杆,它的失稳形态与图 9.5 中 $n=1$ 时的失稳形态相同,可用 $0.7l$ 替换式(9-7)中的 l,即得式(9-15)。压杆中只要局部失稳,则整体也就失稳。

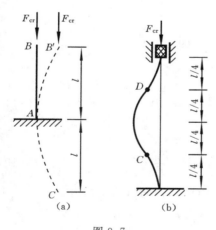

图 9.7

图 9.7(a)所示一端固定、一端自由细长压杆的失稳形态为 AB',此失稳形态与长为 $2l$ 的两端球铰细长压杆 $n=1$ 时失稳形态的上半段相吻合。欧拉临界压力计算公式为

$$F_{cr} = \frac{\pi^2 EI}{(2l)^2} \qquad (9\text{-}16)$$

图 9.7(b)为两端固定细长压杆的失稳挠曲线形状。由对称性可知,在离两端 $l/4$ 处的点 C、D 为拐点,所以可用铰链代替,CD 段压杆失稳形态与两端球铰细长压杆 $n=1$ 时的失稳形态相同,故可用 $0.5l$ 代替式(9-7)中的 l,得两端固定细长压杆的临界压力为

$$F_{cr} = \frac{\pi^2 EI}{(0.5l)^2} = \frac{4\pi^2 EI}{l^2} \qquad (9\text{-}17)$$

根据上面的讨论,可将不同杆端约束条件下细长压杆的欧拉临界压力写成统一的形式:

$$F_{cr} = \frac{\pi^2 EI}{(\mu l)^2} \qquad (9\text{-}18)$$

式中：μ 称为**长度因数/长度系数**，与杆端约束情况有关。μl 称为原压杆的**相当长度**，如表 9-1 所示。

表 9-1 各种杆端约束条件下等截面细长压杆的临界压力

杆端情况	两端铰支	一端固定另一端铰支	两端固定	一端固定另一端自由	两端固定但可沿横向相对移动
失稳时挠曲线形状	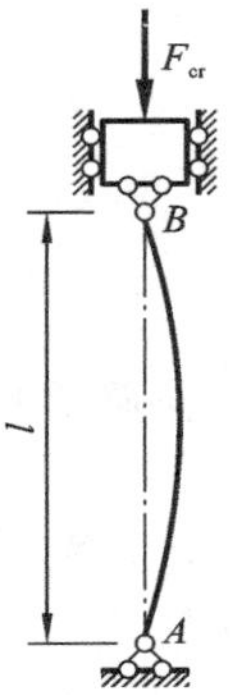	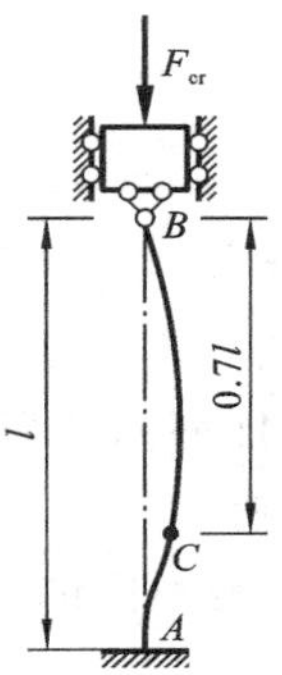 C—挠曲线拐点	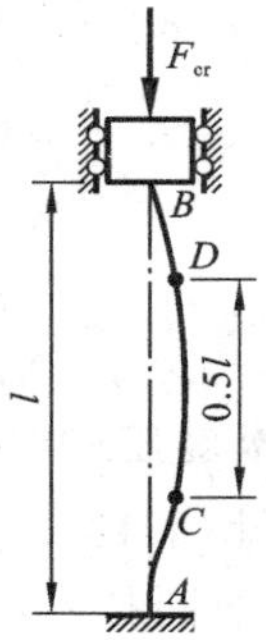 C,D—挠曲线拐点	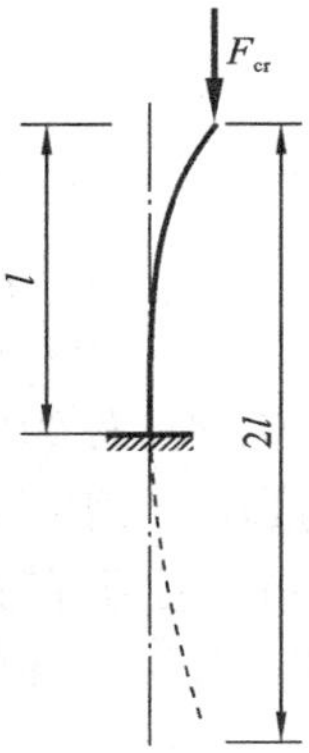	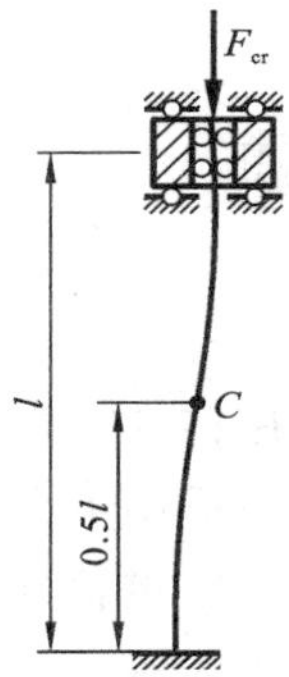 C—挠曲线拐点
临界压力 F_{cr}	$F_{cr}=\dfrac{\pi^2 EI}{l^2}$	$F_{cr}\approx\dfrac{\pi^2 EI}{(0.7l)^2}$	$F_{cr}=\dfrac{\pi^2 EI}{(0.5l)^2}$	$F_{cr}=\dfrac{\pi^2 EI}{(2l)^2}$	$F_{cr}=\dfrac{\pi^2 EI}{l^2}$
长度因数 μ	$\mu=1$	$\mu\approx0.7$	$\mu=0.5$	$\mu=2$	$\mu=1$

9.2 中、小柔度压杆的临界应力

由式(9-18)可得欧拉临界应力公式为

$$\sigma_{cr}=\frac{F_{cr}}{A}=\frac{\pi^2 EI}{A(\mu l)^2}=\frac{\pi^2 E}{(\mu l/i_{min})^2}$$

式中：A 为压杆的横截面面积；i_{min} 为横截面最小的惯性半径。例如矩形截面的最小惯性半径为

$$i_{min}=\sqrt{\frac{I_{min}}{A}}=\frac{b}{2\sqrt{3}}\quad(h>b)$$

令

$$\lambda=\frac{\mu l}{i_{min}}\tag{9-19}$$

得欧拉临界应力为

$$\sigma_{cr}=\frac{\pi^2 E}{\lambda^2}\tag{9-20}$$

式中：λ 称为**压杆的柔度**。λ 是一个无量纲的量，它综合反映了压杆长度 l、约束条件

μ、截面形状和尺寸 i_{min} 对临界应力的影响。柔度越大，临界应力 σ_{cr} 越小，压杆越容易失稳。

一般情况下，压杆在不同的纵向平面内具有不同的柔度值，而且压杆失稳首先发生在柔度最大的纵向平面内。因此，压杆的临界应力应按最大柔度值 λ_{max} 计算。

由于用到了弹性模量 E，故欧拉临界应力公式适用于压杆的压应力小于比例极限 σ_p 的情况。由

$$\sigma_{cr} = \frac{\pi^2 E}{\lambda^2} \leqslant \sigma_p$$

解得

$$\lambda \geqslant \sqrt{\frac{\pi^2 E}{\sigma_p}}$$

令

$$\lambda_p = \sqrt{\frac{\pi^2 E}{\sigma_p}} \tag{9-21}$$

当压杆的柔度 $\lambda > \lambda_p$ 时，称为**大柔度压杆（细长压杆）**，所以，欧拉临界应力（或压力）公式适用于大柔度压杆（细长压杆）的稳定性分析。

λ_p 的值与材料的性质有关，不同材料的 λ_p 是不同的。如取 Q235 钢的 $E = 206$ GPa，$\sigma_p = 200$ MPa，其 λ_p 的值为

$$\lambda_p = \sqrt{\frac{\pi^2 \times 206 \times 10^9}{200 \times 10^6}} \approx 100$$

因此，用 Q235 钢制成的压杆，只有当 $\lambda \geqslant 100$ 时才能使用欧拉临界应力（或压力）公式计算其临界荷载。

若压杆的柔度 λ 小于 λ_p，则临界应力 σ_{cr} 大于材料的比例极限 σ_p，这时欧拉公式已不能使用。工程中常见的压杆，如内燃机连杆、千斤顶丝杠等，它们的柔度 λ 往往小于 λ_p。$\lambda \leqslant \lambda_p$ 的压杆称为**中柔度压杆**或**中长压杆/中粗杆**，其临界应力一般用直线形经验公式或抛物线形经验公式来计算。**直线形经验公式**为

$$\sigma_{cr} = a - b\lambda \tag{9-22}$$

式中：a 与 b 是与材料有关的常数。表 9-2 给出了常用材料的 a 与 b 的数值。

表 9-2 直线形经验公式的系数 a 和 b

材　　料	a/MPa	b/ MPa
Q235 钢	304	1.12
优质碳钢	461	2.568
硅钢	578	3.744
铬钼钢	980.7	5.296
铸铁	332.3	1.454
强铝	373	2.16
松木	28.7	0.19

直线形经验公式也有适用范围上限,即要求压杆的临界应力 σ_{cr} 小于材料的屈服极限 σ_s(塑性材料)或强度极限 σ_b(脆性材料)。对于塑性材料,有

$$\sigma_{cr}=a-b\lambda\leqslant\sigma_s \qquad (9\text{-}23)$$

由式(9-23)解出 λ 并令其最小值为 λ_s:

$$\lambda_s=\frac{a-\sigma_s}{b} \qquad (9\text{-}24)$$

则中柔度压杆柔度的范围是

$$\lambda_s\leqslant\lambda\leqslant\lambda_p \qquad (9\text{-}25)$$

当压杆的柔度 λ 小于 λ_s 时,压杆称为**短粗杆**。短粗杆没有失稳问题,只有强度问题,即

$$\sigma_{cr}=\sigma_s \quad (\text{或}\ \sigma_b)$$

以横坐标表示 λ,纵坐标表示 σ_{cr},可得 σ_{cr} 随 λ 变化的图形(图 9.8),称为**临界应力总图**,它由三部分组成:AB 段($\lambda<\lambda_s$)为短粗杆,其临界应力就是屈服极限;BC 段($\lambda_s\leqslant\lambda\leqslant\lambda_p$)为中柔度压杆,其临界应力由式(9-22)计算;$CD$ 段($\lambda>\lambda_p$)为大柔度压杆,其临界应力由欧拉临界应力公式(式(9-20))计算。

计算中柔度压杆的临界应力除了可应用上述的直线形经验公式外,还可应用**抛物线形经验公式**,即

$$\sigma_{cr}=a_1-b_1\lambda^2 \qquad (9\text{-}26)$$

式中:a_1 与 b_1 也是与材料有关的常数。例如我国《钢结构设计规范》规定,对于 Q235 钢,$a_1=240$ MPa,$b_1=0.006\,82$ MPa,当由 Q235 钢制成的压杆的柔度 λ 满足 $0<\lambda<123$ 时,就用抛物线形经验公式计算其临界应力,有

$$\sigma_{cr}=240-0.006\,82\lambda^2$$

图 9.9 为 Q235 钢的临界应力总图,CB 段为抛物线,BA 段为欧拉双曲线。

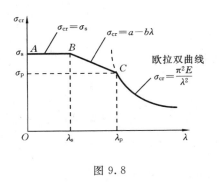

图 9.8

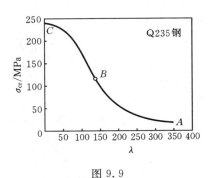

图 9.9

例 9.1 由 Q235 钢组成的矩形截面压杆,其两端用铰销支承,如图所示。已知截面尺寸:$a=40$ mm,$b=60$ mm。设 $l=2.1$ m,$l_1=2$ m,$E=205$ GPa,$\sigma_p=200$ MPa,试求此压杆的临界压力。

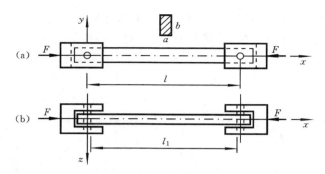

例 9.1 图

解 根据铰销对杆端的约束条件,压杆在两个主惯性平面内的支承情况是不同的,故应分别计算它们的柔度。

压杆在平面 Oxy 内(图(a))为两端铰支,故 $\mu=1$,于是

$$i_z=\sqrt{\frac{I_z}{A}}=\sqrt{\frac{b^3a/12}{ab}}=\frac{b}{2\sqrt{3}}=\frac{60}{2\sqrt{3}}\ \text{mm}=17.32\ \text{mm}$$

计算柔度,得

$$\lambda_z=\frac{\mu l}{i_z}=\frac{1\times 2\,100}{17.32}=121.2$$

压杆在平面 Oxz 内(图(b))为两端固定,故 $\mu=0.5$,于是

$$i_y=\sqrt{\frac{I_y}{A}}=\sqrt{\frac{a^3b/12}{ab}}=\frac{a}{2\sqrt{3}}=\frac{40}{2\sqrt{3}}\ \text{mm}=11.55\ \text{mm}$$

计算柔度,得

$$\lambda_y=\frac{\mu l}{i_y}=\frac{0.5\times 2\,000}{11.55}=86.6$$

压杆的临界柔度为

$$\lambda_p=\sqrt{\frac{\pi^2 E}{\sigma_p}}=\sqrt{\frac{\pi^2\times 205\times 10^9}{200\times 10^6}}=101$$

因压杆的最大柔度为

$$\lambda_{max}=\lambda_z=121.2>\lambda_p$$

故压杆为大柔度压杆,应采用欧拉临界应力公式计算其临界应力和临界压力,即

$$\sigma_{cr}=\frac{\pi^2 E}{\lambda_z^2}=\frac{\pi^2\times 205\times 10^9}{121.2^2}\ \text{Pa}=137.74\ \text{MPa}$$

$$F_{cr}=\sigma_{cr}\cdot A=137.74\times 40\times 60\ \text{N}=330\,568\ \text{N}\approx 330.6\ \text{kN}$$

9.3 压杆的稳定条件

对于实际受压的杆件,为保证其在轴向压力 F 的作用下不会失稳,必须满足下

述条件：

$$F \leqslant \frac{F_{cr}}{n_{st}} = [F_{st}] \tag{9-27}$$

或

$$n = \frac{F_{cr}}{F} \geqslant n_{st} \tag{9-28}$$

式中：$[F_{st}]$ 为稳定许可压力；n 为工作安全系数；n_{st} 为给定的**稳定安全系数**，n_{st} 一般高于强度安全系数。在实际工程中，可以将以上稳定条件放松至 5%，即 $F \leqslant 1.05[F_{st}]$。

在对压杆进行稳定性计算时，一般不考虑由于铆钉孔或螺栓孔造成的局部削弱，因为局部削弱对压杆整体稳定性的影响很小。但对于受削弱的横截面还必须进行强度校核。

例 9.2　图示简易吊车最大起吊重量 $P = 50$ kN，压杆 CD 为空心圆杆，其内、外径分别为 $d = 6$ cm，$D = 8$ cm，材料为 Q235 钢，其 $\lambda_p = 100$，$\lambda_s = 57$，$E = 200$ GPa，稳定安全系数 $n_{st} = 4$，试校核压杆 CD 的稳定性。

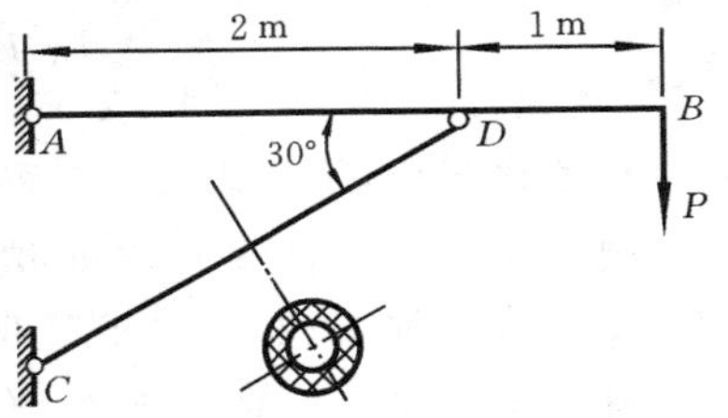

解　压杆 CD 为两端铰支压杆，$\mu = 1$，空心圆杆的惯性半径为

例 9.2 图

$$i_{min} = \sqrt{\frac{I}{A}} = \sqrt{\frac{\pi D^4(1-\alpha^4)/64}{\pi D^2(1-\alpha^2)/4}}$$

$$= \frac{D}{4}\sqrt{1+\alpha^2} = \left[\frac{0.08}{4}\sqrt{1+\left(\frac{0.06}{0.08}\right)^2}\right] \text{ m}$$

$$= 0.025 \text{ m}$$

杆长 $l = 2/\cos 30° = 2.309$ m，计算压杆 CD 的柔度，得

$$\lambda = \frac{\mu l}{i_{min}} = \frac{1 \times 2.309}{0.025} = 92.36 < \lambda_p \quad (\text{但 } \lambda > \lambda_s)$$

故压杆 CD 属中长压杆，应采用直线形经验公式计算其临界应力，即

$$\sigma_{cr} = a - b\lambda = (304 - 1.12 \times 92.36) \text{ MPa} \approx 201 \text{ MPa}$$

而临界压力为

$$F_{cr} = \sigma_{cr} \cdot A = 201 \times 10^6 \times \frac{\pi}{4}(0.08^2 - 0.06^2) \text{ N} = 442 \text{ kN}$$

压杆 CD 的工作压力可由静力平衡方程求出，即

$$\sum M_A = 0 \Rightarrow F_{NCD}\sin 30° \times 2 = 3P \Rightarrow F_{NCD} = 3P = 3 \times 50 \text{ kN} = 150 \text{ kN}$$

由稳定条件可知

$$n = \frac{F_{cr}}{F_{NCD}} = \frac{442}{150} = 2.95 < n_{st}$$

故压杆 CD 稳定性不够。

例 9.3 已知一端固定、一端球铰的圆截面压杆的最大工作压力为 4 kN,其长度 $l=1.25$ m,规定 $n_{st}=6$,材料的 $\sigma_p=220$ MPa,$E=210$ GPa,试确定其截面直径 d。

解 由于此压杆的截面直径未定,故不能求其柔度 λ,自然也不能确定是什么类型的杆。为此,先假定此压杆为细长杆,长度系数 $\mu=0.7$,用欧拉公式计算,有

$$F_{cr}=\frac{\pi^2 EI}{(\mu l)^2}=\frac{\pi^2\times 210\times 10^9\times \pi d^4/64}{(0.7\times 1.25)^2} \qquad (a)$$

因压杆的最大工作压力 $F_{max}=4$ kN,由稳定条件得

$$F_{cr}=n_{st}\cdot F_{max}=6\times 4\times 10^3 \text{ N}=24 \text{ kN} \qquad (b)$$

由式(a)、式(b)确定横截面直径为

$$d\geqslant\left[\frac{24\times 10^3\times(0.7\times 1.25)^2\times 64}{\pi^2\times 210\times 10^9\times \pi}\right]^{1/4} \text{ m}=0.020\ 6 \text{ m}=20.6 \text{ mm}$$

得到截面直径 d 后,可计算压杆的柔度 λ 及 λ_p,并比较:

$$\lambda=\frac{\mu l}{i}=\frac{0.7\times 1\ 250}{20.6/4}=170$$

而

$$\lambda_p=\sqrt{\frac{\pi^2 E}{\sigma_p}}=\sqrt{\frac{\pi^2\times 210\times 10^9}{220\times 10^6}}=97<\lambda$$

故此杆是细长杆,压杆的直径应取 $d=21$ mm。

例 9.4 由三根相同的圆截面钢杆组成的平面结构如图所示,弯曲刚度均为 EI。若只考虑面内失稳,试求荷载 F 的临界值。

解 此结构为超静定结构,任意两杆失稳,结构依然能够承载,只有当三杆全部失稳时,结构才丧失承载能力。考虑到结构的对称性,杆 DA 和杆 DC 的内力相等,

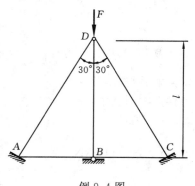

例 9.4 图

因此,由节点 D 的平衡条件,荷载 F 的临界值可表示为

$$F_{cr}=F_{crDB}+2F_{crDA}\cos 30° \qquad (a)$$

杆 DA 和杆 DC 为一端固定,另一端铰支,故 $\mu=0.7$;杆 DB 为两端铰支,故 $\mu=1$。有

$$F_{crDB}=\frac{\pi^2 EI}{l^2}$$

$$F_{crDA}=\frac{\pi^2 EI}{(\mu l_{DA})^2}=\frac{\pi^2 EI}{\left(\frac{0.7l}{\cos 30°}\right)^2}=\frac{1.53\pi^2 EI}{l^2}$$

代入式(a),得临界荷载:

$$F_{cr}=\frac{\pi^2 EI}{l^2}+2\times\frac{1.53\pi^2 EI}{l^2}\cos 30°=\frac{3.65\pi^2 EI}{l^2}$$

在工程实际中,也常用**折减系数法**进行稳定性计算。在这种情况下,稳定许用应力可写为

$$[\sigma_{st}] = \varphi[\sigma] \qquad\qquad (9\text{-}29)$$

而稳定条件则为

$$\sigma \leqslant \varphi[\sigma] \qquad\qquad (9\text{-}30)$$

式中：$[\sigma]$ 为许用压应力；φ 是一个小于 1 的系数，称为 **折减系数**，其值与压杆的柔度及所用材料有关。图 9.10 所示为 Q235 钢的 $\varphi\text{-}\lambda$ 曲线。关于各种轧制与焊接钢构件的稳定系数，可查阅《钢结构设计标准》(GB 50017—2017)，而木制受压构件的稳定系数，则可查阅《木结构设计标准》(GB 50005—2017)。图 9.10 所示的曲线是根据上述标准绘制的。

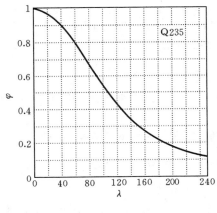

图 9.10

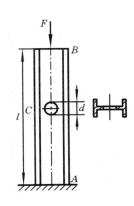

例 9.5 图

例 9.5　如图所示立柱，下端固定，上端承受轴向压力 $F = 200$ kN。立柱用工字钢制成，柱长 $l = 2$ m，材料为 Q235 钢，许用应力 $[\sigma] = 160$ MPa。在立柱中点横截面 C 处，因构造需要开一直径为 $d = 70$ mm 的圆孔。试选择工字钢型号。

解　(1) 问题分析。由稳定条件式(9-30)可知，立柱的横截面面积应为

$$A \geqslant \frac{F}{\varphi[\sigma]} \qquad\qquad (a)$$

然而，由于折减系数 φ 之值与横截面的几何性质有关，因而也是未知的。所以，在设计截面时，宜采用逐次逼近法或迭代法。

(2) 第一次试算。取 $\varphi_1 = 0.5$，则由式(a)得

$$A \geqslant \frac{F}{\varphi_1[\sigma]} = \frac{200 \times 10^3}{0.5 \times 160 \times 10^6} \ \text{m}^2 = 2.5 \times 10^{-3} \ \text{m}^2$$

据此，从型钢表(附录 B)中查得，应选用 №16 工字钢，其横截面面积 $A = 2.61 \times 10^{-3}$ m^2，最小惯性半径 $i_{min} = 18.9$ mm，柔度为

$$\lambda = \frac{\mu l}{i_{min}} = \frac{2 \times 2}{0.018\,9} = 211$$

由图 9.10 查得,相对于 $\lambda=211$ 的折减系数为 $\varphi_1'=0.17$,得稳定许用应力为

$$[\sigma_{st}]=\varphi_1'[\sigma]=0.17\times160\times10^6\ \text{Pa}=27.2\ \text{MPa}$$

横截面上的工作应力为

$$\sigma=\frac{F}{A}=\frac{200\times10^3}{2.61\times10^{-3}}\ \text{Pa}=76.6\ \text{MPa}>[\sigma_{st}]=27.2\ \text{MPa}$$

工作应力超过稳定许用应力甚多,需进行进一步试算。

(3) 第二次试算。估计实际 φ 值介于上述 φ_1 与 φ_1' 之间,因此,第二次试算时,取 $\varphi_2=0.30$,得

$$A\geqslant\frac{200\times10^3}{0.30\times160\times10^6}\ \text{m}^2=4.17\times10^{-3}\ \text{m}^2$$

根据上述要求,查型钢表可知,应选用 No22a 工字钢,其横截面面积 $A=4.2\times10^{-3}$ m^2,最小惯性半径 $i_{min}=23.1\ \text{mm}$,由此得立柱的柔度为

$$\lambda=\frac{2\times2}{0.023\ 1}=173.2$$

由图 9.10 中查得相应的折减系数为 $\varphi_2'=0.24$,因此,如果选用 No22a 工字钢作为立柱,则

$$[\sigma_{st}]=\varphi_2'[\sigma]=0.24\times160\times10^6\ \text{Pa}=38.4\ \text{MPa}$$

$$\sigma=\frac{F}{A}=\frac{200\times10^3}{4.2\times10^{-3}}\ \text{Pa}=47.6\ \text{MPa}>[\sigma_{st}]$$

工作应力仍超过稳定许用应力,仍需进行进一步试算。

(4) 第三次试算。估计实际 φ 值介于上述 φ_2 与 φ_2' 之间,取 $\varphi_3=0.26$,得

$$A\geqslant\frac{200\times10^3}{0.26\times160\times10^6}\ \text{m}^2=4.81\times10^{-3}\ \text{m}^2$$

从型钢表中查得 No25a 工字钢的横截面面积 $A=4.85\times10^{-3}\ \text{m}^2$,最小惯性半径 $i_{min}=24.03\ \text{mm}$,如果选用 No25a 工字钢作立柱,则

$$\lambda=\frac{2\times2}{0.024\ 03}=166,\quad\varphi_3'=0.25$$

$$[\sigma_{st}]=\varphi_3'[\sigma]=0.25\times160\times10^6\ \text{Pa}=40\ \text{MPa}$$

$$\sigma=\frac{F}{A}=\frac{200\times10^3}{4.85\times10^{-3}}\ \text{Pa}=41.2\ \text{MPa}>[\sigma_{st}]\quad(\text{误差小于}\ 5\%)$$

因此,选用 No25a 工字钢作为立柱符合稳定性要求。

(5) 强度校核。从型钢表中查得,No25a 工字钢的腹板厚度 $\delta=8\ \text{mm}$,所以,横截面 C 的净面积为

$$A_C=A-\delta d=(4.85\times10^{-3}-0.008\times0.070)\ \text{m}^2=4.29\times10^{-3}\ \text{m}^2$$

而该截面的工作应力则为

$$\sigma=\frac{F}{A_C}=\frac{200\times10^3}{4.29\times10^{-3}}\ \text{Pa}=46.6\ \text{MPa}<[\sigma]$$

可见,选用 No25a 工字钢作为立柱,其稳定性和强度都符合要求。

9.4 压杆的合理设计

影响压杆稳定性的因素有截面形状、压杆长度、约束条件及材料性质等。要提高压杆的稳定性,应从下面几个方面来考虑。

1. 合理选择材料

对于细长压杆,临界压力与弹性模量 E 有关。由于各种钢材的弹性模量大致相等,仅从稳定性方面考虑,选用高强度钢或低碳钢并无很大差别。中柔度压杆的临界应力与材料的强度有关,选用优质钢材可以在一定程度上提高压杆的稳定性。

2. 合理选择截面

细长压杆和中柔度压杆的临界应力都与柔度有关。柔度越小,临界应力越大。从柔度的公式 $\lambda = \mu l/i = \mu l \sqrt{A/I}$ 可看出,若不增加面积,I 越大,则 λ 越小。所以应选择惯性矩较大的截面形状。比如空心圆截面较实心圆截面要好。选择截面时还要考虑失稳的方向性。如果压杆两端为球形铰支或固定,则宜选择 $I_y = I_z$ 的截面;若两端为铰销支承(例 9.1),则应选择 $I_y \neq I_z$ 的截面,并使得两个方向上的柔度大致相等,即

$$\lambda_z = \left(\frac{\mu l}{i}\right)_z = \lambda_y = \left(\frac{\mu l}{i}\right)_y$$

经适当设计的工字形截面,以及某些组合截面,可以满足上述要求(图 9.11)。

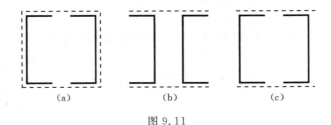

(a)   (b)   (c)

图 9.11

3. 改变压杆的约束条件

细长压杆的临界压力与相当长度(μl)的二次方成反比,所以,增大对压杆的约束可极大地提高其临界压力。例如,若将一端固定、一端自由的压杆改为一端固定、一端铰支,则临界压力可增大到原来的 8.16 倍;在压杆的中间截面处增加铰支座,也可以大大提高其稳定性。

9.5 用能量法求压杆的临界荷载

对于荷载、支承方式或变截面等比较复杂的细长压杆,用前面的方法计算压杆的临界荷载往往是比较困难的。对这类问题,可以采用能量方法近似求解。

设压杆处于临界状态,在压杆由直线平衡形式转为微弯平衡形式的过程中(图9.12

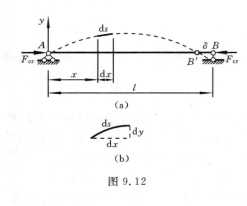

图 9.12

(a)),临界压力在轴向位移 δ 上做的功 ΔW,等于压杆因微弯变形所增加的应变能 ΔU,即

$$\Delta W = \Delta U \tag{9-31}$$

如图 9.12(b)所示,杆微弯后点 B 的轴向位移为

$$\delta = \int_l (\mathrm{d}s - \mathrm{d}x) \tag{9-32}$$

式中 $\mathrm{d}s = \sqrt{(\mathrm{d}x)^2 + (\mathrm{d}y)^2} = \sqrt{1 + y'^2}\,\mathrm{d}x$

$$\approx \left(1 + \frac{1}{2}y'^2\right)\mathrm{d}x \tag{9-33}$$

将式(9-33)代入式(9-32),得

$$\delta = \frac{1}{2}\int_l y'^2\,\mathrm{d}x \tag{9-34}$$

注意到压杆发生微弯时,F_{cr} 全值作用在杆端,所做的功为

$$\Delta W = F_{cr}\delta = \frac{F_{cr}}{2}\int_l y'^2\,\mathrm{d}x \tag{9-35}$$

杆因微弯产生的应变能增量为

$$\Delta U = \int_l \frac{M^2(x)}{2EI}\,\mathrm{d}x = \int_l \frac{EI}{2}y''^2\,\mathrm{d}x \tag{9-36}$$

将式(9-35)和式(9-36)代入式(9-31),可求出压杆的临界荷载:

$$\Delta W = \Delta U \Rightarrow \frac{F_{cr}}{2}\int_l y'^2\,\mathrm{d}x = \int_l \frac{M^2(x)}{2EI}\,\mathrm{d}x \Rightarrow F_{cr} = \frac{\int_l \left(\dfrac{M^2(x)}{2EI}\right)\mathrm{d}x}{\dfrac{1}{2}\int_l y'^2\,\mathrm{d}x} \tag{9-37}$$

或

$$F_{cr} = \frac{\int_l \dfrac{EIy''^2}{2}\,\mathrm{d}x}{\dfrac{1}{2}\int_l y'^2\,\mathrm{d}x} \tag{9-38}$$

由式(9-38)知,如果能假设合适的压杆微弯挠曲线函数(模式),就可以求得临界荷载的近似值,且函数选得愈恰当,结果就愈精确。

例 9.6　考虑两端球铰的细长压杆(图 9.4),设压杆微弯时的挠曲线函数为

$$y = a\left[\left(x - \frac{l}{2}\right)^2 - \left(\frac{l}{2}\right)^2\right] \tag{a}$$

试用能量法求压杆的临界压力。

解　显然,式(a)满足位移边界条件 $y(0) = y(l) = 0$。任一截面上的弯矩为

$$M(x) = -F_{cr}y = -F_{cr}a\left[\left(x-\frac{l}{2}\right)^2 - \left(\frac{l}{2}\right)^2\right] \tag{b}$$

可计算得

$$\int_l \frac{M^2(x)}{2EI}dx = \int_0^l \frac{F_{cr}^2 a^2}{2EI}\left[\left(x-\frac{l}{2}\right)^2 - \left(\frac{l}{2}\right)^2\right]^2 dx = \frac{F_{cr}^2 a^2 l^5}{60EI}$$

$$\frac{1}{2}\int_l y'^2 dx = \frac{1}{2}\int_0^l \left[2a\left(x-\frac{l}{2}\right)\right]^2 dx = \frac{a^2 l^3}{6}$$

由式(9-37)，求得临界压力为

$$F_{cr} = \frac{\displaystyle\int_l \frac{M^2(x)}{2EI}dx}{\displaystyle\frac{1}{2}\int_l y'^2 dx} = \frac{\dfrac{a^2 l^3}{6}}{\dfrac{a^2 l^5}{60EI}} = \frac{10EI}{l^2} \tag{e}$$

与精确解 $F_{cr} = \pi^2 EI/l^2$ 相比，误差仅为 1.3%。

换一种方式，先根据曲率 y'' 计算应变能增量，得

$$\Delta U = \int_0^l \frac{EI}{2}y''^2 dx = \int_0^l \frac{EI}{2}(2a)^2 dx = 2EIa^2 l \tag{f}$$

用式(9-38)求得临界压力为

$$F_{cr} = \frac{\displaystyle\int_l \frac{EIy''^2}{2}dx}{\displaystyle\frac{1}{2}\int_l y'^2 dx} = \frac{2EIa^2 l}{\dfrac{a^2 l^3}{6}} = \frac{12EI}{l^2}$$

这个结果与精确解相差略大。比较这两种计算方法可知，它们的精度分别取决于 y 和 y''，y'' 的精度一般要低于所设函数 y 的精度。

例 9.7 图示悬臂细长压杆承受轴向均布荷载 q 的作用。试用能量法确定临界荷载 q_{cr}。

解 （1）解法一。设压杆微弯时挠曲线方程为

$$y = f\left(1 - \cos\frac{\pi x}{2l}\right) \tag{a}$$

式中：f 为压杆自由端的挠度。显然，式（a）满足悬臂压杆的位移边界条件 $y(0) = y'(0) = 0$。

将式（a）代入式(9-34)计算得到横截面 x 的轴向位移为

$$\delta(x) = \frac{1}{2}\int_0^x y'^2 dx = \frac{\pi^2 f^2}{16l^2}\left(x - \frac{l}{\pi}\sin\frac{\pi x}{l}\right)$$

荷载 q_{cr} 在 $\delta(x)$ 所做之功为

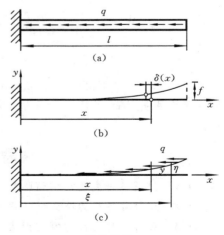

例 9.7 图

$$\Delta W = \int_0^l \delta(x) q_{cr} \mathrm{d}x = \int_0^l \frac{\pi^2 f^2}{16 l^2}\left(x - \frac{l}{\pi}\sin\frac{\pi x}{l}\right)q_{cr}\mathrm{d}x = \frac{q_{cr}f^2}{8}\left(\frac{\pi^2}{4}-1\right) \qquad \text{(b)}$$

当压杆微弯时,压杆的应变能增量为

$$\Delta U = \frac{1}{2}\int_0^l EI\ (y'')^2\mathrm{d}x = \frac{EIf^2}{2}\left(\frac{\pi}{2l}\right)^4\int_0^l \cos^2\frac{\pi x}{2l}\mathrm{d}x = \frac{EIf^2}{2}\left(\frac{\pi}{2l}\right)^4 \cdot \frac{l}{2} = \frac{\pi^4 EIf^2}{64 l^3}$$

$$\text{(c)}$$

由 $\Delta W = \Delta U$,得压杆的临界荷载为

$$q_{cr} = \frac{\dfrac{\pi^4 EIf^2}{64 l^3}}{\dfrac{f^2}{8}\left(\dfrac{\pi^2}{4}-1\right)} = \frac{8.30 EI}{l^3}$$

与精确解 $7.83EI/l^3$ 相比误差约为 6%。

(2) 解法二。如图所示,设 ξ 截面的挠度为 η,则 x 截面的弯矩为

$$M(x) = \int_x^l (\eta - y) q_{cr}\mathrm{d}\xi \qquad \text{(d)}$$

由式(a)可知,ξ 截面的挠度为

$$\eta = f\left(1 - \cos\frac{\pi\xi}{2l}\right)$$

代入式(d),得

$$M(x) = f q_{cr}\left[(l-x)\cos\frac{\pi x}{2l} - \frac{2l}{\pi}\left(1 - \sin\frac{\pi x}{2l}\right)\right]$$

计算得到应变能增量:

$$\Delta U = \int_0^l \frac{M^2(x)}{2EI}\mathrm{d}x = \frac{f^2 q_{cr}^2 l^3}{2EI}\left(\frac{1}{6} + \frac{9}{\pi^2} - \frac{32}{\pi^3}\right) \qquad \text{(e)}$$

由 $\Delta W = \Delta U$,得压杆的临界荷载为

$$\Delta W = \Delta U \quad \Rightarrow \quad \frac{q_{cr}f^2}{8}\left(\frac{\pi^2}{4}-1\right) = \frac{f^2 q_{cr}^2 l^3}{2EI}\left(\frac{1}{6} + \frac{9}{\pi^2} - \frac{32}{\pi^3}\right) \quad \Rightarrow$$

$$q_{cr} = \frac{7.89 EI}{l^2}$$

与精确解 $7.83EI/l^3$ 相比,误差仅为 0.77%。第二种解法(以内力计算应变能增量)的计算精度明显高于第一种解法(以曲率 y'' 计算应变能增量)的,但前者计算量略大。

思　考　题

9-1　何谓压杆失稳? 何谓临界荷载?

9-2　欧拉临界压力公式的适用条件是什么?

9-3　压杆的稳定性与哪些因素有关?

9-4　何谓惯性半径? 何谓压杆的柔度? 柔度的量纲是什么?

9-5　如何判定大柔度压杆、中柔度压杆和短粗杆？它们的临界应力各是何值？

9-6　如何提高压杆的稳定性？

习　　题

9-1　图示各压杆的直径 d 均为 16 cm，材料均为 Q235 钢。试判断哪一种压杆的临界压力 F_{cr} 最大？

9-2　某柴油机的圆截面顶杆的两端铰支，其杆长 $l＝257$ mm，直径 $d＝8$ mm，材料的 $E＝210$ GPa，$\sigma_p＝220$ MPa，$a＝304$ MPa，$b＝1.12$ MPa，$\sigma_s＝240$ MPa，顶杆所受最大工作压力 $F_{max}＝1.76$ kN，规定 $n_{st}＝2.5$，试校核该顶杆的稳定性。

9-3　简易起重机如图所示，其压杆 BD 为 20 号槽钢，材料为 Q235 钢，最大起重量 $P＝40$ kN，$n_{st}＝5$，若只考虑面内失稳，试校核杆 BD 的稳定性。

9-4　图示长 5 m 的 №10 工字钢，在温度为 20 ℃时安装在两个固定支座之间（此时杆不受轴力），问温度升高到多少摄氏度时杆将失去稳定？已知材料的线膨胀系数 $\alpha_l＝12.5\times10^{-6}℃^{-1}$，$E＝210$ GPa，$\sigma_p＝200$ MPa。

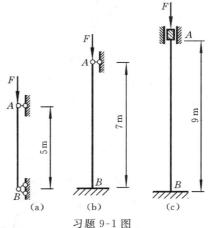

习题 9-1 图

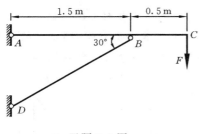

习题 9-3 图

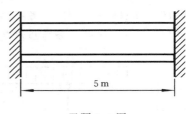

习题 9-4 图

9-5　图示正方形桁架，各杆 EI 相同且均为细长杆。试求当力 F 为何值时结构将失稳？如果 F 的方向向外，结果又如何？

9-6　在图示结构中，横梁 AD 为刚性杆，杆（1）与杆（2）均为直径 $d＝10$ cm 的圆杆，材料均为 Q235 钢，规定的稳定安全系数 $n_{st}＝6.5$。试根据杆（1）的稳定性确定许用荷载 F。

9-7　图示桁架由两根材料、截面均相同的细长杆组成，试由稳定性要求确定荷载 F 最大时的 θ 角（$\theta<\pi/2$）（提示：当两杆的轴力同时达到临界值时，荷载 F 最大）。

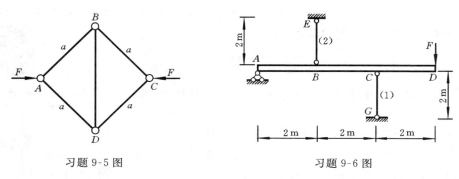

习题 9-5 图   习题 9-6 图

9-8 图示结构 AB 为刚性杆，CE 和 DG 为细长杆，两端铰支，试确定荷载 F 的临界值。

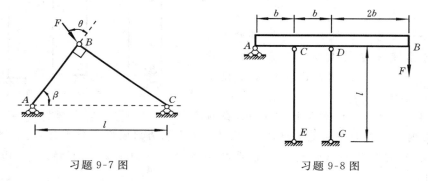

习题 9-7 图   习题 9-8 图

9-9 在图示结构中，压杆 CD 为矩形截面杆，其 $b=2$ cm，$h=4$ cm，材料为 Q235 钢，$E=200$ GPa，规定的稳定安全系数 $n_{st}=6$，试校核杆 CD 的稳定性。

9-10 压杆的一端固定，另一端自由（图(a)），为提高其稳定性，在杆的中点增加铰支座（图(b)）。试求加强后压杆的欧拉临界压力公式，并与加强前进行比较。

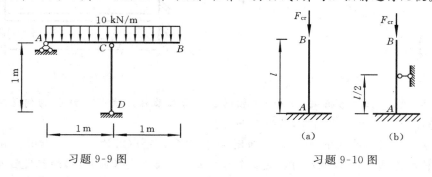

习题 9-9 图   习题 9-10 图

9-11 图示高 $h=6$ m 的立柱由两根槽钢焊接而成，在其中点横截面 C 处，开有一直径 $d=60$ mm 的圆孔，材料为 Q235 钢，许用压应力 $[\sigma]=180$ MPa，压力 $F=400$ kN，试用折减系数法选择槽钢的型号。

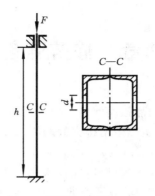

习题 9-11 图

9-12 用能量法求长为 l 的两端固定细长压杆的临界压力,设近似微弯挠曲线函数为 $y(x)=f(1-\cos 2\pi x/l)$。

第 10 章　疲劳强度概述

以上各章主要研究构件的静强度问题,这是构件安全性设计最基本的一环,也是解决得最好的一环。但是,在实际中结构失效的原因往往并不是其静强度不足,而是材料的**疲劳**(fatigue)与**断裂**(fracture)。这方面有许多惨痛的例子,如 1954 年世界上第一架喷气式客机——英国的彗星号,在投入飞行不到两年就因其客舱的疲劳破坏而坠入地中海;又如在 1967 年,美国西弗吉尼亚的 Point Pleasant 桥因其一根拉杆的疲劳而突然毁坏;2002 年中国台湾华航波音 747 宽体客机在空中解体,坠入台湾海峡,也是因其机翼与机身连接部位的疲劳破坏而引起的;等等。所以,研究构件的疲劳强度具有重要的意义。

所谓**疲劳**,是指构件中的某点或某些点承受交变应力,经过足够长时间(或次数)的累积作用之后,材料形成裂纹或完全断裂这样一个发展和变化过程。所谓**交变应力**(或**循环应力**),是指随时间循环变化的应力。交变应力随时间变化的历程称为**应力谱**,当然,应力谱源自**荷载谱**,它们或是周期性的(图 10.1(a)),或是随机性的(图 10.1(b))。

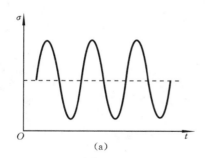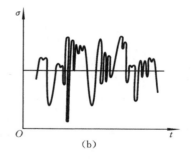

图 10.1

理论与试验研究均表明,构件在交变应力下的疲劳破坏,与静应力下的失效有本质区别,疲劳破坏具有以下特点。

(1) 破坏时应力低于材料的强度极限,甚至低于材料的屈服应力。

(2) 破坏是一个积累损伤的过程,即需经历多次应力循环后才能出现。

(3) 即使是塑性材料,破坏时一般也无明显的塑性变形,即表现为脆性断裂。

(4) 在破坏的断口上,通常呈现两个较大的区域,一个是光滑区域/扩展区,另一个是粗粒状区域/瞬断区。例如,车轴疲劳破坏的断口如图 10.2 所示。

以上现象可以通过疲劳破坏的形成过程加以说明。当交变应力的大小超过一定限度并经历了足够多次的交替重复后,在构件内部应力最大或材质薄弱处,将出现细微裂纹(即所谓疲劳源),这种裂纹随应力循环次数增加而不断扩展,并逐渐形成宏观裂纹。在扩展过程中,由于应力循环变化,裂纹两表面的材料时而互相挤压,时而分离,或时而正向错动,时而反向错动,从而形成断口的光滑区。另一方面,裂纹不断扩展,当达到其临界长度时,构件将突然断裂,断口的粗粒状区就是突然断裂造成的。因此,疲劳破坏的过程又可理解为疲劳裂纹萌生、逐渐扩展和最后断裂的过程。

图 10.2

　　本章将介绍构件在交变应力作用下的疲劳强度分析以及构件的疲劳寿命估算。

10.1　交变应力　循环特征

　　恒幅交变应力是交变应力最常见的情况(图 10.3(a))。应力在两个极限值之间周期性地变化。

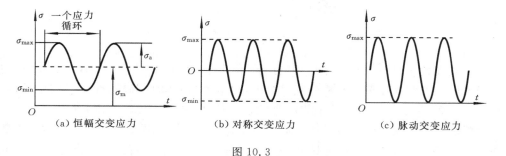

图 10.3

　　在一个应力循环中,应力的极大值与极小值分别称为**最大应力**和**最小应力**。最大应力 $\sigma_{\max}$ 与最小应力 $\sigma_{\min}$ 的代数平均值,称为**平均应力**,用 σ_{m} 表示,即

$$\sigma_{m} = \frac{\sigma_{\max} + \sigma_{\min}}{2} \tag{10-1}$$

最大应力与最小应力的代数差之半,称为**应力幅**,用 σ_{a} 表示,即

$$\sigma_{a} = \frac{\sigma_{\max} - \sigma_{\min}}{2} \tag{10-2}$$

交变应力的变化特点,可用比值 r 表示,称为**应力比**或**循环特征**,即

$$r = \frac{\sigma_{\min}}{\sigma_{\max}} \tag{10-3}$$

试验表明,r 对材料的疲劳强度有直接影响。如果交变应力的最大应力与最小

应力等值反向，即 $\sigma_{max}=-\sigma_{min}$，其应力比 $r=-1$（图 10.3(b)），则其称为**对称交变应力**。如果交变应力的最小应力 σ_{min} 为零，其应力比 $r=0$（图 10.3(c)），则其称为**脉动交变应力**。除对称循环外，所有应力比 $r\neq-1$ 的交变应力，均属于**非对称交变应力**。脉动交变应力也是一种非对称交变应力。

以上关于交变应力的概念，都是用正应力 σ 表示的。当构件承受交变切应力作用时，上述概念仍然适用，只需将正应力 σ 改为切应力 τ 即可。

10.2　$S\text{-}N$ 曲线和材料的疲劳极限

1. 疲劳试验与 $S\text{-}N$ 曲线

材料的疲劳性能由试验测定，最常用的试验是旋转弯曲疲劳试验（图 10.4）。

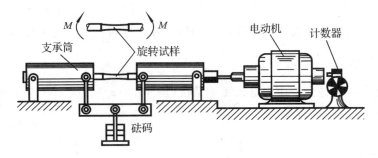

图 10.4

首先准备一组材料和尺寸均相同的光滑试样（直径为 6～10 mm）。试验时，将试样的两端安装在疲劳试验机的支承筒上，由电动机带动而旋转，在试样的中部，轴承悬挂砝码，使试样的中部处于纯弯曲状态。于是，试样每旋转一圈，其中部一点处的材料即经历一次对称循环的交变应力。由计数器记下试样断裂时所旋转的总圈数或所经历的应力循环数 N，即试样的疲劳寿命，试验一直进行到试样断裂为止。同时，根据试样的尺寸和砝码的重力，按弯曲正应力公式 $\sigma=M/W$，计算试样横截面上的最大正应力。对同组试样挂上不同重力的砝码进行疲劳试验，将得到一组关于最大正应力 σ 和相应寿命 N 的数据。

以最大应力 σ 为纵坐标，疲劳寿命的对数值 $\lg N$ 为横坐标，根据上述数据绘出最大应力和疲劳寿命间的关系曲线，即 $S\text{-}N$ 曲线。例如，钢的 $S\text{-}N$ 曲线如图 10.5(a) 所示，几种铸钢与铸铁的 $S\text{-}N$ 曲线如图 10.5(b) 所示。

可以看出，应力愈大，疲劳寿命愈短。寿命 N 小于 10^4（或 10^5）的疲劳，一般称为**低周疲劳**，反之称为**高周疲劳**。

2. 疲劳极限

试验表明，一般钢和铸铁的 $S\text{-}N$ 曲线均存在水平渐近线。该渐近线的纵坐标所对应的应力，称为材料的**持久极限**，用 σ_r 表示，下标 r 代表应力比。

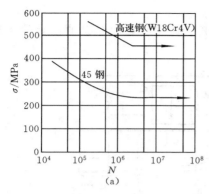
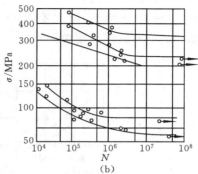

图 10.5

　　然而,非铁金属及其合金的 $S\text{-}N$ 曲线一般不存在水平渐近线(图 10.6)。对于这类材料,通常根据构件的使用要求,以某一指定寿命 N_0(例如 $10^7 \sim 10^8$)所对应的应力作为极限应力,并称为材料的**疲劳极限**,或**条件疲劳极限**。

　　为简单起见,以下将持久极限与疲劳极限(或条件疲劳极限)统称为**疲劳极限**。同样,也

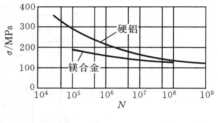

图 10.6

可通过试验测量材料在拉-压或扭转等交变应力下的疲劳极限。

　　试验发现,钢材的疲劳极限与其静强度极限 σ_b 之间存在下述关系:

$$\begin{cases} \sigma_{-1,弯} \approx (0.4 \sim 0.5)\sigma_b \\ \sigma_{-1,拉\text{-}压} \approx (0.33 \sim 0.59)\sigma_b \\ \sigma_{-1,扭} \approx (0.23 \sim 0.29)\sigma_b \end{cases} \tag{10-4}$$

可见,在交变应力作用下,材料的疲劳强度显著降低。

10.3　影响构件疲劳极限的主要因素

　　以上所述材料的疲劳极限,是利用表面磨光、横截面尺寸无突然变化以及直径为 $6 \sim 10$ mm 的小尺寸试样测得的。

　　试验表明,构件的疲劳极限与材料的疲劳极限不同,它不仅与材料的性能有关,而且与构件的外形、横截面尺寸、表面状况及使用环境等因素有关。

　　1. 构件外形的影响

　　试验表明,应力集中会促使疲劳裂纹的形成,因此,应力集中对疲劳强度有显著影响。

　　在对称交变应力作用下,应力集中对疲劳极限的影响可用**有效应力集中因数**或**疲劳缺口因数** K_σ(或 K_τ)表示,它代表光滑试样的疲劳极限与同样尺寸但存在应力

集中的试样疲劳极限之比值。

图 10.7、图 10.8 和图 10.9 分别给出了阶梯形圆截面钢轴在对称循环弯曲、拉-压和扭转时的有效应力集中因数。

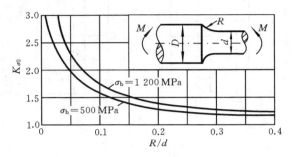

图 10.7

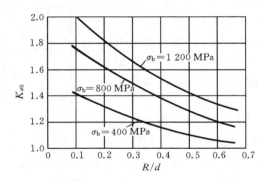

图 10.8

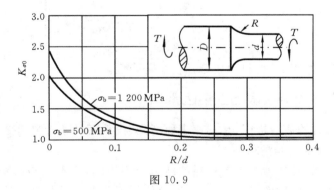

图 10.9

应该指出,上述曲线都是在 $D/d=2$ 且 $d=30\sim50$ mm 的条件下测得的。如果 $D/d<2$,则有效应力集中因数为

$$K_\sigma = 1 + \xi(K_{\sigma 0} - 1) \tag{10-5}$$

$$K_\tau = 1 + \xi(K_{\tau 0} - 1) \tag{10-6}$$

式中：$K_{\sigma0}$ 和 $K_{\tau0}$ 为 $D/d=2$ 时的有效应力集中因数值；ξ 为修正系数，其值与 D/d 有关，可由图 10.10 查得。至于其他情况下的有效应力集中因数，可查阅有关手册。

有效应力集中因数也可通过材料对应力集中的**敏感系数** q 求得，其定义为

$$q_{\sigma}=\frac{K_{\sigma}-1}{K_{t\sigma}-1} \tag{10-7}$$

$$q_{\tau}=\frac{K_{\tau}-1}{K_{t\tau}-1} \tag{10-8}$$

式中：$K_{t\sigma}$ 和 $K_{t\tau}$ 代表理论应力集中因数。由式(10-7)、式(10-8)，得

$$K_{\sigma}=1+q_{\sigma}(K_{t\sigma}-1) \tag{10-9}$$

$$K_{\tau}=1+q_{\tau}(K_{t\tau}-1) \tag{10-10}$$

由式(10-9)和式(10-10)可知，如果 $q_{\sigma}=0$ 和 $q_{\tau}=0$，则 $K_{\sigma}=1$ 和 $K_{\tau}=1$，说明材料对应力集中不敏感；如果 $q_{\sigma}=1$ 和 $q_{\tau}=1$，则 $K_{\sigma}=K_{t\sigma}$ 和 $K_{\tau}=K_{t\tau}$，说明材料对应力集中十分敏感。

对于钢材，敏感系数的值可采用下述经验公式确定：

$$q=\frac{1}{1+\sqrt{A/R}} \tag{10-11}$$

式中：R 为缺口（如沟槽及圆孔）的曲率半径；$\sqrt{A}$ 为材料常数，其值与材料的强度极限 σ_{b} 以及屈服极限与强度极限的比值（屈强比）σ_{s}/σ_{b} 有关（图 10.11）。

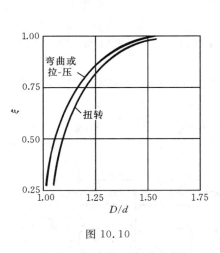

图 10.10

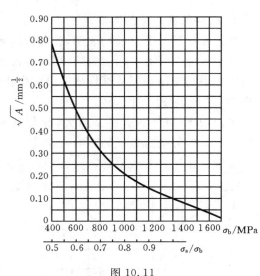

图 10.11

图 10.11 有两个横坐标，一个为强度极限 σ_{b}，另一个为屈强比 σ_{s}/σ_{b}。当需求 q_{σ} 时，可分别根据强度极限与屈强比由该图求出两个 $\sqrt{A}$ 值，然后将二者的平均值代入式(10-11)。当需求 q_{τ} 时，则只需根据屈强比求出 $\sqrt{A}$ 值并代入式(10-11)即可。

对于铝合金,估算敏感系数的经验公式为

$$q = \frac{1}{1 + 0.9/R} \tag{10-12}$$

应该指出,目前对敏感系数的研究还不充分。因此,确定有效应力集中因数最可靠的方法是直接进行试验或查阅有关试验数据。但在资料缺乏时,通过敏感系数来确定有效应力集中因数,仍不失为一个相当有效的办法。

由图10.7至图10.9可以看出:圆角半径 R 愈小,有效应力集中因数 $K_{\sigma 0}$ 和 $K_{\tau 0}$ 愈大;材料的静强度极限 σ_b 愈高,应力集中对疲劳极限的影响愈显著。

对于在交变应力下工作的构件,尤其是用高强度材料制成的构件,设计时应尽量减小应力集中。例如,增大圆角半径,减小相邻杆段横截面的大小差异,采用凹槽结构(图10.12(a)),设置卸荷槽(图10.12(b)),将必要的孔或沟槽配置在构件的低应力区,等等。这些措施均能显著提高构件的疲劳强度。

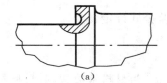　　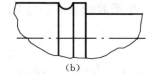

（a）　　　　　　　　　　　　　　（b）

图 10.12

2. 构件截面尺寸的影响

弯曲和扭转疲劳试验均表明,疲劳极限随构件横截面尺寸的增大而降低。

截面尺寸对疲劳极限的影响,用**尺寸因数** ε_σ 或 ε_τ 表示。它代表光滑大尺寸试样的疲劳极限与光滑小尺寸试样疲劳极限之比值。图10.13给出了圆截面钢轴对称循环弯曲与扭转时的尺寸因数。

可以看出:试样的直径 d 愈大,疲劳极限降低愈多;材料的静强度愈高,截面尺寸的大小对构件疲劳极限的影响愈显著。

弯曲和扭转疲劳极限随截面尺寸增大而降低的原因,可用图10.14加以说明。

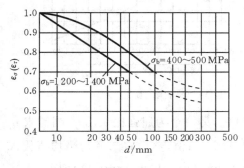　　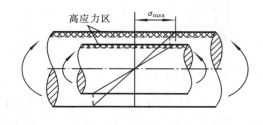

图 10.13　　　　　　　　　　　　　　图 10.14

图 10.14 所示为承受弯曲作用的两根直径不同的试样。在最大弯曲正应力相同的条件下，大试样的高应力区比小试样的高应力区厚，因而处于高应力状态的晶粒多。所以，在大试样中，疲劳裂纹更易于形成并扩展，疲劳极限因而降低。另一方面，高强度钢的晶粒较小，在尺寸相同的情况下，晶粒愈小，则高应力区所包含的晶粒愈多，愈易产生疲劳裂纹。

轴向加载时，光滑试样横截面上的应力均匀分布，截面尺寸的影响不大，可取尺寸因数 $\varepsilon_\sigma \approx 1$。

3. 表面加工质量的影响

最大应力一般发生在构件表层，同时，构件表层又常常存在各种缺陷（刀痕与擦伤等），因此，构件表面的加工质量和表面状况，对构件的疲劳强度也有显著影响。

表面加工质量对构件疲劳极限的影响，可用表面质量因数 β 表示。它代表用某种方法加工的构件的疲劳极限与光滑试样（经磨削加工）的疲劳极限之比值，表面质量因数 β 与加工方法的关系如图 10.15 所示。

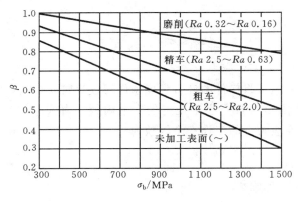

图 10.15

可以看出：表面加工质量愈低，疲劳极限降低愈多；材料的静强度愈高，加工质量对构件疲劳极限的影响愈显著。

对于在交变应力下工作的重要构件，特别是存在应力集中的部位，应当力求采用高质量的表面加工，而且，采用高强度材料时更应讲究加工方法。

还应指出，由于疲劳裂纹大多起源于构件表面，因此，应采用提高构件表层材料的强度、改善表层的应力状况的措施，例如，渗碳、渗氮、高频淬火、表层滚压和喷丸等提高构件疲劳强度的措施。

4. 环境和温度的影响

海水、水蒸气、酸溶液、碱溶液等腐蚀介质环境对构件的疲劳强度也有显著的影响，这种疲劳称为**腐蚀疲劳**，其过程是力学作用与化学作用的耦合，破坏机理十分复杂。因此，处理构件的表面（如电镀）、使用耐腐蚀材料（如高铬钢）等，都是提高构件疲劳强度的措施。

随着温度的降低，金属材料会表现出低温脆性，一旦出现裂纹，材料更易断裂；而高温将降低材料的强度，可能引起蠕变，对疲劳强度也是不利的。另外，温度的升高还会使为改善材料性能而引入的残余压应力消失。

10.4　构件的疲劳强度计算

1. 对称交变应力下构件的强度条件

由以上分析可知，当考虑应力集中、截面尺寸、表面加工质量等因素的影响以及必要的安全因数后，构件在对称交变应力下的许用应力为

$$[\sigma_{-1}] = \frac{(\sigma_{-1})}{n_f} = \frac{\varepsilon_\sigma \beta}{n_f K_\sigma} \sigma_{-1} \tag{10-13}$$

式中：(σ_{-1})代表构件在对称交变应力下的疲劳极限；σ_{-1}代表材料在对称交变应力下的疲劳极限；n_f为疲劳安全因数，其值为 $1.4 \sim 1.7$。所以，构件在对称交变应力下的强度条件为

$$\sigma_{\max} \leqslant [\sigma_{-1}] = \frac{\varepsilon_\sigma \beta}{n_f K_\sigma} \sigma_{-1} \tag{10-14}$$

式中：$\sigma_{\max}$是构件的最大工作应力。

在机械设计中，通常将构件的疲劳强度条件写成比较安全因数的形式，要求构件对疲劳破坏的工作安全因数不小于规定的安全因数。由式(10-13)和式(10-14)可知，构件在对称交变应力下的工作安全因数为

$$n_\sigma = \frac{(\sigma_{-1})}{\sigma_{\max}} = \frac{\varepsilon_\sigma \beta \sigma_{-1}}{K_\sigma \sigma_{\max}} \tag{10-15}$$

而相应的疲劳强度条件则为

$$n_\sigma = \frac{\varepsilon_\sigma \beta \sigma_{-1}}{K_\sigma \sigma_{\max}} \geqslant n_f \tag{10-16}$$

确定构件在对称循环切应力下的疲劳强度条件时，只需将以上各式中的正应力 σ 换成切应力 τ 即可。

2. 非对称交变应力下构件的强度条件

材料在非对称交变应力下的疲劳极限 σ_r 或 τ_r 也由试验测定。将各循环特征 r 下的疲劳极限 σ_r(即 $\sigma_{\max}$)所对应的平均应力 σ_m 和应力幅 σ_a 计算出来，画在以 σ_m、σ_a 为坐标轴的图上，得到如图 10.16(a)所示 ACB 曲线，其称为材料的**疲劳(持久)极限曲线**。从图中可见，曲线上任一点 E 对应着一个特定的应力循环 r，其纵横坐标之和为这一循环特征下的疲劳极限值，即

$$\sigma_r = \sigma_{\max} = \sigma_a + \sigma_m$$

若从原点 O 作射线 OE，其与横轴的夹角设为 α，则有

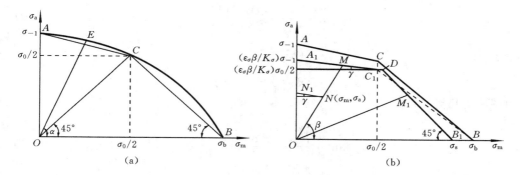

图 10.16

$$\tan\alpha = \frac{\sigma_a}{\sigma_m} = \frac{\sigma_{\max} - \sigma_{\min}}{\sigma_{\max} + \sigma_{\min}} = \frac{1-r}{1+r} \tag{10-17}$$

式(10-17)说明同一条射线上各点所表示的应力循环特征相同。曲线上三个特殊的点，即 $A(0, \sigma_{-1})$ 代表对称循环所对应的点；$B(\sigma_b, 0)$ 代表静应力所对应的极限点；$C(\sigma_0/2, \sigma_0/2)$ 代表脉动循环所对应的点。为减少工作量，工程上常用折线 ACB 代替疲劳极限曲线 ACB，这样，只要取得 σ_{-1}、σ_0 和 σ_b 三个试验数据就可作出简化的材料疲劳极限图。

对于实际构件，同样也要考虑应力集中、截面尺寸和表面加工质量（即 K、ε、β）等的影响。试验表明，这些因素主要影响动应力部分而其对静应力的影响可忽略。这样，可以由材料的疲劳极限简化折线 ACB（图 10.16(a)）得到构件的疲劳极限图。考虑上述影响后，A、C 两点的纵坐标分别降为 $(\varepsilon_\sigma\beta/K_\sigma)\sigma_{-1}$（点 A_1）和 $(\varepsilon_\sigma\beta/K_\sigma)\sigma_0/2$（点 C_1）。连接 A_1、C_1、B，得到实际构件的简化折线（图 10.16(b)）。

构件除了满足疲劳要求外，还应满足静载强度条件。一般承受交变应力的构件大都用钢等塑性材料制成，故受静荷载作用时的破坏条件是

$$\sigma_{\max} = \sigma_a + \sigma_m = \sigma_s$$

因此，在横坐标（图 10.16(b)）上取点 $B_1(\sigma_s, 0)$，作与 σ_m 轴正向夹角为 $135°$ 的直线与线 A_1C_1 交于点 D。这样，折线 A_1DB_1 与纵、横坐标轴围绕的范围，就是既能保证构件不产生疲劳破坏又不会发生塑性屈服破坏的安全工作区。

若构件工作时，其循环特征为 r，最大工作应力为 $\sigma_{\max}$，则在图 10.16(b) 中，它是在与线 A_1D 相交的 OM 射线上的点 N，构件的最大工作应力为

$$\sigma_{\max} = ON(\cos\beta + \sin\beta) \tag{10-18}$$

而构件的持久极限则为

$$\sigma_r^{构} = OM(\cos\beta + \sin\beta) \tag{10-19}$$

由点 N 作 A_1M 的平行线与 σ_a 轴交于点 N_1，考虑式(10-18)、式(10-19)，其工作安全因数可写为

$$n_\sigma = \frac{\sigma_r^{构}}{\sigma_{\max}} = \frac{OM}{ON} = \frac{OA_1}{ON_1} \tag{10-20}$$

由于
$$OA_1 = \frac{\varepsilon_\sigma \beta}{K_\sigma} \sigma_{-1} \tag{10-21}$$

$$ON_1 = \sigma_a + \sigma_m \tan\gamma \tag{10-22}$$

由图中的几何关系有

$$\tan\gamma = \frac{\dfrac{\varepsilon_\sigma \beta}{K_\sigma}\sigma_{-1} - \dfrac{\varepsilon_\sigma \beta}{K_\sigma}\dfrac{\sigma_0}{2}}{\dfrac{\sigma_0}{2}} = \frac{\varepsilon_\sigma \beta}{K_\sigma}\Psi_\sigma \tag{10-23}$$

式中：
$$\Psi_\sigma = \frac{2\sigma_{-1} - \sigma_0}{\sigma_0}$$

另有
$$\Psi_\tau = \frac{2\tau_{-1} - \tau_0}{\tau_0}$$

Ψ_σ 和 Ψ_τ 是仅与材料有关的因数，称为材料对应力循环不对称性的**敏感因数**。它可由材料的 σ_{-1}、σ_0 或 τ_{-1}、τ_0 求出，也可查表或有关手册。普通钢材的敏感因数值如表 10.1 所示。

表 10.1　钢材的敏感因数

静载强度极限 σ_b/MPa	350~500	500~700	700~1 000	1 000~1 200	1 200~1 400
Ψ_σ(拉、压、弯)	0	0.05	0.10	0.20	0.25
Ψ_τ(扭转)	0	0	0.05	0.10	0.15

将式(10-21)、式(10-22)代入式(10-20)，得

$$n_\sigma = \frac{OA_1}{ON_1} = \frac{\dfrac{\varepsilon_\sigma \beta}{K_\sigma}\sigma_{-1}}{\sigma_a + \sigma_m \cdot \dfrac{\varepsilon_\sigma \beta}{K_\sigma}\Psi_\sigma} = \frac{\sigma_{-1}}{\dfrac{K_\sigma}{\varepsilon_\sigma \beta}\sigma_a + \Psi_\sigma \sigma_m}$$

于是，非对称循环时构件的疲劳强度条件为

$$n_\sigma = \frac{\sigma_{-1}}{\dfrac{K_\sigma}{\varepsilon_\sigma \beta}\sigma_a + \Psi_\sigma \sigma_m} \geqslant n_f \tag{10-24}$$

$$n_\tau = \frac{\tau_{-1}}{\dfrac{K_\tau}{\varepsilon_\tau \beta}\tau_a + \Psi_\tau \tau_m} \geqslant n_f \tag{10-25}$$

当式中的 $\sigma_m = 0$ 和 $\sigma_a = \sigma_{\max}$ 时，上两式即为对称循环下的疲劳强度条件，所以对称循环是非对称循环的特例。

若构件的循环特征射线与 DB_1 相交，如图 10.16(b)中的点 M_1，则表示构件将可能产生塑性屈服破坏。因为线 DB_1 上各点 $\sigma_r^{构} = \sigma_a + \sigma_m = \sigma_s$。这时对构件应进行

屈服强度计算：

$$n_\sigma = \frac{\sigma_s}{\sigma_{max}} \geqslant n_s \tag{10-26}$$

$$n_\tau = \frac{\tau_s}{\tau_{max}} \geqslant n_s \tag{10-27}$$

式中：n_s 为材料屈服失效时规定的安全系数。

　　试验表明，对于由塑性材料制成的构件，在 $r<0$ 的交变应力下，计算构件疲劳破坏时，应按式（10-24）或式（10-25）计算疲劳强度。在 $r>0$ 的交变应力下，材料的屈服极限 σ_s 可能低于构件的持久极限，就是说，构件可能在产生疲劳破坏前已发生塑性屈服。这时应按式（10-26）或式（10-27）计算静载强度。但这种情况也不是完全肯定的，在 $r>0$ 的某些情况下，也有可能在没有明显的塑性变形时，构件已发生疲劳破坏。所以当 $r>0$，尤其是 r 接近于零时，不易判断构件是先产生疲劳破坏还是屈服失效，应同时检查疲劳强度和静载强度是否满足要求。

3. 弯扭组合交变应力下构件的强度条件

　　按照第三强度理论，构件在弯扭组合变形时的静强度条件为

$$\sqrt{\sigma_{max}^2 + 4\tau_{max}^2} \leqslant \frac{\sigma_s}{n}$$

对上式两端取二次方后同除以 σ_s^2，并将 $\tau_s = \sigma_s/2$ 代入，则上式变为

$$\frac{1}{\left(\dfrac{\sigma_s}{\sigma_{max}}\right)^2} + \frac{1}{\left(\dfrac{\tau_s}{\tau_{max}}\right)^2} \leqslant \frac{1}{n^2}$$

其中，比值 σ_s/σ_{max} 和 τ_s/τ_{max} 可分别理解为仅考虑弯曲正应力和扭转切应力的工作安全因数，并分别用 n_σ 和 n_τ 表示，于是，上式又可改写为

$$\frac{1}{n_\sigma^2} + \frac{1}{n_\tau^2} \leqslant \frac{1}{n^2} \quad 或 \quad \frac{n_\sigma n_\tau}{\sqrt{n_\sigma^2 + n_\tau^2}} \geqslant n$$

　　试验表明，上述形式的静强度条件可推广应用于弯扭组合交变应力下的构件[*]。在这种情况下，n_σ 和 n_τ 应分别按式（10-16）或式（10-24）、式（10-25）进行计算，而静强度安全因数则相应用疲劳安全因数 n_f 代替。因此，构件在弯扭组合交变应力下的疲劳强度条件为

$$n_{\sigma\tau} = \frac{n_\sigma n_\tau}{\sqrt{n_\sigma^2 + n_\tau^2}} \geqslant n_f \tag{10-28}$$

式中：$n_{\sigma\tau}$ 代表构件在弯扭组合交变应力下的工作安全因数。

　　例 10.1　图示阶梯形钢轴，在危险截面 $A\text{—}A$ 上，内力为同相位的对称循环交变弯矩和交变扭矩，其最大值分别为 $M_{max}=1.5\ \text{kN}\cdot\text{m}$ 和 $T_{max}=2.0\ \text{kN}\cdot\text{m}$，设规

---

　　[*]　上述形式的强度条件也可利用第四强度理论建立。

定的疲劳安全因数 $n_f = 1.5$,试校核该轴的疲劳强度。已知轴径 $D = 60$ mm,$d = 50$ mm,圆角半径 $R = 5$ mm,强度极限 $\sigma_b = 1\,100$ MPa,材料的弯曲疲劳极限 $\sigma_{-1} = 540$ MPa,扭转疲劳极限 $\tau_{-1} = 310$ MPa,轴表面经磨削加工。

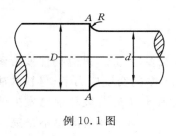

例 10.1 图

解 (1) 计算工作应力。在对称循环的交变弯矩和交变扭矩作用下,截面 $A—A$ 上的最大弯曲正应力和最大扭转切应力分别为

$$\sigma_{max} = \frac{32M}{\pi d^3} = \frac{32 \times 1.5 \times 10^3}{0.05^3 \pi} \text{ Pa} = 122 \text{ MPa}$$

$$\tau_{max} = \frac{16T}{\pi d^3} = \frac{16 \times 2.0 \times 10^3}{0.05^3 \pi} \text{ Pa} = 81.5 \text{ MPa}$$

(2) 计算影响因数。根据 $D/d = 1.2$,$R/d = 0.10$ 和 $\sigma_b = 1\,100$ MPa,由图 10.7、图 10.9 及图 10.10,得有效应力集中因数为

$$K_\sigma = 1 + 0.80 \times (1.70 - 1) = 1.56, \quad K_\tau = 1 + 0.74 \times (1.35 - 1) = 1.26$$

由图 10.13 和图 10.15,得尺寸因数和表面质量因数分别为

$$\varepsilon \approx 0.70, \quad \beta = 1.0$$

(3) 校核疲劳强度。将以上数据分别代入式(10-15),得

$$n_\sigma = \frac{\varepsilon_\sigma \beta \sigma_{-1}}{K_\sigma \sigma_{max}} = \frac{0.70 \times 1.0 \times 540 \times 10^6}{1.56 \times 1.22 \times 10^8} = 1.99$$

$$n_\tau = \frac{\varepsilon_\tau \beta \tau_{-1}}{K_\tau \tau_{max}} = \frac{0.70 \times 1.0 \times 310 \times 10^6}{1.26 \times 8.15 \times 10^7} = 2.11$$

代入式(10-28),于是得截面 $A—A$ 在弯扭组合交变应力下的工作安全因数为

$$n_{\sigma\tau} = \frac{n_\sigma n_\tau}{\sqrt{n_\sigma^2 + n_\tau^2}} = \frac{1.99 \times 2.11}{\sqrt{1.99^2 + 2.11^2}} = 1.45$$

$n_{\sigma\tau}$ 略小于 n_f,但其差值仍小于 n_f 的 5%,所以,轴的疲劳强度符合要求。

10.5　Miner 线性累积损伤理论

对于在恒幅交变应力下工作的构件,只要将其最大应力控制在构件的疲劳极限之内,即无发生疲劳破坏的危险。

然而,有些构件所承受的应力并非稳定不变的恒幅交变应力(图 10.17),例如,当汽车在不平坦的公路上行驶时,车轴即承受变幅交变应力作用。在这种情况下,如果仍以最大应力低于疲劳极限为安全判据,则显然是不合理的。特别是当工作应力中出现峰值应力的次数较少时更是如此。

针对上述情况,人们提出了所谓累积损伤的概念。当构件承受高于疲劳极限的应力时,每个循环都将使构件受到损伤,而当损伤积累到一定程度时,构件将发生破坏。下面即以常用的 Miner **线性累积损伤理论**为基础,分析上述变幅交变应力下的疲劳强度问题。

首先,对上述非稳定变化的应力谱进行整理,将其简化为由若干级恒幅交变应力组成的周期性的应力谱(图 10.18),即所谓程序加载应力谱。在程序加载应力谱内,每个周期包括的应力循环组合及其排列完全相同。

图 10.17

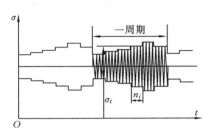

图 10.18

设在程序加载应力谱的每个周期内,包括 k 级恒幅交变应力,它们的最大值分别为 $\sigma_1, \sigma_2, \cdots, \sigma_k$,相应的循环次数分别为 $n_1, n_2, \cdots, n_k$,在这种应力谱作用下,如果构件达到破坏的总周期数为 λ,则交变应力 $\sigma_1, \sigma_2, \cdots, \sigma_k$ 的总循环数分别为 λn_1, $\lambda n_2, \cdots, \lambda n_k$。

线性累积损伤理论指出,如果构件在恒幅交变应力 σ_1 作用下的疲劳寿命为 N_1(图 10.19),则应力 σ_1 每循环一次对构件所造成的损伤为 $1/N_1$,该应力对构件所造成的总损伤为 $\lambda n_1/N_1$。同理可知,恒幅交变应力 σ_2, $\sigma_3, \cdots, \sigma_k$ 对构件造成的损伤依次为 $\lambda n_2/N_2, \lambda n_3/N_3$, $\cdots, \lambda n_k/N_k$。

根据以上分析,得构件产生疲劳破坏的条件为(即 Miner **线性累积损伤理论**)

$$\lambda \sum_{i=1}^{k} \frac{n_i}{N_i} = 1 \qquad (10\text{-}29)$$

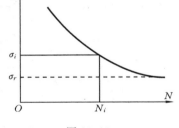

图 10.19

Miner 理论的实质是:假定各级交变应力所造成的损伤可以线性相加。这是对实际情况的近似描述,因此所得结果也是近似的。但由于该理论计算简单,概念直观,故在工程中应用广泛。

关于累积损伤的研究,除 Miner 理论外,还有双线性及非线性累积损伤理论等。

例 10.2 一个飞机零件用一种不锈钢板材制造,理论应力集中系数为 $K_t = 4.0$,用试验测得其 S-N 曲线如图所示。根据实测统计,该零件每次飞行遇到的应力循环为 $0 \sim 412$ MPa 1 次,$0 \sim 343$ MPa 10 次,$0 \sim 206$ MPa 200 次,$0 \sim 137$ MPa 1 000 次,试根据 Miner 理论计算该零件的安全寿命。

解 由 S-N 曲线图查出零件在各应力循环下的疲劳寿命 N_i,从而计算出 n_i/N_i 值,如表 10.2 所示。由 Miner 理论(式(10-29))可求得

$$\lambda = \frac{1}{\sum \dfrac{n_i}{N_i}} = \frac{1}{2.295 \times 10^{-3}} = 436 \text{ 次}$$

由于 $S\text{-}N$ 曲线具有统计平均的性质,因此,上述 λ 值只代表平均寿命,亦即该零件平均安全寿命的估算值为 436 次。

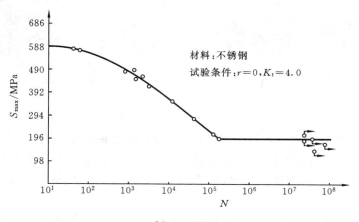

例 10.2 图

表 10.2

$S_{\min} \sim S_{\max}/\text{MPa}$	n_i	N_i	n_i/N_i
0~412	1	3.5×10^3	$0.285\ 7 \times 10^{-3}$
0~343	10	1.2×10^4	$0.833\ 3 \times 10^{-3}$
0~206	200	1.7×10^5	1.176×10^{-3}
0~137	1 000	$\gg 10^7$	忽略
			$\sum n_i/N_i = 2.295 \times 10^{-3}$

思 考 题

10-1 疲劳破坏有何特点? 它是如何形成的?

10-2 何谓对称循环交变应力与脉动交变应力? 其应力比各为何值? 何谓非对称交变应力?

10-3 材料的疲劳极限与构件的疲劳极限有何区别? 材料的疲劳极限与强度极限有何区别?

10-4 在对称循环交变应力、非对称循环交变应力及弯扭组合交变应力作用下,如何进行构件的疲劳强度计算?

10-5 Miner 线性累积损伤理论的基本假设是什么?

习　题

10-1　图示循环应力,试求其平均应力、应力幅值与应力比。

10-2　图示旋转轴,同时承受横向荷载 F_y 与轴向拉力 F_x 作用,试求危险截面边缘任一点处的最大正应力、最小正应力、平均应力、应力幅与应力比。已知轴径 d =10 mm,轴长 l=100 mm,荷载 F_y=500 N,F_x=2 kN。

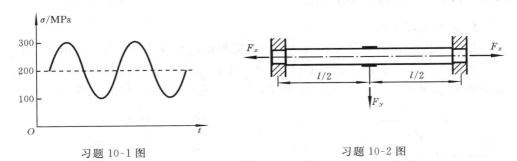

习题 10-1 图　　　　　　　　　　　　　　　　习题 10-2 图

10-3　图示阶梯形圆截面钢杆,承受非对称循环的轴向荷载 F 作用,其最大和最小值分别为 F_{max}=100 kN 和 F_{min}=10 kN,设规定的疲劳安全因数 n_f=2,试校核杆的疲劳强度。已知:D=50 mm,d=40 mm,R=5 mm,σ_b=600 MPa,$\sigma_{-1}^{拉-压}$=170 MPa,Ψ_σ=0.05。杆表面经精车加工。

10-4　图示带横孔的圆截面钢杆,承受非对称循环的轴向外力作用,设该力的最大值为 F,最小值为 $0.2F$,材料的强度极限 σ_b=500 MPa,对称循环下拉压疲劳极限 $\sigma_{-1}^{拉-压}$=150 MPa,敏感因数 Ψ_σ=0.05,疲劳安全因数 n_f=1.7,试计算外力 F 的许用值。杆表面经磨削加工。

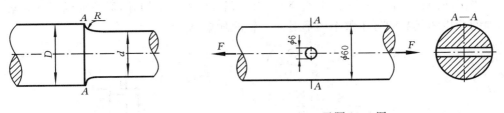

习题 10-3 图　　　　　　　　　　　　　　　　习题 10-4 图

附录 A　平面图形的几何性质

A. 1　静矩、惯性矩与惯性积

1. 静矩与面积形心

设有任意平面图形，其面积为 A。在图形平面内建立坐标系 yOz，如图 A. 1 所示。从平面图形中任取一微面积 $\mathrm{d}A$，$z\mathrm{d}A$ 与 $y\mathrm{d}A$ 分别称为微面积 $\mathrm{d}A$ 对 y 轴和对 z 轴的**静矩（静面矩）**。整个图形对 y 轴与 z 轴的静矩分别以 S_y 和 S_z 表示，有

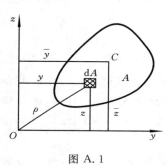

图 A. 1

$$\begin{cases} S_y = \displaystyle\int_A z\,\mathrm{d}A \\ S_z = \displaystyle\int_A y\,\mathrm{d}A \end{cases} \tag{A-1}$$

可见，静矩不仅与图形本身有关，而且与坐标轴有关。静矩是一个代数量，其值可以为正、为负或为零，它的量纲是［长度］³。

由形心坐标公式 $\bar{y} = \displaystyle\int_A y\,\mathrm{d}A/A$ 和 $\bar{z} = \displaystyle\int_A z\,\mathrm{d}A/A$ 得

$$\begin{cases} S_y = \displaystyle\int_A z\,\mathrm{d}A = \bar{z}A \\ S_z = \displaystyle\int_A y\,\mathrm{d}A = \bar{y}A \end{cases} \tag{A-2}$$

当平面图形由若干简单图形组成时，由定积分的性质可知，图形各组成部分对某一轴的静矩的代数和等于整个图形对同一轴的静矩，即

$$\begin{cases} S_y = \displaystyle\sum_{i=1}^{n} S_{yi} = \sum_{i=1}^{n} \bar{z}_i A_i \\ S_z = \displaystyle\sum_{i=1}^{n} S_{zi} = \sum_{i=1}^{n} \bar{y}_i A_i \end{cases} \tag{A-3}$$

式中：S_{yi}、S_{zi} 分别为第 i 块图形对 y、z 轴的静矩；A_i、$\bar{y}_i$、$\bar{z}_i$ 分别为其面积和形心坐标。

例 A. 1　求平面图形的形心坐标。

解　建立坐标系如图所示。将图形分为两个矩形 Ⅰ 和 Ⅱ，于是有

$$A_1 = 120 \times 10 \text{ mm}^2 = 1\ 200 \text{ mm}^2$$
$$A_2 = (80-10) \times 10 \text{ mm}^2 = 700 \text{ mm}^2$$

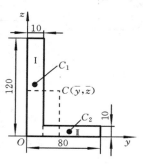

例 A. 1 图

矩形 Ⅰ、Ⅱ 的形心坐标分别为

$$\bar{y}_1 = 5 \text{ mm}, \quad \bar{z}_1 = 60 \text{ mm}; \quad \bar{y}_2 = 45 \text{ mm}, \quad \bar{z}_2 = 5 \text{ mm}$$

整个图形的形心坐标为

$$\bar{y} = \frac{\int_A y \, \mathrm{d}A}{A} = \frac{\sum\limits_{i=1}^{2} \bar{y}_i A_i}{\sum\limits_{i=1}^{2} A_i} = \frac{5 \times 1\,200 + 45 \times 700}{1\,200 + 700} \text{ mm} = 19.7 \text{ mm}$$

$$\bar{z} = \frac{\int_A z \, \mathrm{d}A}{A} = \frac{\sum\limits_{i=1}^{2} \bar{z}_i A_i}{\sum\limits_{i=1}^{2} A_i} = \frac{60 \times 1\,200 + 5 \times 700}{1\,200 + 700} \text{ mm} = 39.7 \text{ mm}$$

2. 惯性矩和惯性积

对于图 A.1 所示的平面图形,分别定义 $z^2 \mathrm{d}A$ 与 $y^2 \mathrm{d}A$ 为 $\mathrm{d}A$ 对 y 轴和对 z 轴的**惯性矩**,整个面积对 y 轴和对 z 轴的**惯性矩**分别以 I_y 和 I_z 表示,则有

$$\begin{cases} I_y = \int_A z^2 \, \mathrm{d}A \\ I_z = \int_A y^2 \, \mathrm{d}A \end{cases} \tag{A-4}$$

平面图形对坐标轴的惯性矩恒为正值,其量纲为[长度]^4。

在力学计算中有时将惯性矩表示为图形面积 A 与某一长度的二次方的乘积,即

$$\begin{cases} I_y = A i_y^2 \\ I_z = A i_z^2 \end{cases} \tag{A-5}$$

式中:i_y、i_z 分别为图形对 y、z 轴的**惯性半径**。若惯性矩已知,则惯性半径由下式计算:

$$i_y = \sqrt{\frac{I_y}{A}}, \quad i_z = \sqrt{\frac{I_z}{A}} \tag{A-6}$$

平面图形的**极惯性矩**定义为

$$I_\mathrm{p} = \int_A \rho^2 \, \mathrm{d}A \tag{A-7}$$

由坐标之间的关系 $\rho^2 = y^2 + z^2$(图 A.1)可得

$$I_\mathrm{p} = \int_A \rho^2 \, \mathrm{d}A = \int_A (y^2 + z^2) \mathrm{d}A = I_y + I_z \tag{A-8}$$

平面图形对 y、z 轴的**惯性积**定义为

$$I_{yz} = I_{zy} = \int_A yz \, \mathrm{d}A \tag{A-9}$$

惯性积的量纲与惯性矩相同,它是一可正、可负,也可能为零的量。

3. 简单图形的惯性矩与惯性积

对于图 A.2 所示的 $h \times b$ 矩形截面,微面积取为 $\mathrm{d}A = b\mathrm{d}z$,由惯性矩的定义为

$$I_y = \int_A z^2 \mathrm{d}A = \int_{-h/2}^{h/2} z^2 b \mathrm{d}z = \frac{1}{12}bh^3 \qquad (A\text{-}10a)$$

同理可得

$$I_z = \frac{1}{12}hb^3 \qquad (A\text{-}10b)$$

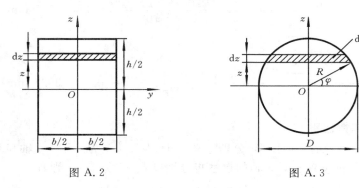

图 A.2   图 A.3

对于圆形平面(图 A.3),取平行于 y 轴的微面积 $\mathrm{d}A$,则 $\mathrm{d}A = 2\sqrt{R^2 - z^2}\,\mathrm{d}z$。于是有

$$I_y = \int_A z^2 \mathrm{d}A = \int_{-R}^{R} z^2 \times 2\sqrt{R^2 - z^2}\,\mathrm{d}z$$

令 $z = R\sin\varphi$,有

$$I_y = 2R^4 \int_{-\pi/2}^{\pi/2} \sin^2\varphi \cos^2\varphi\,\mathrm{d}\varphi = \frac{R^4}{2}\int_{-\pi/2}^{\pi/2} \sin^2(2\varphi)\,\mathrm{d}\varphi = \frac{\pi}{4}R^4 = \frac{\pi}{64}D^4 \qquad (A\text{-}11a)$$

根据对称性,有

$$I_y = I_z = \frac{\pi}{64}D^4 \qquad (A\text{-}11b)$$

若坐标轴 y 或 z 是平面图形的对称轴,则根据惯性积的定义式(A-9),必有 I_{yz} 等于零。因此,图 A.2 和图 A.3 所示的矩形和圆形截面对图示坐标系的惯性积 I_{yz} 都等于零。

A.2 平行移轴公式

当坐标系平行移动时,平面图形的惯性矩和惯性积将发生变化。若以图形的形心轴为参考坐标系,则这种变化存在着比较简单的转换关系。

1. 平行移轴公式

图 A.4 所示平面图形的形心为 C,y_0Cz_0 为一形心坐标系。图形对它们的惯性矩 I_{y_0}、I_{z_0} 和惯性积 $I_{y_0z_0}$ 已知,设坐标轴 y、z 分别与 y_0、z_0 轴平行,利用坐标变换关系

$$y = y_0 + b, \quad z = z_0 + a$$

可得下面的**平行移轴公式**:

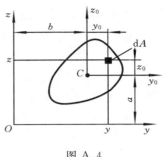

图 A.4

$$I_y = \int_A z^2 \mathrm{d}A = \int_A (z_0 + a)^2 \mathrm{d}A$$

$$= \int_A z_0^2 \mathrm{d}A + 2a \int_A z_0 \mathrm{d}A + a^2 \int_A \mathrm{d}A$$

$$= I_{y_0} + a^2 A \qquad (\text{A-12a})$$

同理可得

$$I_z = I_{z_0} + b^2 A \qquad (\text{A-12b})$$

即图形对任一坐标轴的惯性矩,等于图形对平行于该轴的形心轴的惯性矩,加上二轴距离的二次方与图形面积的乘积。

同理还可推出惯性积的平行移轴公式。由图A.4可得

$$I_{yz} = \int_A yz \mathrm{d}A = \int_A (y_0 + b)(z_0 + a) \mathrm{d}A$$

$$= \int_A y_0 z_0 \mathrm{d}A + a \int_A y_0 \mathrm{d}A + b \int_A z_0 \mathrm{d}A + ab \int_A \mathrm{d}A = I_{y_0 z_0} + ab A \qquad (\text{A-12c})$$

式中:a、b 均为代数量,它们是图形形心 C 在 yOz 坐标系中的坐标值,计算时要考虑它们的正负号。

应用以上推得的平行移轴公式,可以方便地求出一些组合图形的惯性矩和惯性积。

2. 组合图形的惯性矩

根据定积分的性质,组合图形的惯性矩等于各组成部分的惯性矩之和,即

$$\begin{cases} I_y = \int_A z^2 \mathrm{d}A = \sum_{i=1}^{n} I_{y_i} = \sum_{i=1}^{n} \int_{A_i} z^2 \mathrm{d}A \\ I_z = \int_A y^2 \mathrm{d}A = \sum_{i=1}^{n} I_{z_i} = \sum_{i=1}^{n} \int_{A_i} y^2 \mathrm{d}A \end{cases} \qquad (\text{A-13})$$

若 y_{0i}、z_{0i} 是分别平行于 y、z 轴且通过第 i 块图形形心的坐标轴,则利用平行移轴公式,有

$$\begin{cases} I_y = \sum_{i=1}^{n} (I_{y_{0i}} + a_i^2 A_i) \\ I_z = \sum_{i=1}^{n} (I_{z_{0i}} + b_i^2 A_i) \end{cases} \qquad (\text{A-14})$$

式中:a_i 是 y_{0i} 与 y 轴的距离;b_i 是 z_{0i} 与 z 轴的距离。

例 A.2　求如图所示图形对水平形心轴 y 的惯性矩。

解　首先求形心位置。建立图示 $y_1 O z_1$ 坐标系,将图形分为三个矩形,则有

$$\bar{z}_1 = \frac{S_{y_1}}{A} = \frac{\displaystyle\sum_{i=1}^{3} (\bar{z}_1)_i A_i}{\displaystyle\sum_{i=1}^{3} A_i}$$

$$= \frac{100 \times 25 \times \left(75 + \frac{1}{2} \times 25\right) + 2 \times 75 \times 25 \times \frac{1}{2} \times 75}{100 \times 25 + 2 \times 75 \times 25} \ mm = 57.5 \ mm$$

$$\bar{y}_1 = 0$$

以 I_{y_i} 及 $(I_{y_0})_i$ 分别表示第 i 块图形对水平形心轴 y 和第 i 块图形自身的水平形心轴的惯性矩,由平行移轴公式,得

$$I_{y_1} = (I_{y_0})_1 + a_1^2 A_1 = \left[\frac{1}{12} \times 100 \times 25^3 + \left(43.5 - \frac{25}{2}\right)^2 \times 100 \times 25\right] \ mm^4$$

$$= 2.53 \times 10^6 \ mm^4$$

$$I_{y_2} = I_{y_3} = (I_{y_0})_2 + a_2^2 A_2 = \left[\frac{1}{12} \times 25 \times 75^3 + \left(57.5 - \frac{75}{2}\right)^2 \times 25 \times 75\right] \ mm^4$$

$$= 1.63 \times 10^6 \ mm^4$$

所以 $$I_y = I_{y_1} + 2I_{y_2} = 5.79 \times 10^6 \ mm^4$$

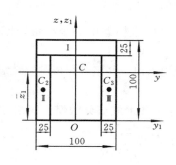

例 A.2 图

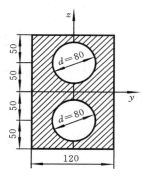

例 A.3 图

例 A.3 求如图所示图形对其水平形心轴 y 的惯性矩。

解 图形对 y 轴的惯性矩 I_y,等于整个矩形对 y 轴的惯性矩 I_{y_1} 减去被挖空的两个圆形对 y 轴的惯性矩 I_{y_2},即 $I_y = I_{y_1} - I_{y_2}$。而

$$I_{y_1} = \frac{1}{12} \times 120 \times 200^3 \ mm^4 = 80 \times 10^6 \ mm^4$$

$$I_{y_2} = 2 \times \left(\frac{\pi}{64} \times 80^4 + 50^2 \times \frac{\pi}{4} \times 80^2\right) \ mm^4 = 29.15 \times 10^6 \ mm^4$$

故 $$I_y = (80 - 29.15) \times 10^6 \ mm^4 = 50.85 \times 10^6 \ mm^4$$

A.3 转轴公式 主惯性轴与主惯性矩

若图 A.5 所示的平面图形对 y、z 轴的惯性矩分别为 I_y、I_z,其惯性积是 I_{yz}。现将坐标系绕点 O 旋转 α 角,旋转时取逆时针方向转动的 α 角为正值,旋转后得新坐标轴 y_1、z_1。新、旧坐标系下的坐标变换公式为

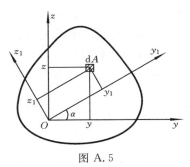

$$\begin{cases} y_1 = y\cos\alpha + z\sin\alpha \\ z_1 = z\cos\alpha - y\sin\alpha \end{cases}$$

于是有

$$\begin{aligned} I_{y_1} &= \int_A z_1^2 \mathrm{d}A = \int_A (z\cos\alpha - y\sin\alpha)^2 \mathrm{d}A \\ &= \cos^2\alpha \int_A z^2 \mathrm{d}A + \sin^2\alpha \int_A y^2 \mathrm{d}A - 2\sin\alpha\cos\alpha \int_A yz \mathrm{d}A \\ &= I_y\cos^2\alpha + I_z\sin^2\alpha - I_{yz}\sin2\alpha \end{aligned}$$

图 A.5

将 $\cos^2\alpha = \dfrac{1}{2}(1+\cos2\alpha)$ 和 $\sin^2\alpha = \dfrac{1}{2}(1-\cos2\alpha)$ 代

入上式,得

$$I_{y_1} = \frac{I_y + I_z}{2} + \frac{I_y - I_z}{2}\cos2\alpha - I_{yz}\sin2\alpha \tag{A-15a}$$

同理可得

$$I_{z_1} = \frac{I_y + I_z}{2} - \frac{I_y - I_z}{2}\cos2\alpha + I_{yz}\sin2\alpha \tag{A-15b}$$

$$I_{y_1 z_1} = \frac{I_y - I_z}{2}\sin2\alpha + I_{yz}\cos2\alpha \tag{A-15c}$$

以上三式称为**转轴公式**,它们确定了惯性矩与惯性积随转角 α 变化的规律。

由式(A-15a)、式(A-15b)可得

$$I_{y_1} + I_{z_1} = I_y + I_z \tag{A-16}$$

即图形对任意一对坐标轴的惯性矩之和为常量。将转轴公式(A-15a)对 α 求导并令其等于零,可得

$$\frac{\mathrm{d}I_{y_1}}{\mathrm{d}\alpha} = -2\left(\frac{I_y - I_z}{2}\sin2\alpha + I_{yz}\cos2\alpha\right) = 0 \tag{A-17a}$$

由式(A-17a)确定的 α 值,使 I_{y_1} 取得极大或极小值。此 α 值以 α_0 表示,则有

$$\tan2\alpha_0 = -\frac{I_{yz}}{(I_y - I_z)/2} \tag{A-17b}$$

(A-17b)确定了 α_0 的两个根,它们相差 90°。即式(A-17b)确定了一对坐标轴,图形对其中一轴的惯性矩为极大值,对另一轴的惯性矩为极小值。这样的一对坐标轴,称为过该点的**主惯性轴**,简称**主轴**。对主轴的极大惯性矩与极小惯性矩。称为**主惯性矩**。比较式(A-17a)和式(A-15c)可知,平面图形对主轴的惯性积为零。

根据式(A-17b)可求出 $\sin2\alpha_0$ 和 $\cos2\alpha_0$ 之值,再代入式(A-15a)和式(A-15b),得到主惯性矩的计算公式为

$$\begin{cases} I_{\max} \\ I_{\min} \end{cases} = \frac{I_y + I_z}{2} \pm \sqrt{\left(\frac{I_y - I_z}{2}\right)^2 + I_{yz}^2} \tag{A-18}$$

过图形上任一点,都可以确定平面图形的一对主轴。过形心的主轴,称为**形心主**

轴,图形对形心主轴的惯性矩,称为**形心主惯性矩**,在梁的弯曲问题中,求截面的形心主惯性矩的值具有重要意义。

例 A.4　如图所示,求图形的形心主轴方位及形心主惯性矩。

解　首先利用平行移轴公式,计算 I_y、I_z 和 I_{yz}。

$$I_y = \left[\frac{10 \times 120^3}{12} + (60-39.7)^2 \times 10 \times 20 + \frac{70 \times 10^3}{12} + (39.7-5)^2 \times 70 \times 10 \right] \text{mm}^4$$

$$= 2.37 \times 10^6 \text{ mm}^4$$

$$I_z = \left[\frac{120 \times 10^3}{12} + (19.7-5)^2 \times 10 \times 120 + \frac{10 \times 70^3}{12} + (45-19.7)^2 \times 70 \times 10 \right] \text{mm}^4$$

$$= 1 \times 10^6 \text{ mm}^4$$

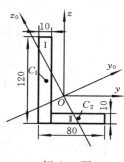

例 A.4 图

$$I_{yz} = \left[-(60-39.7) \times (19.7-5) \times 10 \times 120 \right.$$
$$\left. -(39.7-5) \times (45-19.7) \times 70 \times 10 \right] \text{mm}^4$$
$$= -0.97 \times 10^6 \text{ mm}^4$$

由式(A-17b)、式(A-18)得

$$\tan 2\alpha_0 = \frac{2 \times 0.97}{2.37 - 1.00} = 1.42, \quad \alpha_0 = 27.4° \quad \text{或} \quad 117.4°$$

$$\begin{cases} I_{y_0} \\ I_{z_0} \end{cases} = \left[\frac{2.37+1.00}{2} \pm \sqrt{\left(\frac{2.37-1.00}{2} \right)^2 + 0.97^2} \right] \times 10^6 \text{ mm}^4$$

$$= \begin{cases} 2.87 \times 10^6 \\ 0.50 \times 10^6 \end{cases} \text{mm}^4$$

几种常见截面对其形心主轴的惯性矩列于表 A-1 中。

表 A-1　常见截面的惯性矩

图　　形	惯　性　矩	图　　形	惯　性　矩
	$I_z = \dfrac{bh^3}{12}$　$A = bh$		$I_z = \dfrac{\pi(D^4 - d^4)}{64}$　$A = \dfrac{\pi(D^2 - d^2)}{4}$
	$I_z = \dfrac{bh^3}{12}$　$A = bh$		$I_z = \pi R_0^3 \delta$　$A = 2\pi R_0 \delta$

续表

图　　形	惯　性　矩	图　　形	惯　性　矩
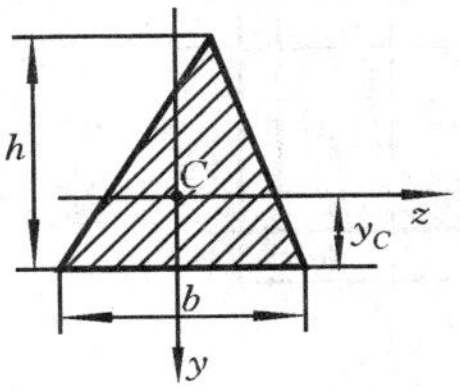	$I_z = \dfrac{bh^3}{36}$　$y_C = \dfrac{h}{3}$　$A = \dfrac{1}{2}bh$	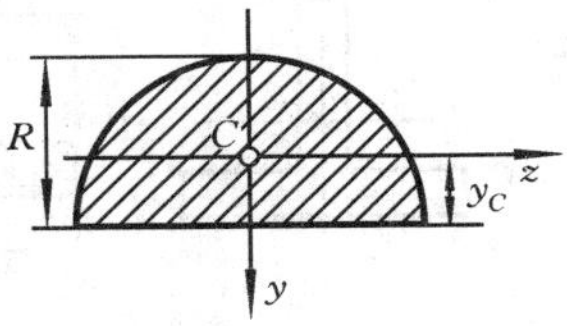	$I_z = \left(\dfrac{\pi}{8} - \dfrac{8}{9\pi}\right)R^4$ $\approx 0.110R^4$ $y_C = \dfrac{4R}{3\pi}$ $A = \dfrac{\pi R^2}{2}$
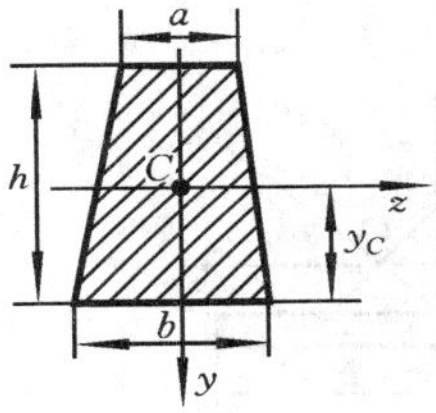	$I_z = \dfrac{(a^2 + 4ab + b^2)h^3}{36(a+b)}$ $y_C = \dfrac{(2a+b)h}{3(a+b)}$ $A = \dfrac{(a+b)h}{2}$	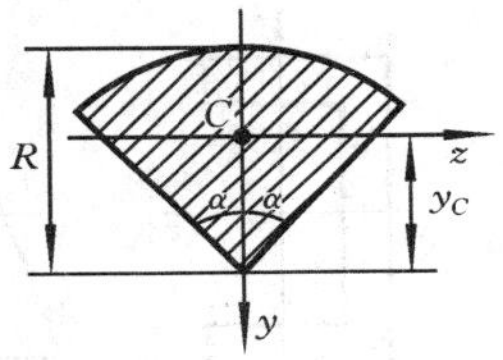	$I_z = \dfrac{R^4}{4}\left(\alpha + \sin\alpha\cos\alpha - \dfrac{16\sin^2\alpha}{9\alpha}\right)$ $y_C = \dfrac{2R\sin\alpha}{3\alpha}$ $A = \alpha R^2$
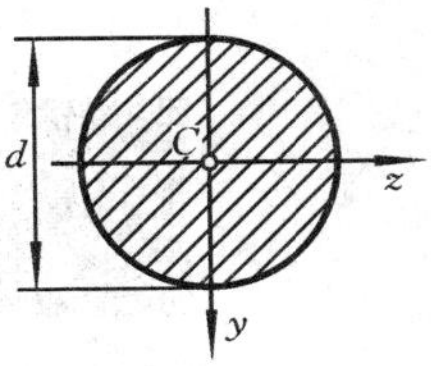	$I_z = \dfrac{\pi d^4}{64}$　$A = \dfrac{\pi d^2}{4}$	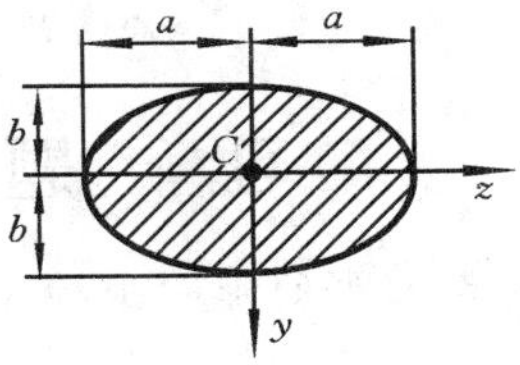	$I_z = \dfrac{\pi ab^3}{4}$　$A = \pi ab$

思　考　题

A-1　何谓惯性积？其量纲是什么？

A-2　何谓形心主轴？如何确定其方位？主轴与形心主轴有何区别？对称截面的形心主轴位于何处？

A-3　关于图示各截面对 y 轴的静矩，

（1）图(a)(b)中阴影面积与非阴影面积的 S_z 有什么关系？为什么？

（2）图(c)(d)中阴影面积Ⅰ与Ⅱ的 S_y、S_z 有什么关系？为什么？

A-4　题 A-3 图(c)(d)中阴影面积Ⅰ与Ⅱ的惯性矩 I_y、I_z 有什么关系？惯性积 I_{yz} 有什么关系？

A-5　图示各截面图形中 C 是形心。问哪些截面图形对坐标轴的惯性积等于零，哪些不等于零？为什么？

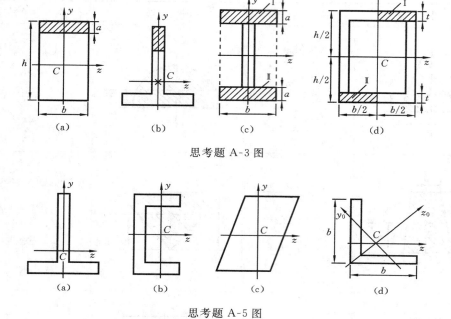

思考题 A-3 图

思考题 A-5 图

习　题

A-1　试求图示平面图形的形心坐标 y_C。

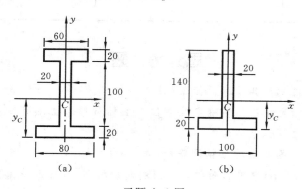

习题 A-1 图

　　A-2　试求图示平面图形对 x 轴和 y 轴的惯性矩。图(a)中,设 $a,b \ll D$,可将挖去的部分看作矩形。

　　A-3　试求图示平面组合图形对 x 和 y 轴的惯性矩。图中型钢分别为工字钢和槽钢,单位为 mm。

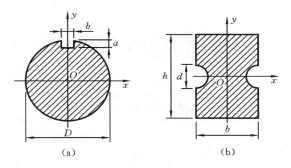

习题 A-2 图

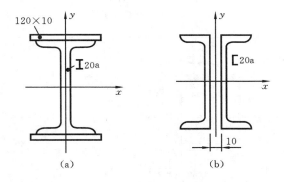

习题 A-3 图

A-4　试求图示平面图形的形心主惯性矩。

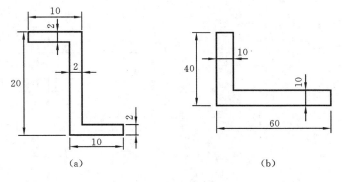

习题 A-4 图

附录 B 型 钢 表

表 B-1　热轧槽钢(摘自 GB/T 706—2016)

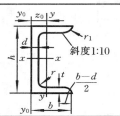

h——高度；　　　　r_1——腿端圆弧半径；

b——腿宽；　　　　I——惯性矩；

d——腰厚；　　　　W——截面系数；

t——平均腿厚；　　i——惯性半径；

r——内圆弧半径；　z_0——y-y 与 y_0-y_0 轴线间距离。

型号	尺寸/mm						截面面积/mm²	理论质量/(kg/m)	参 考 数 值							
									x-x			y-y			y_0-y_0	z_0/mm
	h	b	d	t	r	r_1			W_x/ $10^3\,mm^3$	I_x/ $10^4\,mm^4$	i_x/ mm	W_y/ $10^3\,mm^3$	I_y/ $10^4\,mm^4$	i_y/ mm	I_{y_0}/ $10^4\,mm^4$	
5	50	37	4.5	7.0	7.0	3.5	693	5.43	10.4	26.0	19.4	3.55	8.30	11.0	20.9	13.5
6.3	63	40	4.8	7.5	7.5	3.8	845	6.63	16.1	50.8	24.5	4.50	11.9	11.9	28.4	13.6
8	80	43	5.0	8.0	8.0	4.0	1024	8.04	25.3	101	31.5	5.79	16.6	12.7	37.4	14.3
10	100	48	5.3	8.5	8.5	4.2	1274	10.00	39.7	198	39.5	7.80	25.6	14.1	54.9	15.2
12.6	126	53	5.5	9.0	9.0	4.5	1569	12.31	62.1	391	49.5	10.2	38.0	15.7	77.1	15.9
14a	140	58	6.0	9.5	9.5	4.8	1851	14.53	80.5	564	55.2	13.0	53.2	17.0	107	17.1
14b	140	60	8.0	9.5	9.5	4.8	2131	16.73	87.1	609	53.5	14.1	61.1	16.9	121	16.7
16a	160	63	6.5	10.0	10.0	5.0	2196	17.24	108	866	62.8	16.3	73.3	18.3	144	18.0
16	160	65	8.5	10.0	10.0	5.0	2516	19.75	117	935	61.0	17.6	83.4	18.2	161	17.5
18a	180	68	7.0	10.5	10.5	5.2	2569	20.17	141	1270	70.4	20.0	98.6	19.6	190	18.8
18	180	70	9.0	10.5	10.5	5.2	2929	23.00	152	1370	68.4	21.5	111	19.5	210	18.4
20a	200	73	7.0	11.0	11.0	5.5	2883	22.63	178	1780	78.6	24.2	128	21.1	244	20.1
20	200	75	9.0	11.0	11.0	5.5	3283	25.77	191	1910	76.4	25.9	144	20.9	268	19.5
22a	220	77	7.0	11.5	11.5	5.8	3184	24.99	218	2390	86.7	28.2	158	22.3	298	21.0
22	220	79	9.0	11.5	11.5	5.8	3624	28.45	234	2570	84.2	30.1	176	22.1	326	20.3
25a	250	78	7.0	12.0	12.0	6.0	3491	27.41	270	3370	98.2	30.6	176	22.4	322	20.7
25b	250	80	9.0	12.0	12.0	6.0	3991	31.33	282	3530	94.1	32.7	196	22.2	353	19.8
25c	250	82	11.0	12.0	12.0	6.0	4491	35.25	295	3690	90.7	35.9	218	22.1	384	19.2
28a	280	82	7.5	12.5	12.5	6.2	4003	31.42	340	4760	109	35.7	218	23.3	388	21.0
28b	280	84	9.5	12.5	12.5	6.2	4563	35.82	366	5130	106	37.9	242	23.0	428	20.2
28c	280	86	11.5	12.5	12.5	6.2	5123	40.21	393	5500	104	40.3	268	22.9	463	19.5
32a	320	88	8.0	14	14	7	4851	38.08	475	7600	125	46.5	305	25.0	552	22.4
32b	320	90	10.0	14	14	7	5491	43.10	509	8140	122	49.2	336	24.7	593	21.6
32c	320	92	12.0	14	14	7	6131	48.13	543	8690	119	52.6	374	24.7	643	20.9
36a	360	96	9.0	16	16	8	6091	47.81	660	11900	140	63.5	455	27.3	818	24.4
36b	360	98	11.0	16	16	8	6811	53.46	703	12700	136	66.9	497	27.0	880	23.7
36c	360	100	13.0	16	16	8	7531	59.11	746	13400	134	70.0	536	26.7	948	23.4
40a	400	100	10.5	18	18	9	7506	58.92	879	17600	153	78.8	592	28.1	1070	24.9
40b	400	102	12.5	18	18	9	8306	65.20	932	18600	150	82.5	640	27.8	1140	24.4
40c	400	104	14.5	18	18	9	9106	71.48	986	19700	147	86.2	688	27.5	1220	24.2

表 B-2　热轧工字钢(摘自 GB/T 706—2016)

	h——高度;	r_1——腿端圆弧半径;
	b——腿宽;	I——惯性矩;
	d——腰厚;	W——截面系数;
	t——平均腿厚;	i——惯性半径;
	r——内圆弧半径;	S——半截面的静力矩。

型号	尺寸/mm						截面面积/mm²	理论质量/(kg/m)	参 考 数 值						
									x-x				y-y		
	h	b	d	t	r	r_1			$I_x/$	$W_x/$	$i_x/$	$I_x:S_x/$	$I_y/$	$W_y/$	$i_y/$
									$10^4 mm^4$	$10^3 mm^3$	mm	mm	$10^4 mm^4$	$10^3 mm^3$	mm
10	100	68	4.5	7.6	6.5	3.3	1434	11.2	245	49.0	41.4	85.9	33.0	9.72	15.2
12.6	126	74	5.0	8.4	7.0	3.5	1811	14.2	488	77.5	52.0	108	46.9	12.7	16.1
14	140	80	5.5	9.1	7.5	3.8	2151	16.8	712	102	57.6	120	64.4	16.1	17.3
16	160	88	6.0	9.9	8.0	4.0	2613	20.5	1130	141	65.8	138	93.1	21.2	18.9
18	180	94	6.5	10.7	8.5	4.3	3075	24.1	1660	185	73.6	154	122	26.0	20.0
20a	200	100	7.0	11.4	9	4.5	3557	27.9	2370	237	81.5	172	158	31.5	21.2
20b	200	102	9.0	11.4	9	4.5	3957	31.0	2500	250	79.6	169	169	33.1	20.6
22a	220	110	7.5	12.3	9.5	4.8	4212	33.0	3400	309	89.9	189	225	40.9	23.1
22b	220	112	9.5	12.3	9.5	4.8	4652	36.5	3570	325	87.8	187	239	42.7	22.7
25a	250	116	8.0	13	10	5	4854	38.1	5020	402	102	216	280	48.3	24.0
25b	250	118	10.0	13	10	5	5354	42.0	5280	423	99.4	213	309	52.4	24.0
28a	280	122	8.5	13.7	10.5	5.3	5540	43.4	7110	508	113	246	345	56.6	25.0
28b	280	124	10.5	13.7	10.5	5.3	6100	47.9	7480	534	111	242	379	61.2	24.9
32a	320	130	9.5	15	11.5	5.8	6715	52.7	11100	692	128	275	460	70.8	26.2
32b	320	132	11.5	15	11.5	5.8	7355	57.7	11600	726	126	271	502	76.0	26.1
32c	320	134	13.5	15	11.5	5.8	7995	62.8	12200	760	123	268	544	81.2	26.1
36a	360	136	10	15.8	12	6	7648	60.0	15800	875	144	307	552	81.2	26.9
36b	360	138	12	15.8	12	6	8368	65.6	16500	919	141	303	582	84.3	26.4
36c	360	140	14	15.8	12	6	9088	71.3	17300	962	138	299	612	87.4	26.0
40a	400	142	10.5	16.5	12.5	6.3	8611	67.6	21700	1090	159	341	660	93.2	27.7
40b	400	144	12.5	16.5	12.5	6.3	9411	73.8	22800	1140	156	336	692	96.2	27.1
40c	400	146	14.5	16.5	12.5	6.3	10211	80.1	23900	1190	152	332	727	99.6	26.5
45a	450	150	11.5	18	13.5	6.8	10244	80.4	32200	1430	177	386	855	114	28.9
45b	450	152	13.5	18	13.5	6.8	11144	87.4	33800	1500	174	380	894	118	28.4
45c	450	154	15.5	18	13.5	6.8	12044	94.5	35300	1570	171	376	938	122	27.9
50a	500	158	12	20	14	7	11930	93.6	46500	1860	197	428	1120	142	30.7
50b	500	160	14	20	14	7	12930	101	48600	1940	194	424	1170	146	30.1
50c	500	162	16	20	14	7	13930	109	50600	2080	190	418	1220	151	29.6
56a	560	166	12.5	21	14.5	7.3	13543	106	65600	2340	220	477	1370	165	31.8
56b	560	168	14.5	21	14.5	7.3	14663	115	68500	2450	216	472	1490	174	31.6
56c	560	170	16.5	21	14.5	7.3	15783	124	71400	2550	213	467	1560	183	31.6
63a	630	176	13	22	15	7.5	15465	121	93900	2980	245	542	1700	193	33.1
63b	630	178	15	22	15	7.5	16725	131	98100	3160	242	535	1810	204	32.9
63c	630	180	17	22	15	7.5	17985	141	102000	3300	238	529	1920	214	32.7

注:截面图和表中标注的圆弧半径 r、r_1 的数据,用于孔形设计,不作为交货条件。

表 B-3　热轧等边角钢(摘自 GB/T 706—2016)

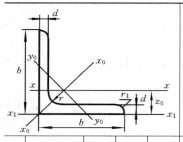

b——边宽度;	*I*——惯性矩;
d——边厚度;	*i*——惯性半径;
r——内圆弧半径;	*W*——截面系数;
*r*₁——边端内圆弧半径;	*z*₀——重心距离。

b——边宽度;　　I——惯性矩;
d——边厚度;　　i——惯性半径;
r——内圆弧半径;　　W——截面系数;
r_1——边端内圆弧半径;　　z_0——重心距离。

型号	尺寸/mm			截面面积/mm²	理论质量/(kg/m)	外表面积/(m²/m)	参 考 数 值											
							$x-x$			x_0-x_0			y_0-y_0			x_1-x_1	$z_0/$
	b	d	r				$I_x/$ 10⁴mm⁴	$i_x/$ mm	$W_x/$ 10³mm³	$I_{x_0}/$ 10⁴mm⁴	$i_{x_0}/$ mm	$W_{x_0}/$ 10³mm³	$I_{y_0}/$ 10⁴mm⁴	$i_{y_0}/$ mm	$W_{y_0}/$ 10³mm³	$I_{x_1}/$ 10⁴mm⁴	mm
2	20	3	3.5	113.2	0.889	0.078	0.40	5.8	0.29	0.630	7.46	0.445	0.170	3.88	0.200	0.81	6.0
2	20	4	3.5	145.9	1.145	0.077	0.50	5.8	0.36	0.780	7.31	0.552	0.220	3.88	0.243	1.09	6.4
2.5	25	3	3.5	143.2	1.124	0.098	0.82	7.6	0.46	1.290	9.49	0.730	0.340	4.87	0.329	1.57	7.3
2.5	25	4	3.5	185.9	1.459	0.097	1.03	7.4	0.59	1.620	9.34	0.916	0.430	4.81	0.400	2.11	7.6
3	30	3	4.5	174.9	1.373	0.117	1.46	9.1	0.68	2.310	11.49	1.089	0.610	5.91	0.507	2.71	8.5
3	30	4	4.5	227.6	1.786	0.117	1.84	9.0	0.87	2.920	11.33	1.376	0.770	5.82	0.612	3.63	8.9
3.6	36	3	4.5	210.9	1.656	0.141	2.58	11.1	0.99	4.090	13.93	1.607	1.070	7.12	0.757	4.68	10.0
3.6	36	4	4.5	275.6	2.163	0.141	3.29	10.9	1.28	5.220	13.76	2.051	1.370	7.05	0.931	6.25	10.4
3.6	36	5	4.5	338.2	2.654	0.141	3.95	10.8	1.56	6.240	13.58	2.451	1.650	6.98	1.090	7.84	10.7
4	40	3	5	235.9	1.852	0.157	3.59	12.3	1.23	5.700	15.53	2.012	1.490	7.95	0.967	6.41	10.9
4	40	4	5	308.6	2.422	0.157	4.60	12.2	1.60	7.290	15.37	2.577	1.910	7.87	1.195	8.56	11.3
4	40	5	5	379.1	2.976	0.156	5.53	12.1	1.96	8.760	15.23	3.097	2.300	7.79	1.390	10.74	11.7
4.5	45	3	5	265.9	2.088	0.177	5.17	14.0	1.58	8.200	17.56	2.577	2.140	8.97	1.240	9.12	12.2
4.5	45	4	5	348.6	2.736	0.177	6.65	13.8	2.05	10.560	17.40	3.319	2.750	8.88	1.543	12.18	12.6
4.5	45	5	5	429.2	3.369	0.176	8.04	13.7	2.51	12.740	17.23	4.004	3.330	8.81	1.811	15.25	13.0
4.5	45	5	5	507.6	3.985	0.176	9.33	13.5	2.95	14.760	17.05	4.639	3.890	8.75	2.068	18.36	13.3
5	50	3	5.5	297.1	2.332	0.197	7.18	15.5	1.96	11.370	19.56	3.216	2.980	10.02	1.573	12.50	13.4
5	50	4	5.5	389.7	3.059	0.197	9.26	15.4	2.56	14.700	19.42	4.155	3.820	9.90	1.957	16.69	13.8
5	50	5	5.5	480.3	3.770	0.196	11.21	15.3	3.13	17.790	19.25	5.032	4.640	9.82	2.306	20.90	14.2
5	50	6	5.5	568.8	4.465	0.196	13.05	15.2	3.68	20.680	19.07	5.849	5.420	9.76	2.625	25.14	14.6
5.6	56	3	6	334.3	2.624	0.221	10.19	17.5	2.48	16.140	21.97	4.076	4.240	11.26	2.026	17.56	14.8
5.6	56	4	6	439	3.446	0.220	13.18	17.3	3.24	20.920	21.83	5.283	5.460	11.14	2.519	23.43	15.3
5.6	56	5	6	541.5	4.251	0.220	16.02	17.2	3.97	25.420	21.67	6.419	6.610	11.05	2.977	29.33	15.7
5.6	56	8	6	836.7	6.568	0.219	23.63	16.8	6.03	37.370	21.13	9.437	9.890	10.87	4.163	47.24	16.8
6.3	63	4	7	497.8	3.907	0.248	19.03	19.6	4.13	30.170	24.62	6.772	7.890	12.59	3.282	33.35	17.0
6.3	63	5	7	614.3	4.822	0.248	23.17	19.4	5.08	36.770	24.47	8.254	9.570	12.48	3.889	41.73	17.4
6.3	63	6	7	728.8	5.721	0.247	27.12	19.3	6.00	43.030	24.30	9.659	11.200	12.40	4.449	50.14	17.8

续表

型号	尺寸/mm			截面面积/mm²	理论质量/(kg/m)	外表面积/(m²/m)	参考数值										z₀/mm
	b	d	r				x-x			x₀-x₀			y₀-y₀			x₁-x₁	
							I_x/10⁴mm⁴	i_x/mm	W_x/10³mm³	I_{x_0}/10⁴mm⁴	i_{x_0}/mm	W_{x_0}/10³mm³	I_{y_0}/10⁴mm⁴	i_{y_0}/mm	W_{y_0}/10³mm³	I_{x_1}/10⁴mm⁴	
6.3	63	8	7	951.5	7.469	0.247	34.46	19.0	7.75	54.560	23.95	12.247	14.33	12.27	5.477	67.11	18.5
6.3	63	10	7	1165.7	9.151	0.246	41.09	18.8	9.39	64.850	23.59	14.557	17.33	12.19	6.349	84.31	19.3
7	70	4	8	557	4.372	0.275	26.39	21.8	5.14	41.800	27.39	8.445	10.990	14.05	4.178	45.74	18.6
7	70	5	8	687.5	5.397	0.275	32.21	21.6	6.32	51.080	27.26	10.320	13.34	13.93	4.939	57.21	19.1
7	70	6	8	816	6.406	0.275	37.77	21.5	7.48	59.930	27.10	12.108	15.61	13.83	5.661	68.73	19.5
7	70	7	8	942.4	7.398	0.275	43.09	21.4	8.59	68.350	26.93	13.809	17.82	13.75	6.332	80.29	19.9
7	70	8	8	1066.7	8.373	0.274	48.17	21.2	9.68	76.370	26.76	15.429	19.98	13.69	6.960	91.92	20.3
7.5	75	5	9	741.2	5.818	0.295	39.97	23.2	7.32	63.300	29.22	11.936	16.63	14.97	5.770	70.56	20.4
7.5	75	6	9	879.7	6.905	0.294	46.95	23.1	8.64	74.380	29.08	14.025	19.51	14.86	6.637	84.55	20.7
7.5	75	7	9	1016	7.976	0.294	53.57	23.0	9.93	84.960	28.92	16.020	22.18	14.78	7.433	98.71	21.1
7.5	75	8	9	1150.3	9.030	0.294	59.96	22.8	11.20	95.070	28.75	17.926	24.80	14.70	8.176	112.97	21.5
7.5	75	10	9	1412.6	11.089	0.293	71.98	22.6	13.64	113.920	28.40	21.481	30.05	14.59	9.572	141.71	22.2
8	80	5	9	791.2	6.211	0.315	48.79	24.8	8.34	77.330	31.26	13.670	20.25	16.00	6.660	85.36	21.5
8	80	6	9	939.7	7.376	0.314	57.35	24.7	9.87	90.980	31.12	16.083	23.72	15.89	7.659	102.50	21.9
8	80	7	9	1086	8.525	0.314	65.58	24.6	11.37	104.070	30.96	18.397	27.09	15.80	8.593	119.70	22.3
8	80	8	9	1230.3	9.658	0.314	73.49	24.4	12.83	116.600	30.79	20.612	30.39	15.72	9.467	136.97	22.7
8	80	10	9	1512.6	11.874	0.313	88.43	24.2	15.64	140.090	30.43	24.764	36.77	15.59	11.064	171.74	23.5
9	90	6	10	1063.7	8.350	0.354	82.77	27.9	12.61	131.260	35.13	20.625	34.28	17.95	9.934	145.87	24.4
9	90	7	10	1230.1	9.656	0.354	94.83	27.8	14.54	150.470	34.97	23.644	39.18	17.85	11.171	170.30	24.8
9	90	8	10	1394.4	10.946	0.353	106.47	27.6	16.42	168.970	34.81	26.551	43.97	17.76	12.338	194.80	25.2
9	90	10	10	1716.7	13.476	0.353	128.58	27.4	20.07	203.900	34.46	32.039	53.26	17.61	14.541	244.07	25.9
9	90	12	10	2030.6	15.940	0.352	149.22	27.1	23.57	236.210	34.11	37.116	62.22	17.50	16.478	293.76	26.7
10	100	6	12	1193.2	9.366	0.393	114.95	31.0	15.68	181.980	39.05	25.736	47.92	20.04	12.691	200.07	26.7
10	100	7	12	1379.6	10.830	0.393	131.86	30.9	18.10	208.970	38.92	29.553	54.74	19.92	14.283	233.54	27.1
10	100	8	12	1563.8	12.276	0.393	148.24	30.8	20.47	235.070	38.77	33.244	61.41	19.82	15.733	267.09	27.6
10	100	10	12	1926.1	15.120	0.392	179.51	30.5	25.06	284.680	38.44	40.259	74.35	19.65	18.512	334.48	28.4
10	100	12	12	2280	17.898	0.391	208.90	30.3	29.48	330.950	38.10	46.803	86.84	19.52	21.102	402.34	29.1
10	100	14	12	2625.6	20.611	0.391	236.53	30.0	33.73	374.060	37.74	52.900	99.00	19.42	23.440	470.75	29.9
10	100	16	12	2962.7	23.257	0.390	262.53	29.8	37.82	414.160	37.39	58.571	110.89	19.35	25.625	539.80	30.6
11	110	7	12	1519.6	11.928	0.433	177.16	34.1	22.05	280.940	43.00	36.119	73.38	21.96	17.506	310.64	29.6
11	110	8	12	1723.8	13.532	0.433	199.46	34.0	24.95	316.490	42.85	40.689	82.42	21.87	19.362	355.20	30.1
11	110	10	12	2126.1	16.690	0.432	242.19	33.8	30.60	384.390	42.52	49.419	99.98	21.69	22.879	444.65	30.9
11	110	12	12	2520	19.782	0.431	282.55	33.5	36.05	448.170	42.17	57.618	116.93	21.54	26.165	534.60	31.6
11	110	14	12	2905.6	22.809	0.431	320.71	33.2	41.31	508.014	41.81	65.312	133.40	21.43	29.114	625.16	32.4

续表

型号	尺寸/mm			截面面积/mm²	理论质量/(kg/m)	外表面积/(m²/m)	参考数值										
	b	d	r				x-x			x_0-x_0			y_0-y_0			x_1-x_1	z_0/mm
							I_x/10^4mm⁴	i_x/mm	W_x/10^3mm³	I_{x_0}/10^4mm⁴	i_{x_0}/mm	W_{x_0}/10^3mm³	I_{y_0}/10^4mm⁴	i_{y_0}/mm	W_{y_0}/10^3mm³	I_{x_1}/10^4mm⁴	
12.5	125	8	14	1975	15.504	0.492	297.03	38.8	32.52	470.89	48.83	53.275	123.16	24.97	25.842	521.01	33.7
12.5	125	10	14	2437.3	19.133	0.491	361.67	38.5	39.97	573.89	48.52	64.928	149.46	24.76	30.633	651.93	34.5
12.5	125	12	14	2891.2	22.696	0.491	423.16	38.3	41.17	671.44	48.19	75.964	174.88	24.59	35.031	783.42	35.3
12.5	125	14	14	3336.7	26.193	0.490	481.65	38.0	54.16	763.73	47.84	86.405	199.57	24.46	39.091	915.61	36.1
14	140	10	14	2737.3	21.488	0.551	514.65	43.4	50.58	817.27	54.64	82.556	212.04	27.83	39.250	915.11	38.2
14	140	12	14	3251.2	25.522	0.551	603.68	43.1	59.80	958.79	54.31	96.851	248.57	27.65	45.069	1099.28	39.0
14	140	14	14	3756.7	29.490	0.550	688.81	42.8	68.75	1093.56	53.95	110.465	284.06	27.50	50.468	1284.22	39.8
14	140	16	14	4253.9	33.393	0.549	770.24	42.6	77.46	1221.81	53.59	123.420	318.67	27.37	55.501	1470.07	40.6
16	160	10	16	3150.2	24.729	0.630	779.53	49.7	66.70	1237.30	62.67	109.362	321.76	31.96	52.789	1365.33	43.1
16	160	12	16	3744.1	29.391	0.630	916.58	49.5	78.98	1455.68	62.35	128.664	377.49	31.75	60.804	1639.57	43.9
16	160	14	16	4329.6	33.987	0.629	1048.36	49.2	90.95	1665.02	62.01	147.167	431.70	31.58	68.291	1914.68	44.7
16	160	16	16	4906.7	38.518	0.629	1175.08	48.9	102.63	1865.57	61.66	164.893	484.59	31.43	75.310	2190.82	45.5
18	180	12	16	4224.1	33.159	0.710	1321.35	55.9	100.82	2100.10	70.51	164.998	542.61	35.84	78.464	2332.8	48.9
18	180	14	16	4889.6	38.383	0.709	1514.48	55.6	116.25	2407.42	91.28	189.143	621.53	46.38	88.429	2723.48	49.7
18	180	16	16	5546.7	43.542	0.709	1700.99	55.4	131.13	2703.37	69.81	212.395	698.60	35.49	97.820	3115.29	50.5
18	180	18	16	6195.5	48.634	0.708	1875.12	55.0	145.64	2988.24	69.45	234.776	762.01	35.35	106.689	3502.43	51.3
20	200	14	18	5464.2	42.894	0.788	2103.55	62.0	144.70	3343.26	78.22	236.402	863.83	39.76	111.873	3734.10	54.6
20	200	16	18	6201.3	48.680	0.788	2366.15	61.8	163.65	3760.89	77.88	265.932	971.41	39.58	123.989	4270.39	55.4
20	200	18	18	6930.1	54.401	0.787	2620.64	61.5	182.22	4164.54	77.52	294.473	1076.74	39.42	135.476	4808.13	56.2
20	200	20	18	7650.5	60.056	0.787	2867.30	61.2	200.42	4554.55	77.16	322.052	1180.04	39.27	146.647	5347.51	56.9
20	200	24	18	9066.1	71.168	0.785	3338.25	60.7	236.170	5294.97	76.42	374.407	1381.53	39.04	166.410	6457.16	58.7

注:截面图中的 $r_1 = d/3$ 及表中 r 值的数据用于孔形设计,不作为交货条件。

附录 C 几种简单荷载作用下梁的挠度与转角

（坐标原点均取在 A 端）

梁 的 简 图	挠曲线方程	挠度和转角
	$y=-\dfrac{Fx^2}{6EI}(3l-x)$	$y_B=-\dfrac{Fl^3}{3EI},\theta_B=-\dfrac{Fl^2}{2EI}$
	$y=-\dfrac{qx^2}{24EI}$ $\cdot(x^2-4lx+6l^2)$	$y_B=-\dfrac{ql^4}{8EI},\theta_B=-\dfrac{ql^3}{6EI}$
	$y=-\dfrac{M_0x^2}{2EI}$	$y_B=-\dfrac{M_0l^2}{2EI},\theta_B=-\dfrac{M_0l}{EI}$
	$y=-\dfrac{Fbx}{6lEI}(l^2-x^2-b^2)$ $(0\leqslant x\leqslant a)$ $y=-\dfrac{Fa(l-x)}{6lEI}$ $\cdot(2lx-x^2-a^2)$ $(a\leqslant x\leqslant l)$	$x_0=\sqrt{\dfrac{l^2-b^2}{3}}\quad(a>b)$ $\|y\|_{\max}=\|y(x_0)\|=\dfrac{Fb(l^2-b^2)^{3/2}}{9\sqrt{3}lEI}$ $\left\|y\left(\dfrac{l}{2}\right)\right\|=\dfrac{Fb(3l^2-4b^2)}{48EI}$ $\theta_A=-\dfrac{Fab(l+b)}{6lEI},\theta_B=\dfrac{Fab(l+a)}{6lEI}$
	$y=-\dfrac{qx}{24EI}(x^3-2lx^2+l^3)$	$y\left(\dfrac{l}{2}\right)=-\dfrac{5ql^4}{384EI},\theta_A=-\theta_B=-\dfrac{ql^3}{24EI}$
	$y=\dfrac{M_0x}{6lEI}(l^2-x^2)$	$x_0=\dfrac{l}{\sqrt{3}},\ \|y\|_{\max}=y(x_0)=\dfrac{M_0l^2}{9\sqrt{3}EI}$ $\left\|y\left(\dfrac{l}{2}\right)\right\|=\dfrac{M_0l^2}{16EI}$ $\theta_A=\dfrac{M_0l}{6EI},\theta_B=-\dfrac{M_0l}{3EI}$
	$y=\dfrac{M_0x}{6lEI}(l^2-3b^2-x^2)$ $(0\leqslant x\leqslant a)$ $y=-\dfrac{M_0(l-x)}{6lEI}$ $\cdot(2lx-x^2-3a^2)$ $(a\leqslant x\leqslant l)$	$x_1=\sqrt{\dfrac{l^2-3b^2}{3}},y(x_1)=\dfrac{M_0(l^2-3b^2)^{3/2}}{9\sqrt{3}lEI}$ $x_2=\sqrt{\dfrac{l^2-3a^2}{3}},y(x_2)=-\dfrac{M_0(l^2-3a^2)^{3/2}}{9\sqrt{3}lEI}$ $\theta_A=\dfrac{M_0(l^2-3b^2)}{6lEI},\theta_B=\dfrac{M_0(l^2-3a^2)}{6lEI}$ $\theta_C=-\dfrac{M_0(3a^2+3b^2-l^2)}{6lEI}$

参 考 文 献

[1]　（美）铁摩辛柯，盖尔. 材料力学 [M]. 胡人礼，译 . 北京：科学出版社，1978.

[2]　孙训方，方孝淑，关来泰 . 材料力学（Ⅰ，Ⅱ）[M].4 版 . 北京：高等教育出版社，2002.

[3]　单辉祖 . 材料力学（Ⅰ，Ⅱ）[M].4 版. 北京：高等教育出版社，2016.

[4]　刘鸿文. 材料力学（Ⅰ，Ⅱ）[M].5 版. 北京：高等教育出版社，2011.

[5]　刘烈全，梁枢平 . 材料力学 [M]. 武汉：华中理工大学出版社，1996.